oekom

CO_2-Emissionen vermeiden, reduzieren, kompensieren –
nach diesem Grundsatz handelt der oekom verlag.
Unvermeidbare Emissionen kompensiert der Verlag
durch Investitionen in ein Gold-Standard-Projekt.
Mehr Informationen finden Sie unter: www.oekom.de.

Bibliografische Information der Deutschen Nationalbibliothek:
Die Deutsche Nationalbibliothek verzeichnet diese Publikation
in der Deutschen Nationalbibliografie; detaillierte bibliografische
Daten sind im Internet über http://dnb.d-nb.de abrufbar.

Gesellschaft für ökologische Kommunikation mbH
Waltherstraße 29, 80337 München

Lektorat: Stefan Just
Korrektorat: Maike Specht
Umschlaggestaltung: www.buero-jorge-schmidt.de
Satz: Ines Swoboda, oekom verlag
Druck: GGP Media GmbH, Pößneck

Dieses Buch wurde auf FSC®-zertifiziertem Recyclingpapier,
Circle*Offset* Premium White, und auf Papier aus anderen
kontrollierten Quellen gedruckt.

Printed in Germany
978-3-86581-770-9

Werner Zittel

FRACKING

Energiewunder oder Umweltsünde?

Inhalt

Einleitung

Fracking – das Wort klingt irgendwie frech, modern. Wüsste man nicht, was sich dahinter verbirgt, man könnte an eine jugendliche Modeerscheinung oder eine neue Sportart aus den USA denken. Dabei ist Fracking alles andere als neu. Ob es modern oder gar zukunftsfähig ist, auch die letzten Reserven fossiler Brennstoffe, deren man habhaft werden kann, auszubeuten, daran scheiden sich die Geister. Entsprechend emotionsgeladen wird diskutiert, Befürworter und Gegner beanspruchen jeweils die Deutungshoheit für sich. Bei so viel Unklarheit tut fundierte Aufklärung not.

Jenseits der eingangs geschilderten Assoziationen kann man sich indes sehr gut ein reelles wie anschauliches Bild vom »Fracking« machen: Die Erde hatte einfach nicht die Freundlichkeit, ihre ganzen Vorräte an Öl und Gas in Hochdruckreservoirs zur Verfügung zu stellen, die man lediglich anzustechen braucht, damit alles nur so heraussprudelt. Also muss man sich etwas einfallen lassen, um einen Zugang zu weiteren, im dichten Gestein eingeschlossenen Öl- und Gasmengen zu erhalten.

Die dort noch im Gestein lagernden Mengen sind alles andere als unerheblich. Man kann einem Quadratkilometer einer öl- oder gasführenden Gesteinsschicht manchmal durchaus noch das Äquivalent von einigen tausend Tankwagen an fossiler Energie abtrotzen. Fracking, abgekürzt von *hydraulic fracturing*, ist allerdings eine ziemlich grobe Art, sich Zugang zu verschaffen. Unter sehr hohem Druck wird Wasser mit Beimengungen in die Tiefe gepumpt, sodass das Gestein aufplatzt und bricht. Die entstehenden Risse und Spalten werden zu Fließwegen für das im Gestein eingeschlossene Öl oder Gas. Dass diese Technik, die im Prinzip schon länger bekannt ist, in den letzten Jahren so heiß diskutiert wird, muss Gründe haben. Sicher der wichtigste ist der Frackingboom des letzten Jahrzehnts in den USA.

Die Vereinigten Staaten, deren »konventionelle« (also unter ihrem eigenen Lagerstättendruck förderbare) Öl- und Gasvorräte schon seit Jahrzehnten über das Fördermaximum und im Rückgang sind, rückten durch massive Fracking-Anstrengungen in ihren (*shales* genannten) öl- und gasführenden Gesteinen in den internationalen Förderstatistiken wieder ganz nach oben. Flankiert von euphorischen Prognosen der nationalen (EIA) und der internationalen (IEA) Energieagentur, sah man eine Zukunft frei von Importabhängigkeiten vor sich. Allerdings mussten noch weitere Faktoren dazukommen, damit das ganze Land von einer Aufbruchsstimmung erfasst werden konnte.

Der Frackingboom kam in den USA zu einer Zeit, als ein größeres Umdenken in der Energieversorgung des Landes unvermeidlich schien. Die Peak-Oil-Debatte (über das Thema internationaler und auch nationaler Fördermaxima) hatte das Land wieder erreicht, von dem sie einst einmal ausgegangen war; die Hauptimportländer wurden durch politische Konflikte oder ihre Preispolitik immer unzuverlässiger. In dieser Situation machten die neuen Fracking-Optionen all denen das Argumentieren leicht, die schon immer gesagt hatten, man müsse nur »die Anstrengungen erhöhen«, man müsse »nur mehr investieren«, dann würde man auch immer noch etwas finden. Denn die Ressourcen, die seien quasi unerschöpflich.

Die Debatte in Deutschland ist lebendig und kontrovers, seit auch hier große, durch Fracking erschließbare Gasvorkommen vermutet werden, vor allem in Niedersachsen und Nordrhein-Westfalen. Liegen allerdings die meisten (wenn auch durchaus nicht alle) amerikanischen Shales unter dünn besiedelten Gegenden, so würden in Deutschland viele Bohrungen in landwirtschaftlich genutzten Gebieten oder in der Nähe von Siedlungen abgeteuft (gebohrt) werden müssen. Sie würden dort mit anderen Nutzungen konkurrieren, und die befürchteten Umweltauswirkungen wie Grundwasserverunreinigungen, Leckagen von Fracking-Flüssigkeiten oder Gas, Schwerlastverkehr und Landschaftsverbrauch würden viele Menschen unmittelbar betreffen, wenn sie sich denn bewahrheiteten. Eine Schätzung der im Schiefergestein eingeschlossenen Gasressourcen in Deutschland, aber auch der Pros und Kontras ihrer Erschließung wird in diesem Buch präsentiert und kritisch hinterfragt. Auch in anderen Ländern Europas und der Welt entstanden durch optimistische Darstellungen der Möglichkeiten des Frackings große Hoffnungen. Polen, Rumänien und die Ukraine sahen eine Chance, ihre Importabhängigkeit von russischem Gas zu reduzieren; für Argentinien, China und Australien wurden große Fracking-Potenziale prognostiziert.

Es ist der Anspruch dieses Buches, Erklärungen und Hilfestellungen für die Einordnung der aktuellen Debatte zu geben. Wie funktioniert die Technik – allgemein und regional –, welche Erwartungen sind real und welche überhöht, welche öffentlichen Einschätzungen sind vielleicht eher politisch motiviert als geologisch? In der Debatte besteht zwar oft Einigkeit darüber, dass langfristig eine Abkehr von fossilen Energieträgern notwendig ist, kurzfristig wird es aber als ökonomische Katastrophe angesehen, wenn diese Abkehr aus einer Mangelsituation geschehen müsste. Der Wechsel zu den regenerativen Energien soll freiwillig und unter den existierenden politischen Verhältnissen planbar sein. Im Kern geht es hier um die Frage, ob trotz der seit 2005 sichtbaren Stagnation oder sogar eines Rückgangs der weltweiten konventionellen Öl- und Gasförderung unser Lebensstil gefährdet ist – oder ob durch die Erschließung der unkonventionellen Vorkommen dieser Absturz noch um einige Jahrzehnte hinausgeschoben werden könnte, bis die Wirtschaft (so der Wunsch) so weit auf regenerative Energien umgestiegen ist, dass es einen harmonischen Übergang gibt.

Zum Aufbau des Buchs

Manche Abschnitte des Textes sind reich an technischen Details, manche Zusammenhänge sind kompliziert und können nicht allzu sehr vereinfacht werden, ohne dass die Argumentation angreifbar wird. Ein eiliger Leser, der von Kapitelanfang zu Kapitelanfang weiterspringt, wird aber wahrscheinlich erkennen, in welchem Abschnitt er die für ihn wichtigen Kernaussagen finden kann.

Um die vielen Diskussionsstränge logisch nebeneinander zu führen, wird hier eine Gliederung vorgenommen, die nach einer allgemeinen Erklärung des Frackings (Geologie, Technik) im zweiten Kapitel zunächst auf die USA fokussiert. Dies hat den Grund, dass dort mit Abstand am meisten Daten verfügbar sind und die größte Erfahrung mit Fracking in industriellem Maßstab vorliegt. So können viele Aspekte und Besonderheiten empirisch gezeigt werden – und auf ihrer Grundlage dann die Erwartungen in Deutschland und anderen Ländern diskutiert werden. Das wird der Hauptinhalt des dritten und vierten Kapitels sein. In der Schlussbetrachtung wird das bisher Gesagte in den größeren Zusammenhang energiewirtschaftlicher, technischer und klimapolitischer Entwicklungen gestellt, und die Frage diskutiert, ob sich Fracking in diese Trends und Entwicklungen einpasst oder eigentlich eher konträr zu den Entwicklungen und Notwendigkeiten verläuft.

In einem ausführlichen Anhang werden vertiefende Fakten und Zahlen präsentiert; wer tiefer in das Thema Fracking einsteigen möchte, wird hier fündig. Zudem enthält der Anhang hilfreiche Angaben zu Bezeichnungen und Maßeinheiten.

Grundlagen

Die Charakteristik unkonventioneller Öl- und Gasvorkommen

Die Entstehung von Erdöl- und Erdgaslagerstätten

Öl und Gas sind endliche Stoffe. Hunderttausendmal mehr holen wir aus der Tiefe als »nachwächst«. Alle fossilen Energieträger sind in erdgeschichtlichen Zeiträumen aus den Überresten von Tieren und Pflanzen entstanden. Allen gemeinsam ist, dass sie überwiegend aus Kohlenstoff bestehen. Während Steinkohlevorkommen in Deutschland ihren Ursprung vor allem in der moor- und waldreichen Pflanzenwelt des Oberkarbons vor 315 bis 305 Millionen Jahren haben, sind die Braunkohlevorkommen jüngeren Datums und vor allem im oberen Tertiär (nach heutiger Nomenklatur im Neogen) vor 23 bis 20 Millionen Jahren entstanden.

Kohlenwasserstoffe, also Erdöl und -gas, entwickelten sich vor allem aus pflanzlichen, in geringerem Maße auch aus tierischen Resten organischen Materials. Algen bilden dabei den bedeutendsten Anteil – etwa 90 Prozent. Der Nachweis der Ölentstehung aus pflanzlichen und tierischen Substanzen wurde bereits um 1930 erbracht, als Porphyrine im Erdöl nachgewiesen werden konnten, eine Substanz, die eine ähnlich komplexe Molekülstruktur wie Chlorophyll aufweist. Heute sind die Umwandlungsprozesse von den langen, überwiegend pflanzlichen Kohlenstoffketten zu den kürzeren Kohlenwasserstoffketten von Erdöl und Erdgas weitgehend verstanden und durch viele empirische Beobachtungen und Experimente abgesichert. In den Meeren, manchmal auch in Seen der Vorzeit sorgte insbesondere ein warmes Klima für

Algenblüten, gefolgt von einem massenhaften Absterben von Organismen. Dort, wo feinkörnige, tonreiche Sedimente die abgestorbene Biomasse rasch bedeckten und abdichteten, wurde deren mikrobielle Oxidation verhindert. Wenn in diesen Schichten der Sauerstoff verbraucht war, bildete sich Faulschlamm – eine Mischung aus Tonschlamm mit hohem Anteil (teilweise über zehn Prozent) an organischem Kohlenstoff. Werden solche Ablagerungen noch verfestigt, dann bilden sie die Voraussetzungen für Erdölmuttergestein. Auch heute hat man in manchen Meeren noch Verhältnisse, die eine gute Voraussetzung für die Erdölbildung liefern. Beispielsweise sorgen in der Adria Algenblüten manchmal für entsprechende Ablagerungen, und die oft anaeroben (sauerstofflosen) Bedingungen am Boden des Schwarzen Meeres gleichen denen während der Entstehungsphase der großen Ölvorkommen. Mengenmäßig am bedeutendsten waren für die Entstehung des Erdöls die Warmperioden am Übergang vom Silur zum Devon vor 420 Millionen Jahren, im Karbon und Perm vor 350 bis 290 Millionen Jahren, im Jura und in der Kreide vor gut 150 und 100 Millionen Jahren. Als Faustformel sind erdgeschichtlich ältere Lagerstätten aus dem Silur dabei eher erdgasführend und erdgeschichtlich jüngere aus dem Tertiär eher erdölführend, wobei Details von den Druck- und Temperaturbedingungen während der Entstehung abhängen.

Mit zunehmender Versenkung des Sedimentpakets kam es zu einer entsprechenden Temperaturerhöhung – diese beträgt im Mittel 3 bis 4 °C je 100 Meter Versenkungstiefe. Das organische Material, auch Kerogen (»Ölerzeuger«) genannt, wird dabei zusammen mit bereits gebildeten Kohlenwasserstoffen langsam in kleinere Einheiten aufgebrochen. Dies führt zur Bildung immer leichterer und kürzerer Kohlenwasserstoffe. Tatsächlich entsteht aber nur aus einem kleinen Anteil des Kerogens Erdöl. Hierbei ist die Verweildauer des Sedimentpakets in bestimmten Druck-Temperatur-Bereichen entscheidend.

Neben der Bildung von biogenem Erdgas unter Oberflächenbedingungen beginnt der für die Ölbildung relevante Temperaturbereich bei etwa 50 °C, mit steigender Temperatur nimmt die Ölbildungsrate exponentiell zu. Über etwa 150 °C lässt die Ölbildungsrate deutlich nach – zugunsten der vollständigen Zerlegung der Kohlenwasserstoffe in deren kleinste Einheit Methan (CH_4). Daher nennt man den Temperaturbereich zwischen 50 und 150 °C das *thermische* Ölfenster. Dem entspricht bei mit der Tiefe zunehmender Temperatur das *geologische* Ölfenster etwa im Bereich von 1500 bis 5500 Meter Tiefe. Das Maximum der Ölbildung erfolgt zwischen 2000 und 3000 Meter Tiefe. Unter 6000 Metern, bei etwa 170 °C, entsteht praktisch nur noch trockenes Erdgas. Dass es dennoch Tiefseeölvorkommen aus Lagerstätten weit unter 6000 Meter gibt, hat mit späteren geologischen Absenkungsbewegungen des ölhaltigen Speichergesteins oder mit einer relativ jungen Ölbildung zu tun. Die Vorkommen im Golf von Mexiko sind ein Beispiel für Ersteres, die großen Vorkommen unter undurchlässigen Salzschichten im südlichen Atlantik, die während der Abtrennung Südamerikas von der afrikanischen Platte vor gut 60 Millionen Jahren östlich von Brasilien oder westlich von Afrika zu finden sind, ein Beispiel für Letzteres.

Besteht das Kerogen vorwiegend aus pflanzlichem und tierischem Plankton sowie Sporen, enthält es neben Kohlenstoff viel Wasserstoff, aber wenig Sauerstoff. Dann neigt es eher zur Erdölbildung. Besteht das Kerogen dagegen aus organischem Material von Landpflanzen, so enthält es wenig Wasserstoff und viel Sauerstoff. Dann bildet es Erdgas, Wasser und Kohlendioxid. Erdgas kommt sehr oft vergesellschaftet mit Erdöl vor, da mit der zunehmenden Tiefe und längerer Verweilzeit das gebildete Erdöl zunehmend weiter in leichtere Kohlenwasserstoffe umgesetzt wird, bis letztlich reines Methan verbleibt. Nimmt mit zunehmender Tiefe der Wasserstoffgehalt des Kerogens aber weiter ab, bleibt nur noch reiner Kohlenstoff, Graphit, übrig.

Eine kurze Klassifizierung der Vorkommen

Je nachdem, welche Entwicklung die individuellen Bedingungen und die Ausgangsstoffe vorgaben, unterscheiden sich auch die Öl- und Gasvorkommen in ihren Eigenschaften. Wenn der Bildungsprozess wie beschrieben abläuft, dann entsteht neben den unlöslichen, zähen Bitumenanteilen flüssiges konventionelles Erdöl mit einer geringen

Zähigkeit (Viskosität). Wurde das Ausgangsmaterial, das Muttergestein, aber nicht in tiefere Schichten verfrachtet, dann war die Temperatur zu gering, um den Prozess der Ölbildung abzuschließen, und das Kerogen blieb erhalten. Diese Kerogenvorkommen, die noch im Muttergestein enthalten sind, bilden den sogenannten Ölschiefer. Dabei ist der Begriff »Ölschiefer« eigentlich geologisch nicht korrekt, da darin weder flüssiges Öl enthalten ist – sondern nur Kerogen – noch das Gestein ein metamorpher Schiefer ist – sondern ein Tonstein oder Mergelkalk. Dieses als »Ölschiefer« bezeichnete Gestein wird bergmännisch abgebaut. Meist wird Ölschiefer direkt verbrannt – in Deutschland zum Beispiel nutzt auf der Schwäbischen Alb ein Zementwerk heute noch Ölschiefer. In Estland werden noch große Mengen abgebaut und mit großen Umweltrisiken und hohem Ascheanteil direkt in Kraftwerken verbrannt. Das im Ölschiefer enthaltene Kerogen kann aber auch nachträglich in einer Raffinerie bei Temperaturen über 400 °C zu Erdöl weiterverarbeitet werden. Damit wird der natürliche Prozess der Erdölentstehung im Zeitraffer nachgebildet. Dann spricht man von »Schieferöl«, also aus dem Gestein künstlich gewonnenem Öl. Im Tiroler Bächental bei Pertisau am Achensee wird auch heute noch in 1500 Meter Höhe aus 180 Millionen Jahre altem Ölschiefer durch Erhitzung Schieferöl gewonnen. Täglich werden dort aus 7 Tonnen Ölschiefer 140 Liter Öl erzeugt.

Zwischen den beiden Extremen – Bitumen und Methan – liegen die normalen Rohölvorkommen. Schwerölvorkommen sind in ihren Eigenschaften und ihrer Zusammensetzung bereits dem Bitumen sehr ähnlich. Das Erdöl oder Erdgas migriert aus dem Muttergestein aufgrund der Expansion bei seiner Bildung und der geringeren Dichte im Verhältnis zum umgebenden Gestein nach oben. Wohl der größte Teil des jemals entstandenen Erdöls ist auf diese Weise bis an die Erdoberfläche gewandert, wo sich die leichteren Fraktionen verflüchtigten und das Schweröl zurückblieb, so in den kanadischen Teersanden. Wenn das Öl oder Gas auf seiner Wanderung aber durch eine Falle – in Form einer undurchlässigen (impermeablen) Sperrschicht an einer Gesteinsfalte, stratigraphischen (schichtbedingten) Diskontinuität, Verwerfung, oder am Rand eines Salzstocks – am weiteren

Migrieren gehindert wurde, sammelte es sich dort in Gesteinsporen. Dies führte zur Bildung eines Reservoirs. Sandstein, Dolomit oder Kalkstein mit hoher Porosität sind beispielsweise häufig vorkommende Speichergesteine. Dies sind die konventionellen Ölfelder, oft noch von einer Gaskappe überlagert. Je nach Größe des Einzugsbereiches können sie sich über mehrere tausend Quadratkilometer erstrecken. Das weltweit größte Ölfeld *Ghawar* in Saudi-Arabien hat eine Länge von mehr als 30 Kilometern. Ursprünglich enthielt es mehr als 100 Milliarden Fass gewinnbares Erdöl. Heute suchen Geologen oft zunächst nach dem Muttergestein und versuchen in aufwendigen Simulationsrechnungen den Weg des Öls in potenzielle Fallen nachzuvollziehen. Mit dieser Methode wurde zum Beispiel im Jahr 1985 das letzte große norwegische Ölfeld, *Heidrun*, entdeckt.

Oft genug wird aber die Wanderung des Öls unterbrochen oder kann gar nicht erst beginnen, weil die Durchlässigkeit des Gesteins zu gering ist. Dann bleibt das Öl in den Gesteinsporen eingeschlossen. Dies ist das sogenannte *tight oil* oder »Öl in dichtem Gestein«. Da die geologischen Bedingungen meist nur über kleinere Bereiche homogen sind, finden sich oft auch im Umfeld konventioneller Ölfelder Tight-Oil-Vorkommen. In den USA sind die größten derartigen Vorkommen zum Beispiel in Südtexas, im *Eagle Ford Shale*, und im *Bakken Shale* von Norddakota zu finden. Allerdings sind die Entstehungsgeschichten jener Lagerstätten oft noch komplizierter. Im Bakken Shale beispielsweise drang dieses eigentlich konventionelle Öl auf seiner Wanderung zwischen zwei Tonformationen in die Poren eines dichten Dolomits (eines magnesiumreichen Karbonatgesteins) ein und wurde dort in kleinen Volumina fein verteilt konserviert.

In ähnlicher Weise lassen sich auch die Erdgasvorkommen klassifizieren. Konventionelles Erdgas migrierte vom Ort seiner Entstehung und sammelte sich unter geologischen Fallen in reinen Gasfeldern. Zusätzlich zersetzt sich unter hohen Temperaturbedingungen auch Erdöl noch weiter, sodass jedes Erdölfeld nach oben hin mit einer mehr oder weniger großen Gaskappe abgeschlossen ist. Das ist das sogenannte Erdölbegleitgas oder »assoziierte« Gas. In diesem »nassen« Erdgas finden sich neben Methan die Kohlenwasserstoffketten Ethan,

Propan, Butan, Isobutan und Pentan Plus, das auch *natural Gasoline* genannt wird. Diese Stoffe (außer dem trockenen Methan) bilden das sogenannte Kondensat. Dieses ist im Reservoir gasförmig. In Feldabscheideanlagen wird neben Wasser aus der assoziierten Gasfraktion *natural gasoline* kondensiert. Dieser Prozess bildet beispielsweise auch die Grundlage, wenn in Nigeria aus illegalen »Ölküchen« Treibstoff am Straßenrand verkauft wird. In *natural gas liquid plants* werden schließlich die übrigen leichteren Gaskondensate aus dem Erdgasstrom ausgefällt. Im Fachjargon sind das die Flüssiggasanteile oder *natural gas liquids* – NGL. Den meisten sind diese vielleicht bekannt als Butangas in Feuerzeugen und Campinggasflaschen oder als Propan für Heißluftballons, Treibstoffflaschen oder auch als Autogas an der Tankstelle. Da der Aggregatzustand von Druck und Temperatur abhängt, werden diese Gasfraktionen teilweise dem Erdgas zugerechnet – oder bei entsprechenden Preisen abgetrennt und gesondert vermarktet.

Auch für Erdgas gilt, dass das migrierende Gas in Gesteinsporen einer dichter werdenden Formation stecken bleiben kann. Auch wenn hier meist die Porosität im Gestein vorhanden ist, so sind die teilweise mit Erdgas gefüllten Poren schlecht miteinander verbunden, die Permeabilität oder Durchlässigkeit des Gesteins ist also sehr gering. Dann spricht man von *tight gas* oder »Gas in dichtem Gestein«. War aber bereits das Muttergestein so dicht, dass das dort gebildete Gas nicht entweichen und nicht in Speichergesteine migrieren konnte, dann benutzt man den Ausdruck »Schiefergas« oder *shale gas*. Im Unterschied zu Ölschiefer besteht dieses Gas bereits aus dem Endprodukt (Methan), es ist aber in isolierten, nicht miteinander verbundenen Gesteinsporen eingeschlossen oder haftet an Gesteinspartikeln.

Als letzte Gruppe steht das *Kohleflözgas* etwas isoliert. Es zählt ebenfalls zu den unkonventionellen Vorkommen, wenn es auch anderen Ursprungs ist. Hier handelt es sich um Ausgasungen aus einem Kohleflöz. Auch dieses Gas ist in der Regel unter Druck in den Poren der Kohle gespeichert.

Ein wichtiges Unterscheidungskriterium einzelner Ölmodifikationen ist schließlich ein Indikator, der vom *American Petroleum Institute (API)* definiert wurde und eine Zuordnung einzelner Ölsorten

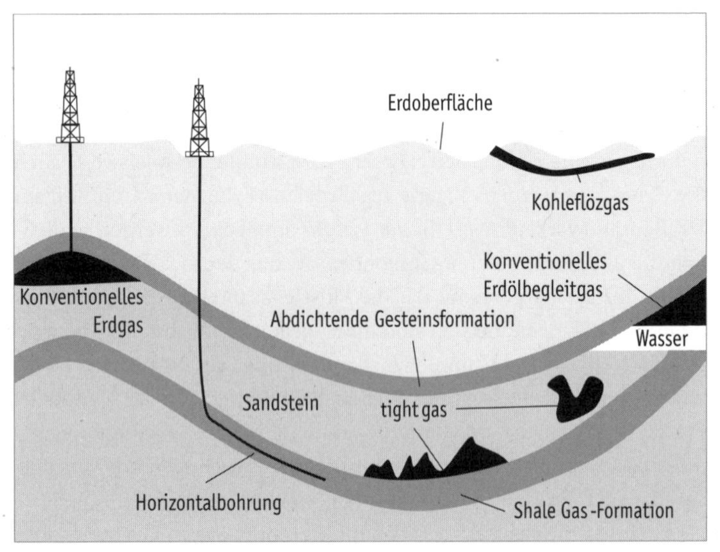

Abbildung 1: Die Klassifizierung von konventionellen und unkonventionellen Lagerstätten von Kohlenwasserstoffen

zulässt. Dieser wird nach dem Institut mit »API gravity« benannt und in Grad (°) angegeben.

Zusammenfassend unterscheidet man also:

Erdöl

- Konventionelles Erdöl (API gravity > 17,5 °; bei API gravity > 40 ° spricht man von *leichtem Erdöl*);
- Schweröl mit großer Zähigkeit (API gravity zwischen 17,5 ° und 10 °);
- Bitumen, Teersand und Schwerstöl (API gravity < 10 °).
- LTO, *light tight oil* ist von der Qualität zwar sehr leichtes konventionelles Öl, aber die Fördermethode zur Erschließung der Vorkommen klassifiziert es als unkonventionelles Erdöl.
- Ölschiefer: kerogenhaltiges Tongestein mit hohem Anteil organischer Kohlenwasserstoffe;
- Schieferöl: Dieses kommt in der Natur nicht vor, sondern wird erst in der Raffinerie aus Ölschiefer gewonnen.

Erdgas

- Konventionelles Erdgas;
- Unkonventionelles Erdgas:
  - *tight gas*: Gas in dichtem Gestein;
  - Schiefergas oder *shale gas*: Gas im Muttergestein, und
  - Kohleflözgas oder *coalbed methane* (CBM).

Was ist konventionell? Was unkonventionell?

Die Beantwortung dieser Fragen ist eine Sache der Definition. Die Unterscheidung hat technische und ökonomische Gründe. Grundsätzlich wurden lange Zeit konventionelle Vorkommen als solche bezeichnet, die mit herkömmlichen Fördermethoden gewonnen werden können – damit wird die Definition an den technischen und finanziellen Aufwand gebunden, verschiebt sich aber mit der technischen Entwicklung. Einigkeit herrscht darin, Bitumen und Schwerstöl, aber auch Schiefergas oder Kohleflözgas als »nichtkonventionell« zu bezeichnen. Geologen haben lange Zeit auch Öl aus Teersanden, Tiefseeöl oder polares Öl als »unkonventionell« bezeichnet.

Der Übergang zwischen konventionellem Erdgas oder Erdöl und Erdgas/-öl in dichtem Gestein ist fließend. Dies liegt an der Inhomogenität der Gesteine, da ja hier der Übergang von wenig dicht zu dicht oft bereits über einen kleinen Bereich variiert. Abbildung 2 zeigt, wie die Permeabilität des Gesteins sich über mehrere Größenordnungen zwischen konventionell und unkonventionell förderbaren Gasfeldern bis hin zum Schiefergas unterscheidet. Zur Veranschaulichung ist in der Grafik die Durchlässigkeit eines porösen Materials wie eines Ziegelsteins eingetragen. Tight-Gas-Formationen sind um ein bis zwei Größenordnungen weniger durchlässig als Tonziegel, Schiefergasformationen sogar um drei bis fünf Größenordnungen – bis hin zu einer Undurchlässigkeit größer als die von Beton. Es wird intuitiv deutlich, dass die Förderung von Schiefergas einen wesentlich höheren Aufwand erfordert als die Erschließung konventioneller Gasfelder.

Permeabilität

(Darcy = Maß für die Durchlässigkeit des Gesteins)

Die Fließfähigkeit des Gases im Gestein bestimmt, ob gefrackt wird.

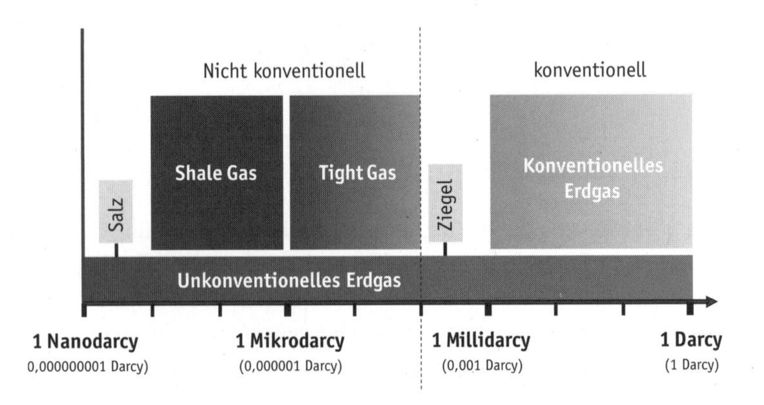

Abbildung 2: Die Charakterisierung von konventionellen und unkonventionellen Erdgasvorkommen; man beachte die logarithmische Skala der Permeabilität. Jede Zehnerpotenz entspricht einer Größenordnung – 1 Mikrodarcy entspricht also drei Größenordnungen oder 1 000-mal weniger durchlässigem Gestein als 1 Millidarcy. (Darstellung nach Total)

Als in den USA die Erschließung konventioneller Vorkommen immer schwieriger wurde und die Fördermethoden, etwa Fracking, hin zu dichterem Gestein immer aufwendiger und teurer, wurde in den 1970er-Jahren als eine Reaktion auf die Ölpreiskrise 1973 ein steuerlicher Anreiz zur Erschließung dieser Vorkommen gegeben. Hier wurde als klare Trennung die Unterscheidung konventionell/unkonventionell über die Durchlässigkeit des Gesteins definiert. War diese größer als 0,1 Millidarcy (die physikalische Maßeinheit für diese Durchlässigkeit), dann handelte es sich um nicht finanziell förderfähige konventionelle Förderung, lag diese unter 0,1 Millidarcy, dann gab es steuerliche Anreize und wurde die Förderung als unkonventionell definiert.

Die Ermittlung von Reserven

Öl- und Gasvorkommen werden zunächst *exploriert* – das heißt, der Suche gehen grundsätzliche geologische Überlegungen und Voruntersuchungen, wo entsprechende Vorkommen sein könnten, voraus. Ein weiterer Schritt der Vorerkundung betrifft das Studium der Vorgeschichte, des Spannungsfeldes und der Auswertung von Bohrstatistiken einer Region. Aus der Zeitreihe und Fündigkeit solcher Statistiken kann man etwa entnehmen, ob die weitere Erschließung einer Region erfolgversprechend ist oder ob die meisten Funde bereits gemacht wurden und die Aussicht auf neue eher gering ist. Das A und O aber bildet heute eine seismische Vorerkundung, wobei moderne seismische Verfahren eine recht genaue dreidimensionale Darstellung des Untergrundes erlauben. Hier werden durch Sprengungen künstliche Schockwellen in die Tiefe gesandt; ein Gitter von »Geophonen«, Erdmikrophonen, fängt ihr Echo an den dichteren Gesteinshorizonten auf. Gesucht wird einerseits nach sedimentärem Muttergestein und andererseits nach entsprechend geeignetem Speichergestein, insbesondere aber nach kohlenwasserstoffhaltigen Fallen. Diese Analysen werden mit der Entnahme von Gesteinsproben (sogenannten Kernbohrungen) und Explorationsbohrungen unterlegt. Erst eine fündige Probebohrung gibt einen belastbaren Hinweis auf ein ausbeutbares Kohlenwasserstoffvorkommen.

Die ganzen Vorerkundungen dienen dazu, ein gutes geologisches Verständnis für den Aufbau des Untergrundes zu entwickeln und daraus wieder eine Einschätzung für den Öl- oder Gasreichtum unter den Füßen zu gewinnen. Erst mehrere fündige Bohrungen in Kombination mit seismischen Informationen über den Untergrund erlauben eine erste Abschätzung über den Kohlenwasserstoffgehalt des Fundes. Aus diesen Daten wird dann errechnet, welche Öl-/Gasmenge sich vermutlich in der Formation befindet. Das ist die sogenannte *gas in place* (GIP) oder *oil in place* (OIP)-Angabe. Auf dieser Basis erhoben, stellt sie eine relativ belastbare Ressourcenangabe dar. Zusammen mit technischen Informationen, wie viel denn vermutlich mit heutiger Technik entnommen werden kann, wird daraus eine erste Vermutung über die gewinnbare Reserve.

In die Berechnung fließen viele nur unzureichend bekannte Parameter ein, wie Ausdehnung der Formation, Schichtdicke, Porosität, Öl- beziehungsweise Gasgehalt je Volumen, Druck, Durchlässigkeit, Entleerungsgrad etc. Mit der Variation dieser Parameter wird ein Bandbereich abgesteckt, der die Angaben von *sicherer Reserve*, *wahrscheinlicher Reserve* bis hin zu *möglicher Reserve* umspannt. Die großzügigste Annahme macht man dabei für die *mögliche Reserve* – hier wurden die Parameter so gewählt, dass diese Menge mit 5 Prozent Wahrscheinlichkeit erreicht oder überschritten wird. Die *wahrscheinliche Reserve* umfasst die Parameter, bei denen der Geologe der Meinung ist, dass die Wahrscheinlichkeit für eine Abweichung nach oben und nach unten gleich groß ist, also 50 Prozent. Letztlich legt die *sichere* oder *nachgewiesene Reserve* die Menge von Öl und Gas fest, von der man fast sicher ist (meist mit mehr als 90 Prozent Wahrscheinlichkeit), dass sie im Förderverlauf überschritten werden kann.

Diese Unterscheidung hat sinnvolle historische Ursachen – muss zur Erschließung des Feldes doch meistens ein Kredit aufgenommen werden. Hierfür will der Kreditgeber eine Sicherheit. Und ähnlich wie bei einem Hypothekenkredit nur 60 bis 80 Prozent des Wertes einer Immobilie beliehen werden können – die Bank will eine Sicherheit haben –, gilt die nachgewiesene Reserve als Sicherheit für die Investition. Bei Bohrungen in konventionellen Gasfeldern ändern sich die lokalen Parameter nur langsam. Daher kann nach entsprechender Vorerkundung mit der Planung einer Förderbohrung relativ gut abgeschätzt werden, wie viel Öl oder Gas aus dieser Bohrung mindestens entnommen werden kann. So dient die nachgewiesene Reserve als Maßstab für ökonomische Berichte, zum Beispiel in den Quartals- oder Jahresberichten der Firmen – und sie bestimmt auch den Wert der Reserven einer Firma. In dieser Systematik liegt auch der Grund des »Reservewachstums« älterer Felder begründet: Mit dem Abteufen neuer Bohrungen werden neue Bereiche des Feldes zugänglich, und damit steigt die Summe aus nachgewiesener noch vorhandener Reserve und bereits entnommener Fördermenge. Theoretisch und oft auch in der Realität nähert sich im Förderverlauf diese Angabe der ursprünglich vom Geologen ermittelten wahrscheinlichen Reserve für den gesamten Fund an.

So viel zur Theorie der Reservedefinitionen und des Höherbewertens. Allerdings sind die Verhältnisse bei der Bestimmung unkonventioneller Vorkommen nicht mehr so klar. Aufgrund der geringen Durchlässigkeit des Gesteins kann nur so viel Gas oder Öl entnommen werden, wie mittels Fracking zugänglich wurde. Damit schrumpft die Reservoirgröße auf den erschlossenen Anteil. Die Fördermenge einer Bohrung ist nicht direkt auf die Nachbarbohrung übertragbar. Obwohl man auch hier Trends erkennen kann, gibt es oft genug Überraschungen. Dies war ein Grund, warum bis zum Jahr 2010 die Berücksichtigung der Reserveangabe unkonventioneller Öl-/Gasbohrungen in Quartalsberichten nicht zulässig war. Erst im Jahr 2010 wurde dies von der US-Börsenaufsicht geändert. Das wird bei der Analyse der USA eine wichtige Rolle spielen – dort werden wir nochmals darauf zu sprechen kommen.

Definitorisch werden Reserven also eingeteilt in sichere, wahrscheinliche und mögliche Reserven, wobei eine »mögliche Reserve« mit 95 Prozent Wahrscheinlichkeit überbewertet ist. Nun sind das alles akademische Definitionen, die zwar einen hohen Genauigkeitsgrad suggerieren, in der Praxis aufgrund vieler Unwägbarkeiten aber doch einen gewissen Spielraum zulassen. Dabei haben auch persönliche Aspekte durchaus einen Einfluss. Zunächst der explorierende Geologe: Ein erfolgreicher Explorateur erhält bessere Angebote und bessere Aufstiegschancen. Gerade bei der bestehenden Unsicherheit und Unvollständigkeit der ersten Daten kann niemandem ein Vorwurf gemacht werden, wenn der eine oder andere Parameter etwas optimistischer, vielleicht zu optimistisch eingestuft wird, auch wenn das ehrliche Bestreben für eine genaue Bewertung der wahrscheinlichen Reserve besteht.

Dann wendet sich der Explorationsgeologe dem nächsten Projekt zu. Jetzt werden die Entwicklungsingenieure und Ökonomen hinzugezogen. Das Portfolio der Funde muss nun auch technisch/ökonomisch bewertet werden, damit ein optimaler Erschließungsplan erstellt werden kann. Im Vorfeld der Erschließung werden Entwicklungs- und Bohrpläne erarbeitet. Dann erst wird das Feld mit seiner nachgewiesenen Reserve in die Bücher übernommen. Diese liegt in der Regel deutlich unter der wahrscheinlichen Reserve. Idealerweise, bei richtiger Einschätzung, nähert sich die über die Förderdauer entnommene Öl- oder Gasmenge der im Vorfeld als wahrscheinlich ermittelten Reserve allmählich an.

Bei guter Reservelage – und das war viele Jahrzehnte so – kann es sich die Firma leisten, die nachgewiesene Reserve anfangs recht klein auszuweisen. Das eröffnet Spielraum für spätere Höherbewertungen und hilft, in schlechten Explorationsjahren schneller aufzuwerten, da sich die Gesamtreserve ja aus den neuen Funden, den jedes Jahr neu bewerteten Reserven erschlossener Felder und den noch nicht angetasteten Reserven zusammensetzt. Doch diese Zeiten sind längst Vergangenheit. Die Explorationsergebnisse, also das Finden von neuen Öl- und Gasvorkommen der letzten 15 Jahre, waren schlecht. Der Frackingboom der letzten Jahre basiert ja primär nicht auf in den USA neu gefundenen Vorkommen, sondern auf der genaueren Untersuchung längst bekannter Vorkommen, deren Erschließung sich nicht lohnte, solange konventionelle Vorräte in ausreichender Menge kostengünstiger verfügbar waren. Ein Reservewachstum oder besser das *»reserve replacement«*, also der Ersatz des geförderten Öls oder Gases durch neu gefundene Reserven, blieb zurück. Die Firmen können es sich nicht mehr leisten, hier großzügig zu sein. Erstmals wurde das der Öffentlichkeit bewusst, als im Jahr 2004 nach einem Anfangsverdacht der US-Börsenaufsicht eine Untersuchungskommission ermittelte, dass die Firma Shell ihre Ölreserven nicht den Kriterien der Börsenaufsicht entsprechend beurteilt und mit 9 Gb (Gigabarrel, Milliarden Fass) anstatt 6,4 Gb um fast 30 Prozent zu hoch ausgewiesen hatte. Auch die Gasreserven waren deutlich überhöht verbucht worden.[1] Pikant daran war vor allem, dass der damalige Leiter der Explorationsabteilung, Philip Watts, nicht zuletzt aufgrund seiner Explorationserfolge zum Vorstandsvorsitzenden aufgestiegen und erst 2003 von der britischen Königin in den Adelsstand erhoben worden war. Sir Philip Watts wurde entlassen,[2] die Firma musste 120 Millionen US-Dollar Strafe an die Börsenaufsicht zahlen. Was aber wesentlicher war: Erstmals wurde die Interpretationshoheit der Branche von der Öffentlichkeit infrage gestellt. Es wurde deutlich, dass hier auch mit falschen Zahlen gearbeitet wird.

So muss man damit leben, dass die weltweit veröffentlichten Reserveangaben unterschiedliche Qualität haben. Für an Börsen notierte Unternehmen bilden die Erfordernisse zur Erstellung der Finanzberichte den Rahmen. Diese Definitionen lehnen sich eng an die Forderungen der Fachverbände wie zum Beispiel des API *(American Petroleum Institute)* oder der SPE *(Société des Ingénieurs du Pétrole)* an. Dann gibt es noch eine Reihe von Staaten, die über viele Jahre hinweg identische Reserveangaben veröffentlichen, ungeachtet dessen, dass jedes Jahr Öl und Gas gefördert werden. Die OPEC-Staaten gehören zu diesen Staaten. Saudi-Arabien, Iran, Irak, Venezuela, Katar und Kuwait hatten Ende der 1980er-Jahre ihre Reserveangaben stark erhöht, teilweise sogar verdreifacht, ohne dass dies mit entsprechenden neuen Funden belegt werden konnte. Seit dieser Zeit werden jedes Jahr fast unveränderte Reservezahlen veröffentlicht. Diese vor über 30 Jahren in den Büchern erhöhten Reserveangaben der OPEC werden in Fachkreisen gerne als »politische Reserven« bezeichnet, um die Zweifelhaftigkeit dieser Höherbewertungen deutlich zu machen.

Die Ermittlung von Ressourcen

Die Reservebewertung ist Bestandteil der Aktionärs- und Jahresberichte und wird als wichtiger Indikator für den Zustand einer Firma gesehen: Liegt die berichtete Reserve am Jahresende höher als am Jahresanfang (*reserve replacement ratio* größer als eins), dann wird das an der Börse mit Aufschlägen honoriert – oder umgekehrt. Anders verhält es sich mit einer *Ressourcen*angabe. Diese ist nicht Bestandteil der Berichterstattung. Eine Ressourcenangabe hat eine ganz andere Qualität als eine Reserveangabe. Aus gutem Grund wird sie nicht in Firmenbewertungen herangezogen. Während eine an der Börse notierte Firma große Probleme bekommt, wenn ihr ein Verstoß bei der Bewertung der

Reserven nachgewiesen werden kann (der damalige Shell-Chef musste abtreten), so können bei der Ressourcenangabe großzügige Zahlen in die Diskussion eingebracht werden. Einen Nachweis für deren Belastbarkeit wird niemand antreten müssen. Auch sind hier die Kriterien für die Ermittlung wesentlich weicher. Zwar gibt es auch hier Vorschriften und Regeln zur Ermittlung (am gängigsten ist die sogenannte McKelvey-Klassifizierung von 1963, auf der modernere international gebräuchliche Definitionen basieren), doch können diese Kriterien wesentlich weiter ausgelegt werden. So werden ermittelte Ölfunde, die aber aufgrund schwieriger geologisch-technischer Bedingungen noch nicht als ökonomisch förderbar angesehen werden, als Ressource verbucht. Teilweise werden Ressourcen aber auch nach höchst spekulativen Aspekten bewertet. Beispielsweise hat im Jahr 2000 die Geologische Behörde der USA (*United States Geological Survey*, USGS) in ihrem umfangreichen weltweiten Ressourcenbericht »ermittelt«, dass im Tiefseemeeresboden östlich von Grönland wahrscheinlich etwa 60 Milliarden Fass Erdöl liegen könnten. Bei näherer Analyse wird deutlich, dass hier aus acht Expertenmeinungen über Wahrscheinlichkeitsmodelle berechnet wurde, dass mit 95 Prozent Wahrscheinlichkeit *kein* förderbares Öl dort zu finden sein würde; mit 5 Prozent Wahrscheinlichkeit könnten es aber mehr als 100 Milliarden Fass Öl sein. Mit den angewandten Methoden wurde hieraus ein wahrscheinlicher Wert von 60 Milliarden Fass ermittelt. Die Begründung lautete, dass diese Region gewisse Ähnlichkeiten mit dem Schelf nördlich vor Norwegen habe, der ja sehr ölhöffig (reich an Öl) sei. Bis heute hat keine Firma das Risiko auf sich genommen, in dieser Region zu explorieren. So weit zu Theorie und Praxis. Aber wie groß sind denn nun die Öl- und Gasressourcen?

Wie viel Erdöl gibt es?

Im Folgenden werden kurz die im Jahresbericht 2015 der Bundesanstalt für Geowissenschaften und Rohstoffe gemeldeten Reserve- und Ressourcenangaben zum Jahresende 2014 zusammengestellt. Abbildung 3 zeigt die Reserven von Erdöl in Millionen Tonnen. Zur Umrechnung in die oft verwendete Einheit Barrel oder Fass müssen die Angaben mit 7,3 multipliziert werden. Das ist nicht exakt, aber im Rahmen der Genauigkeit der Gesamtangaben genau genug. Erwähnt werden soll hier allerdings noch, dass eine deutsche Milliarde im angelsächsischen Raum eine *billion* ist – eine deutsche Billion wird dort zur *trillion*. Diese Verschiedenheit der Benennungen ist eine ständige Quelle von Missverständnissen.

Insgesamt betrugen die berichteten weltweiten Ölreserven zum Jahresende 2014 etwa 219 Milliarden Tonnen beziehungsweise 1600 Milliarden Fass (1600 Gigabarrel, *Gb*) Erdöl. Für 2015 liegen von der BGR noch keine differenzierten aktuellen Daten vor, andere Statistiken[3] weisen für Ende 2014 etwa 240 Milliarden Tonnen beziehungsweise 1700 Milliarden Fass Erdöl aus. (Zum Vergleich: Die Öl*förderung* 2014 betrug 4,24 Milliarden Tonnen.) Nach dem im vorherigen Abschnitt über die Erhebung von Reserven Gesagten sollte man diese Daten nur als Anhaltspunkt, nicht jedoch als exakte Angabe betrachten. Die Ölreserven konzentrieren sich auf die acht Staaten Saudi-Arabien, Kanada, Venezuela, Iran, Irak, Kuwait, Vereinigte Arabische Emirate und Russland, die zusammen fast 80 Prozent der Reserven halten. Neben den bekannten Staaten des Mittleren Ostens haben Kanada und Venezuela nur unbedeutende konventionelle Ölreserven. Nur aufgrund der großen Vorkommen von Bitumen in Kanada in den Teersanden der Region Alberta und von Schwerstöl in Venezuela am Orinoco gehören diese beiden Staaten zur Spitzengruppe der Ölstaaten. Ihr Anteil an der weltweiten Öl*förderung* ist mit 4,6 beziehungsweise 3,7 Prozent eher bescheiden. Auch in Russland gibt es große unkonventionelle Vorkommen, aber dort werden diese nicht als Reserven verbucht.

Daneben halten nur die USA unkonventionelle Erdölreserven. Sie sind das einzige Land, das Schiefergestein bisher in nennenswertem Umfang erschlossen hat. Allerdings haben die unkonventionellen Ölreserven in den USA nur einen Anteil von vier Prozent an den Gesamtreserven. Obwohl die weltweiten Ölreserven nach BGR-Rechnung, statisch betrachtet, den heutigen Verbrauch für noch etwa 50 Jahre decken könnten, ist die Situation in den USA wesentlich schlechter – hier sind es nur 13 Jahre. Die unkonventionellen Ölreserven haben hier

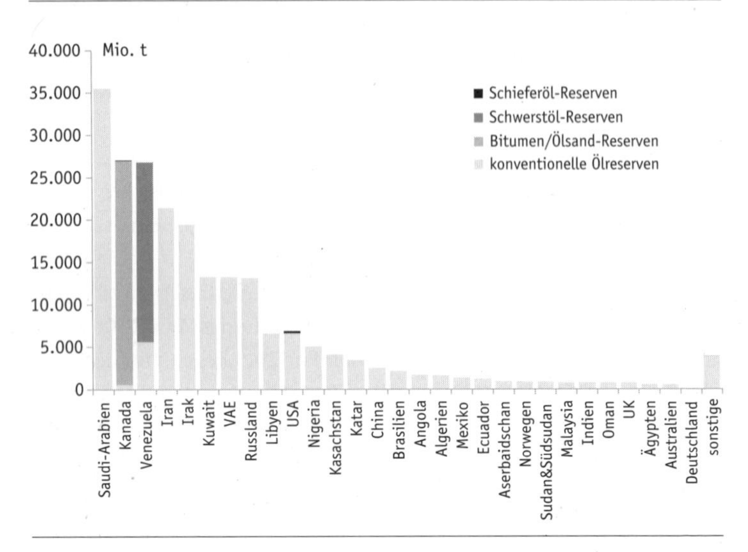

Abbildung 3: Weltweite Erdölreserven
(eigene Darstellung mit Daten aus BGR 2015[4])

nur einen marginalen Anteil. In dieser und der folgenden Darstellung wird Öl in dichtem Gestein (sogenanntes *tight oil*) zum konventionellen Erdöl gerechnet, da keine Statistik mit einer getrennten Ausweisung verfügbar ist.

In Abbildung 4 sind zum Vergleich die weltweiten Ölreserven gemeinsam mit den Ölressourcen eingetragen. Es wird deutlich, dass Letztere die Ölreserven um ein Mehrfaches übersteigen. Die unkonventionellen Ressourcen Bitumen und Schwerstöl sind wie die Reserven vor allem in Venezuela und Kanada konzentriert. In fast allen anderen Staaten ist deren Bedeutung vernachlässigbar.

In der Grafik wird ebenfalls ersichtlich, dass die konventionellen Ölressourcen immer noch bedeutend sind. Die berichteten Gesamtvorkommen können je zu einem Drittel den Ölreserven, den konventionellen Ölressourcen und allen unkonventionellen Ölressourcen zugeordnet werden. Darüber hinaus sind sie auf wesentlich mehr Staaten verteilt als die unkonventionellen Ressourcen. Und dennoch – obwohl die Ressourcen beispielsweise in Großbritannien, Mexiko oder

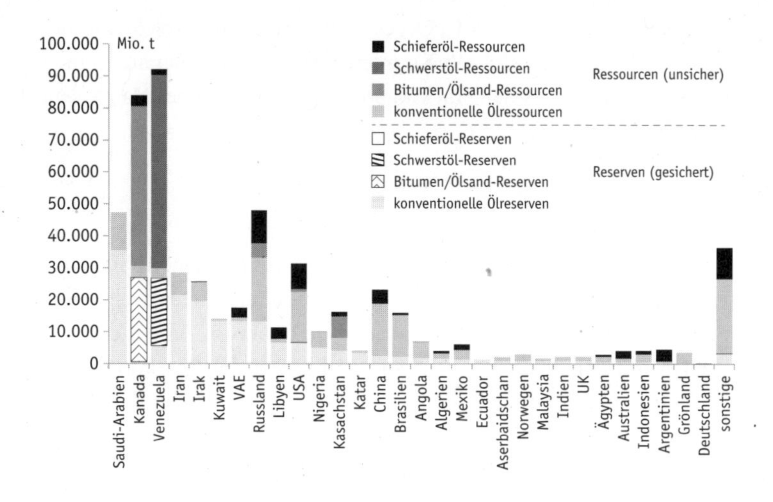

Abbildung 4: Weltweite Erdölreserven und -ressourcen
(eigene Darstellung mit Daten aus BGR 2015[5])

Norwegen mehr als doppelt so groß wie die Reserven sind, geht dort die Ölförderung bereits seit mehr als zehn Jahren deutlich zurück. Offensichtlich können diese (und viele andere) Staaten trotz großer konventioneller Ölressourcen ihre Förderraten nicht mehr aufrechterhalten.

Die unkonventionellen Ölressourcen teilen sich zu fast gleichen Teilen auf die schon genannten Vorkommen in Kanada und Venezuela und mit weniger als 30 Prozent auf Schieferölvorkommen (*light tight oil*, LTO) auf, vor allem in Russland, den USA, China, Argentinien und Australien.

Bei dieser Betrachtung fällt – neben dem bereits zu Bitumen und Schwerstöl Gesagten – auf, dass in den USA die unkonventionellen Öl*reserven* eher gering sind und dass darüber hinaus trotz mehr als doppelt so großer konventioneller Öl*ressourcen* die Zukunft vor allem in der unkonventionellen Förderung von LTO gesehen wird. Wie noch gezeigt wird, ist der Förderaufwand für dessen Erschließung jedoch deutlich größer als bei der konventionellen Ölförderung. Dass dort dennoch die Zukunft im LTO gesehen wird, unterstreicht die begrenzte Aussagekraft einer Ressourcenangabe. Es gibt aber auch einen Hinweis darauf, dass der Frackingboom nicht von langer Dauer sein wird.

Wie viel Erdgas gibt es?

In analoger Weise lassen sich die Erdgasvorräte darstellen. Abbildung 5 zeigt die von der BGR zum Jahresende 2014 berichteten weltweiten Erdgasreserven. Ähnlich konzentriert wie bei Erdöl, halten die acht Staaten mit den größten Gasfeldern 73 Prozent der Reserven. Russland, Iran und Katar allein bergen zusammen bereits über die Hälfte. Die weltweiten Gasreserven wurden zum Jahresende 2014 mit 197 800 Milliarden Kubikmeter bewertet, wovon 2,6 Prozent unkonventionelles Erdgas (zu zwei Drittel Schiefergas und zu einem Drittel Kohleflözgas) sind. Zum Vergleich: Die weltweite Erdgasförderung 2014 betrug 3 480 Milliarden Kubikmeter.

Bemerkenswert ist hierbei, dass die Reserven der beiden Staaten Iran und Katar zu mehr als 70 Prozent auf dem Gas eines einzigen Feldes beruhen. Dessen südlicher Teil, *North Field*, erstreckt sich über 6 000 Quadratkilometer von der Küste ins offene Meer. Er wurde im Jahr 1970 entdeckt. Zwanzig Jahre später wurde das Feld *South Pars* in den Hoheitsgewässern des Iran entdeckt. Bald wurde deutlich, dass es sich hier um eine Verlängerung der Strukturen des Nordfeldes handelt. Die berichtete Reserve der beiden Felder beträgt zusammen etwa 40 000 Milliarden Kubikmeter. Das Nordfeld allein beinhaltet etwa 90 Prozent der Gasreserven von Katar. Während der ersten Phase des Aufbaus von Gasverflüssigungsterminals in Katar zum Export des Gases in den Jahren 2004/05 wurde deutlich, dass die bisherigen Reserveschätzungen des geologisch extrem komplexen und inhomogenen Feldes wenig präzise waren – die Firma ConocoPhillips hatte mit einer Bohrung innerhalb des Feldbereichs kein Gas angetroffen. Daraufhin stellte der damalige Ölminister Abdullah bin Hamad al-Attiyah neue Projekte zurück und verkündete ein umfangreiches Explorationsprogramm für das Feld.[6] Bis 2007 oder 2008 sollten die Ergebnisse veröf-

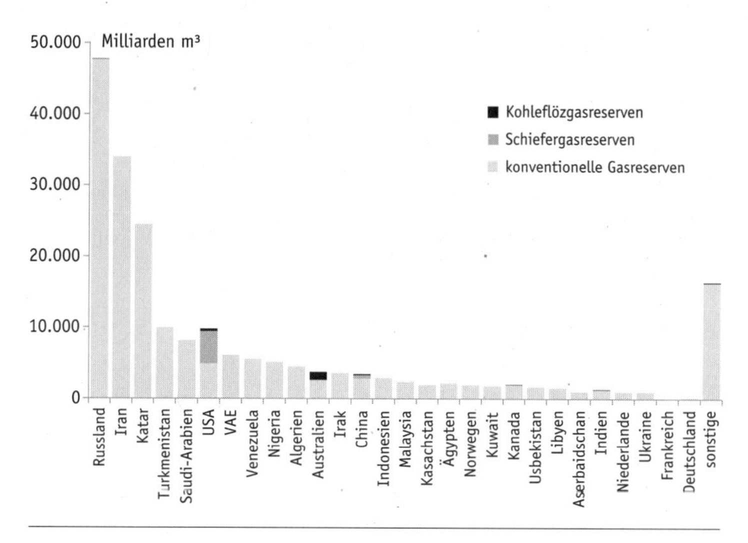

Abbildung 5: Weltweite Erdgasreserven
(eigene Darstellung mit Daten aus BGR 2015[7])

fentlicht werden. Hintergrund war die Ankündigung des Ministers, die heimischen Gasreserven nur so weit auszubeuten, dass die Reserven für mehr als 100 Jahre reichen würden. Bis heute ist keine neue Bewertung der Gasreserven des Feldes bekannt geworden. Brancheninsider schätzen, dass die berichtete Reserveangabe etwa um 60 bis 70 Prozent zu hoch sein könnte. Auch wenn es keine belastbaren Informationen gibt, so ist es durchaus möglich, dass damit die Reserven von Katar um 50 bis 60 Prozent überbewertet sind.

Des Weiteren fällt auf, dass nur zwei Staaten nennenswerte unkonventionelle Gasreserven verbuchen: In Australien sind mehr als ein Viertel der Reserven Kohleflözgas und in den USA gibt es die einzigen substanziellen Schiefergasreserven. Diese machen dort 40 Prozent der Gesamtreserven aus, weitere 4 Prozent sind Kohleflözgas.

Abbildung 6 zeigt die weltweiten Erdgasreserven zusammen mit den Ressourcen. Bei Erdgas sind die Reserven im Verhältnis zu den Ressourcen wesentlich geringer als bei Erdöl: Weniger als ein Viertel der berichteten Vorräte ist den *Reserven* zuzurechnen. Bei den *Res-*

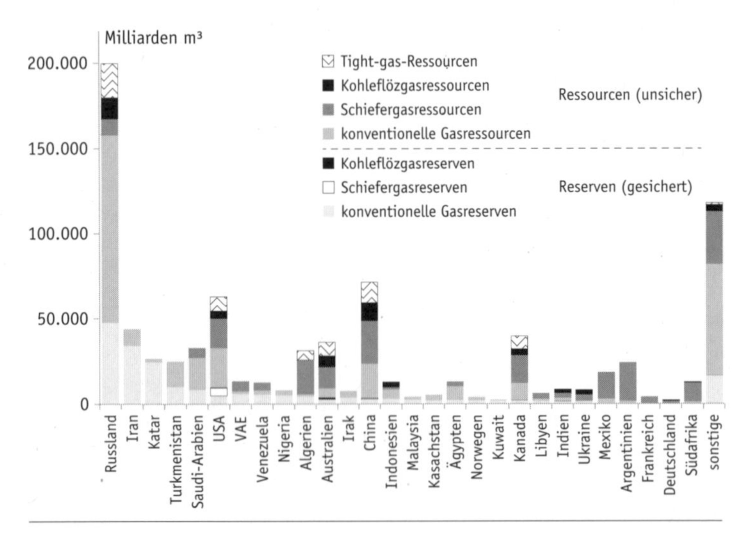

Abbildung 6: Weltweite Erdgasreserven und -ressourcen
(eigene Darstellung mit Daten aus BGR 2015[8])

sourcen wiederum ist mehr als die Hälfte konventionell. Schiefergasvorkommen tragen zu etwa einem Drittel zu den Ressourcen bei. Kohleflözgas und *tight gas* halten einen deutlich geringeren Anteil (dieses wird heute bereits gefördert, in den Statistiken aber nicht explizit abgetrennt). Auch bei den Reserven wird *tight gas* nicht explizit ausgewiesen, sondern ist in den konventionellen Gasreserven subsumiert.

Diese Inkonsistenz in der Datenerhebung (einmal werden Tightgas-Vorkommen explizit gezählt, das andere Mal nicht) fällt auf. In der Grafik wird auch deutlich, dass die großen konventionellen Gasvorkommen nur auf ganz wenige Regionen konzentriert sind. Insbesondere die USA als weltgrößtes Gasförderland mit über 20 Prozent Förderanteil haben weniger als 5 Prozent Anteil an den weltweiten Gasreserven und auch nur 8,5 Prozent Anteil an den Gasressourcen. Diese Zahlen zeigen, dass die USA ihre Reserven rasch erschöpfen – ein erster Hinweis darauf, dass der gegenwärtige Erdgasboom in den USA vermutlich nicht von langer Dauer sein wird. Wie bereits gezeigt, sind die USA das einzige Land mit nennenswerten Schiefergasreserven. In allen anderen Staaten liegen die Hoffnungen auf möglicherweise großen *Ressourcen*. Dies sind vor allem die Staaten China, Argentinien, Algerien, Kanada, Mexiko, Australien und Südafrika. Diese Annahmen aber haben eine ganz andere Qualität. Insbesondere in Argentinien, Mexiko und Südafrika sind die geringen konventionellen Vorräte weitgehend erschöpft. Hier könnte von der Schiefergasförderung nochmals ein neuer Impuls ausgehen, wenn sich die Hoffnungen auch belastbar zeigen sollten. Argentinien hat tatsächlich mit der Hilfe der US-amerikanischen Firma Chevron begonnen, dieses Potenzial zu erschließen. Grundsätzlich jedoch bedeutet die Erschließung unkonventioneller Vorkommen (vor allem Schiefergas und Schieferöl), bezogen auf den Gasertrag, einen wesentlich höheren technischen Aufwand, der im Fracking – dem Thema unseres Buches – seine Ursache hat. Was das bedeutet, wird im folgenden Abschnitt erklärt.

Abschließend noch ein paar Worte zu Europa. In Europa gibt es außer in Norwegen (1900 Milliarden Kubikmeter) und den Niederlanden (950 Milliarden Kubikmeter) keine großen (konventionellen und unkonventionellen) Erdgas*reserven* mehr. Doch mit Blick auf die *Ressourcen* wird suggeriert, dass hier die zehnfache Menge, also das meiste Erdgas, noch gar nicht erschlossen worden sei und dass mithilfe der Schiefergasförderung der Rückgang der Gasförderung aufgehalten werden könne.

Die Technologie des Frackings

Die Förderung von Kohlenwasserstoffen – eine Übersicht

Die geologischen Unterschiede zwischen konventionellen und nichtkonventionellen Vorkommen von Kohlenwasserstoffen bedingen auch einen unterschiedlichen technischen und finanziellen Erschließungsaufwand. Letztlich resultieren hieraus auch unterschiedliche Förderdynamiken, welche einen entscheidenden Einfluss auf die Entwicklung der Öl- und Gasförderung haben.

Konventionelle Öl- oder Gasvorkommen stehen unter hohem Lagerstättendruck, der mit der Tiefe zunimmt: Das Öl oder Gas ist vor allem in Gesteinsporen gespeichert, die miteinander in Verbindung stehen und eine hohe Durchlässigkeit aufweisen. Eine Bohrung sorgt für eine Druckentspannung, das Öl oder Gas steigt, dem Druck nachgebend, zusammen mit Lagerstättenwasser in der Bohrung nach oben. Je durchlässiger das Gestein, also je besser die einzelnen Poren miteinander verbunden sind, desto größere Bereiche können mit einer Bohrung erreicht werden, desto schneller kann das Öl/Gas aber auch entströmen.

Mit der zunehmenden Entleerung einer Lagerstätte lässt der Druck nach, der Anteil des von unten aufsteigenden Lagerstättenwassers steigt. Infolgedessen sinkt die Förderrate stetig ab. Der steigende Wasserspiegel in der Lagerstätte sorgt aber auch dafür, dass einzelne Feldbereiche der Lagerstätte abgeschnitten werden und über bestehende Bohrungen nicht mehr erreichbar sind. Dem versucht man einerseits über das Abteufen zusätzlicher Bohrungen und bei Ölfeldern auch über das Einpressen von Wasser, Erdgas, Stickstoff oder Kohlendioxid in Randbereiche zur Minderung des Druckabfalls zu begegnen. Eine weitere Möglichkeit besteht darin, mittels Chemikalien oder des Einpressens von heißem Dampf die Viskosität des Öls zu reduzieren. Dies sind Maßnahmen, die oft unter dem Begriff EOR, *enhanced oil recovery*, zusammengefasst werden. Ob diese Maßnahmen sinnvoll sind, an welchen Stellen und in welchem Umfang hier nachgeholfen wird, das ist von Lagerstätte zu Lagerstätte verschieden – je komplexer die geologischen Verhältnisse, desto größer ist der Spielraum, den man hier hat.

Beispielsweise erreichte das im Jahr 1926 entdeckte texanische Ölfeld Yates, das zu den größten Ölfeldern der USA gehört, im Jahr 1981 mit 47 Megabarrel (Millionen Fass) Jahresförderung sein Fördermaximum. Danach ging die Förderung mit 8 Prozent jährlich in den Rückgang, dies entspricht einer Halbierung innerhalb weniger Jahre. Anfang der 1990er-Jahre begonnene Maßnahmen mit dem Einpressen von heißem Dampf und reibungsmindernden Chemikalien sowie nochmals um 2005 mit dem Einpressen von CO_2 konnten den Förderrückgang verzögern. Seit Förderbeginn wurden dem Feld etwa 1,47 Gb (Milliarden Fass) Öl entnommen. Ohne die ab 1992 ergriffenen EOR-Maßnahmen wäre die Gesamtförderung etwa bei 1,3 Gb geblieben. Dies ist in Abbildung 7 mit der punktierten Linie markiert. Die Differenz, ein Mehrertrag von 13 Prozent, ist auf die Injektionsmaßnahmen zurückzuführen. In konventionellen Ölfeldern kann durch solche Maßnahmen die Förderrate während des Rückgangs nochmals für einige Zeit stabilisiert oder sogar angehoben werden – allerdings meist auf wesentlich geringerem Niveau als in der Frühphase der Förderung. Abbildung 7 zeigt die Historie des Förderverlaufs von *Yates*.

Bitumen und Schweröl sind Vorkommen, die sich nicht einfach mit üblichen Bohr- und Fördertechniken erschließen lassen. In den kanadischen Teersandgebieten wird das dort oberflächennahe Gemisch mit 10 bis 20 Prozent zähem Bitumen- und 80 bis 90 Prozent Sandanteil meist im Tagebau gewonnen. Dann wird in einem Aufschwemmverfahren das leichtere Bitumen vom Sand abgetrennt und zur Ölaufbereitung in eine spezielle Raffinerie gegeben. Allein in Alberta werden

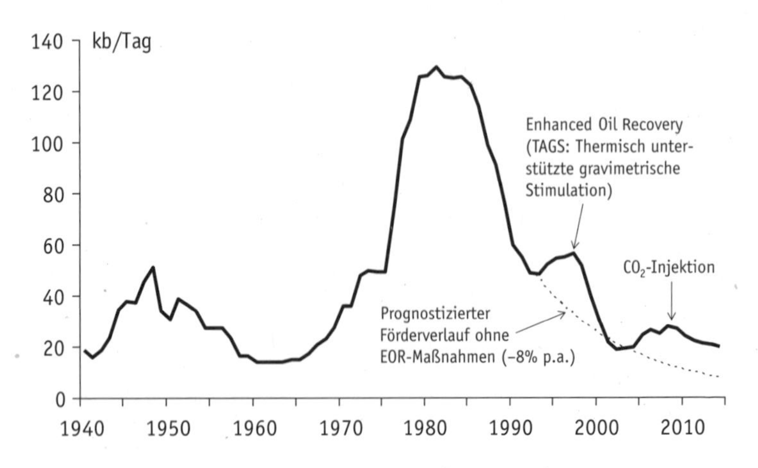

Abbildung 7: Die Ölförderung im texanischen Ölfeld *Yates* mit Kennzeichnung des Beitrags der beschriebenen stimulierenden Fördermethoden (Datenquelle: *Texas Railroad Commission*[9])

täglich etwa 2700 Tonnen Schwefel sowie Anteile von Phosphor und anderen Bestandteilen während der Aufbereitung abgetrennt, bevor das Öl dann mit hohem Zuschuss von Wasserstoff in leichtes synthetisches Rohöl (sogenanntes *synthetic crude oil*: SCO) aufgearbeitet wird. Wenn die Überdeckung der Bitumenschicht einige zehn Meter übersteigt, kommen sogenannte *In-situ*-Verfahren zum Einsatz, die den oben beschriebenen EOR-Maßnahmen ähneln. Dampf wird dabei mit Tensiden unter die Bitumenschicht injiziert, das verflüssigte Bitumen oder Schweröl wird abgepumpt und dann wieder über Bohrungen an der Oberfläche entnommen. Diese Methoden sind jedoch sehr kostspielig, da lange Vorlaufzeiten zur Vorbereitung der Abbaustätte und der Aufbereitungsanlagen eingeplant werden müssen. Die Förderrate im Tagebau ist allerdings über viele Jahre konstant und durch den Abbau der Schichten im Tagebau, also die Förderkapazität von Schaufelbaggern, Leitungen etc., vorgegeben.

Zur Förderung von Öl oder Gas aus undurchlässigen Gesteinsformationen, Tight-gas- und Shale-gas-Vorkommen, müssen allerdings stimulierende Maßnahmen eingesetzt werden. Hier wird das Gestein mit der Technologie des Frackings aufgebrochen. Das sind die Gesteinsformationen, die in der aktuellen Diskussion, wenn es um die Zukunft der Öl- und Gasförderung geht, im Fokus stehen.

Die Erschließung einer Lagerstätte

Den Ölvorkommen in dichtem Gestein (LTO), den Gasvorkommen in dichtem Gestein *(tight gas)* und in Tongesteinen (Schiefergas, *shale gas*) ist gemeinsam, dass das Öl oder Gas in Poren eingeschlossen ist und aufgrund der Dichtheit des Gesteins bei Druckentlastung nicht oder nur extrem langsam entweichen kann. Um dieses Öl und Gas dennoch mit akzeptabler Förderrate entnehmen zu können, wird das Gestein »stimuliert«. Im Klartext bedeutet dies, dass es aufgebrochen wird, um einen möglichst großen Reservoirkontakt, also einen möglichst großen Zugang zum gespeicherten Öl oder Gas, herzustellen. Dieses Aufbrechen erfolgt in der Regel mit Wasser. Daher wird es als hydraulische Stimulation oder hydraulisches Aufbrechen, im Angelsächsischen *hydraulic fracturing*, bezeichnet. Zur Charakterisierung dieser Verfahren hat sich die Kurzbezeichnung »Fracking« eingebürgert.

Für viele Schiefergasformationen ist charakteristisch, dass sie als kohlenwasserstoffhaltige ehemalige Sedimentschicht des Meeresbodens eine geringe Mächtigkeit (Schichtdicke) aufweisen, die oft weniger als 100 Meter beträgt. Eine Voraussetzung zur Erschließung dieser Schichten waren daher besonders genaue Bohrmethoden. In der Frühphase versuchte man die Vorkommen mit vertikalen Bohrungen und einem oder mehreren Fracs innerhalb der Formation zu erschließen. Doch mit Einführung der Richtbohrtechnik und zunehmender Erfahrung lernte man, die Bohrungen bei Erreichen der Formation zur Horizontale abzulenken und möglichst mittig innerhalb der Schicht zu führen. Dadurch wurde es möglich, den Ertrag je Bohrung zu steigern, da jetzt ein größerer Bereich mit einer Bohrung erschlossen werden konnte.

Das Abteufen einer Bohrung

Zunächst soll der Bohrvorgang mit seinen Besonderheiten charakterisiert werden. Bis in die gasführende Schicht wird eine Bohrung abgeteuft. Diese unterscheidet sich zunächst nicht von einer konventionellen Bohrung. Dennoch soll der Vorgang kurz beschrieben werden, da die Qualität der Ausführung über spätere Schäden mitentscheidet. Zunächst werden die Fundamente für die Bohranlage – sie müssen mehr als 1 000 Tonnen Gewicht stabil tragen – und eine Auffangwanne für Flüssigkeiten, der sogenannte Bohrkeller, erstellt. Dann wird das Standrohr bis in 60 Meter Tiefe eingerammt. Dieses bildet den äußeren Schutzrahmen der Bohrung gegen oberflächennahes Grundwasser und dient zur Stabilisierung des obersten Teils. Danach wird mit der eigentlichen Bohrung begonnen. Während der Bohrung bleibt die Bohröffnung mit einer Bohrspülung befüllt, die ständig umgewälzt wird. Diese Spülung hat mehrere Funktionen: Einmal dient sie der Kühlung des Bohrmeißels. Zum Zweiten bewirkt sie den Transport des Bohrkleins, des durch die Bohrung zermahlenen Gesteins, aus der Bohrung. Dieses wird als Bohrschlamm gesammelt und abgelagert. Drittens aber dient die Bohrspülung der Stabilisierung der Bohrung. Sie muss den Gegendruck erzeugen, damit das Bohrloch nicht zusammengedrückt wird. Damit kommt ihr die Aufgabe zu, einen ständigen leichten Überdruck zu halten. Wird der Druck der Spülung so hoch eingestellt, dass Spülflüssigkeit in die Gesteinsformation gepresst wird, kann es zu einem Blow-out kommen, in dem ein Teil der Bohrspülung aus dem Bohrloch geblasen wird. Um dies zu vermeiden, muss die Bohrspülung laufend beobachtet und gegebenenfalls zum Druckausgleich mit schweren Bestandteilen angereichert werden. In der Regel besteht die Bohrspülung aus Wasser, Bentonit (einer Aufschwemmung aus Tonmineralien) und Additiven.

Um die Bohrstelle abzusichern, wird nach Durchdringung der grundwasserführenden Schichten in zirka 200 Meter Tiefe die Verrohrung einzementiert. Diese erste Rohrtour nennt man »Ankerrohrtour« oder »Leitrohrtour«. Auch das ist nicht trivial: Von innen wird die geeignete Zementmischung in das Bohrloch eingefüllt; außerhalb der Verrohrung, im sogenannten Ringraum, wird sie dann nach oben gedrückt. Die Zementmischung muss dabei den Gesteins-, Druck- und Temperaturverhältnissen angepasst gewählt werden, damit sie nicht zu früh abbindet. Nach erfolgreicher Zementierung werden ein oder mehrere technische Rohrtouren abgeteuft und zementiert. Jede Rohrtour besteht aus entsprechend vielen aneinandergeschraubten Rohren. Die Schraubverbindungen umfassen nur etwa 2 bis 3 Prozent der Verrohrungslänge. Dennoch sind 90 Prozent der Verrohrungsschäden auf diese Verbindungen zurückzuführen.[10] Diese Leckagen werden uns noch beschäftigen.

Die Zementierung einer Bohrung muss mit größter Sorgfalt erfolgen. Schadhafte Zementierungen bilden auch heute noch die häufigste Quelle für unfallträchtige Bohrungen. Beispielsweise war eine unsachgemäß ausgeführte Zementierung eine wesentliche Ursache für den verheerenden Unfall auf der Bohrplattform *Deepwater Horizon* im Golf von Mexiko im Jahr 2010. Die Verrohrung war nicht ausreichend zentriert, dadurch war das Zementgemisch im äußeren Ringraum nicht gleichmäßig nach oben verteilt worden. Dies führte zum Einschluss von Bohrspülung in der Zementierung und zu möglichen Bruchstellen. Im Endeffekt schoss während des Blow-Out das Gas unkontrolliert außerhalb der Verrohrung nach oben – mit den bekannten Folgen. Vor solchen unerwarteten Problemen soll ein sogenannter *blow-out preventer* oder BOP schützen, der dort zwar installiert, aber nicht funktionsfähig war. Er ist auch in Deutschland als Sicherheitsmaßnahme vorgeschrieben. Er soll bei entsprechender Gefahr die Bohrung verschließen und dicht halten. Ebenfalls ist es Vorschrift, jede Zementierung nach Aushärtung auf Schadhaftigkeit zu prüfen. Es liegt auf der Hand, dass Unachtsamkeiten und Einsparungen an dieser Stelle später weitreichende Folgen haben können.

Als letzte Tour wird die Produktionsrohrtour abgeteuft. Nach Erreichen der Endteufe wird der Verrohrungsteil, der im gasführenden Gestein liegt, perforiert. Dies erfolgt mit exakt positionierten und dosierten Sprengstoffen in Hohlladungen; diese schießen mit einem zielgerichteten Heißdampfstrahl ein Loch in die Verrohrung, den umgebenden Zement und die angrenzende Formation. In konventionellen Lagerstätten ist die Durchlässigkeit so groß, dass bereits jetzt ausreichend Öl oder Gas in die Bohrung fließt und gefördert werden kann. Damit ist die Einrichtung der Bohrung beendet. Wenn die Durchlässigkeit des Gesteins aber zu gering ist, dann beginnt jetzt der eigentliche Aufwand, das Aufbrechen des Gesteins mittels Frackings.

Fracking – die Technik im Detail

Im dichten Gestein oder gar im Tonschiefer gelangt das Öl oder Gas nur extrem langsam zur Bohrung. Um eine ökonomisch interessante Förderrate zu erreichen, wird die Bohrung künstlich stimuliert. Dabei bildet das bei der Perforierung bis ins umgebende Gestein vorgetriebene Loch einen Ansatz für die nachfolgende Stimulation. Zweck der hydraulischen Stimulation ist es, durch das Einpressen von Wasser den Druck so zu erhöhen, dass sich die Rissansätze erweitern und das Gestein möglichst großräumig aufgebrochen wird. Es wird auch versucht, ein bestehendes Kluftsystem durch die richtige Orientierung der Bohrung anzuschließen, um einen *maximum reservoir contact* zu erhalten. Dabei muss der Druck hoch genug sein, um weitere Risse im Gestein zu erzeugen, aber klein genug, damit die Risse keine Wegsamkeiten aus der kohlenwasserstoffführenden dichten Gesteinsformation heraus schaffen – etwa in wasserführende Schichten. Mithilfe von umfangreichen Computermodellen unter Berücksichtigung der Gesteinseigenschaften wird die Rissbildung modelliert. Nach Aussage der Experten beträgt die Unsicherheit der Vorhersage 20 Prozent. Um mit Sicherheit innerhalb der Formation zu bleiben, wird diese Unsicherheit mit einem entsprechenden Druckabschlag berücksichtigt.

Vor dem eigentlichen Frac-Prozess wird zunächst das sogenannte *Pad* – das ist die Frackingflüssigkeit ohne die später erforderlichen »Stützmittel«, vor allem Sand – eingebracht und bis zum Gesteins-Breakdown beobachtet. Die Menge des eingepressten Wassers ist dabei sehr unterschiedlich. Sie hängt von der Gesteinsfestigkeit, von der gewünschten Rissbildung und der Anzahl der Fracs ab. Typischerweise werden pro Frac in dichten Gesteinsformationen einige hundert Kubikmeter Wasser eingepresst. In Tongesteinsformationen sind es eher einige tausend Kubikmeter. Da Letztere um Größenordnungen weniger permeabel als Sandstein sind, ist auch der Einpressaufwand entsprechend höher. Durch den Überdruck wird die Rissbildung stimuliert, und vorhandene Kluftsysteme werden erweitert. Dabei steigt der Druck deutlich über den Lagerstättendruck an und kann mehrere hundert Bar erreichen.

Während der Druckentspannung – beim Abzug des Pads, des Frac-Fluids ohne Feststoffe – schließen sich die Klüfte weitgehend, sodass der Öl- oder Gasstrom schnell versiegen würde. Um dies zu verhindern, werden dem Pad, sobald die Risse weit genug geöffnet wurden, sogenannte Stützmittel *(proppants)* beigemischt, die ähnlich einem Keil den Riss offen halten sollen. In der Regel ist das spezieller Quarzsand oder Keramikstützmittel. Damit beginnen aber die Probleme. Die eingesetzten Stützmittel würden sich nicht gleichmäßig im Frac-Fluid verteilen, sondern sich in unregelmäßigen Abständen ablagern oder große Cluster bilden. Um dies zu unterbinden, wird das Frac-Fluid in seinen Eigenschaften verändert. Man gibt ihm Gel-Bildner *(gelling agents)* bei, die es zu einer geleeartigen zähfließenden Flüssigkeit umwandeln und die Stützmittel in Suspension halten. Damit erhöht man aber auch die Reibung. Um das zu verhindern, gibt man reibungsmindernde Chemikalien *(friction reducer)* bei. Dennoch soll die Flüssigkeit einen engen Kontakt mit dem Gestein ausbilden, um den Druck gleichmäßig abgeben zu können und auch in feine Rissansätze vorzudringen. Das erzwingen die nächsten Chemikalien, sogenannte *surfactants*, welche die Oberflächenspannung reduzieren. Die Frackingflüssigkeit wie auch die Formation ist in der Regel bakterienhaltig. Mikroorganismen können manche Additive zersetzen und Schwefelwasserstoffe bilden, welche zu Verklumpungen führen und die Verrohrung korrodieren lassen. Mittels Bioziden entledigt man sich dieses Problems. Zum Schutz der Leitungen werden schließlich noch korrosionsverhindernde Chemikalien zugemischt *(corrosion inhibitors)*. Im letzten Schritt aber soll während der Entspannungsphase das Frac-Fluid wieder weitgehend entweichen, damit das nachströmende Öl oder Gas in die Förderbohrung gelangen kann. Hier kommen sogenannte *breaker* zum Einsatz, welche im Moment der Entspannungsphase die gelartige Struktur zerstören und wieder Fließfähigkeit herstellen.

Zur Erlangung der beschriebenen und einiger weiterer Eigenschaften werden dem Frac-Fluid die unterschiedlichsten Chemikalien beigegeben. Dabei wechselt deren Zusammensetzung je nach Gesteinsformation. Jede Firma hat ihre eigenen Erfahrungen, hat eigene Experimente durchgeführt und damit für unterschiedliche Formationen unterschiedlichste Chemikaliencocktails (knapp beschreibbar als sogenannte BTEX-Chemikalien, wobei die Akronyme für Benzol-, Toluol-, Ethylbenzol- und Xylol-Derivate stehen) entwickelt. Diese werden denn auch gerne als Geheimnis gehütet. So wurden in einzelnen Bohrungen bis zu 200 unterschiedliche Chemikalien identifiziert. Deren Umwelteigenschaften reichen von unbedenklich und harmlos bis biozid und extrem toxisch. In Summe ist der Anteil gering, meist weniger als 1 Prozent, oft sogar nur 0,1 Prozent, bezogen auf die eingepresste Wassermenge. Ob diese Verdünnung für Unbedenklichkeit der Substanzen sorgt, ist ein wesentlicher Streitpunkt zwischen den Befürwortern und allen um den Wasserschutz besorgten Kritikern. Provokant könnte man argumentieren, dass man auf diese Substanzen ja auch ganz verzichten könne, wenn sie keinerlei Auswirkungen zeigten.

Die Entsorgung des Abwassers

Während des Bohrprozesses wird das Bohrloch ständig gespült. Mit dieser Spülung wird das Bohrklein an die Oberfläche gebracht. Dieses Gemisch, der sogenannte Bohrschlamm, wird entsorgt. Lange Jahre galt dieser in den USA, aber auch in Europa als »Industrieabfall« und nicht als Sondermüll. Daher konnte er relativ problemlos deponiert werden. Auch heute ist die Entsorgung von Bohrschlamm und Bohrrückständen mengenmäßig bedeutend.

Nach dem Frac-Prozess treibt der Überdruck das Wasser wieder zurück in die Bohrung und an die Oberfläche. Dadurch strömt ein Teil des Frac-Fluids – je nach Formation zwischen 25 und 75 Prozent des eingepressten Wassers – zusammen mit Lagerstättenwasser und im Untergrund enthaltenen Salzen oder anderen, auch radioaktiven Stoffen zurück an die Oberfläche. Auch dieses Fluid muss entsorgt werden. In den USA wird es zunächst in offenen Abwasserteichen, manchmal auch in Containern, gesammelt und dann wieder im Untergrund verpresst. Es wird aber in Amerika auch in Sprinkleranlagen zur Verdunstung verteilt oder im Winter auf Straßen ausgebracht, um diese von Schnee und Eis freizuhalten. In Deutschland wird es in Behältern aufgefangen und in einer Injektionsbohrung wieder verpresst.

Fracking 2.0 oder Grünes Fracking?

Aufgrund der heftigen Diskussionen um die Umweltauswirkungen werben die Firmen damit, dass sie daran arbeiten, künftig vollständig auf kritische Chemikalien mit Umweltgefährdungspotenzial verzichten zu wollen. Ohne an dieser Stelle auf viele Details einzugehen, sei das in einer Studie für das Umweltbundesamt gewonnene vorläufige Fazit zitiert: »Als größten Vorteil der ›grünen‹ Frac-Fluide verspricht man sich, dass sie aus Additiven bestehen, die für den menschlichen Verzehr unbedenklich sind, und somit bei einer Freisetzung der Frac-Chemikalien der Einfluss auf die Bevölkerung und Umwelt gering sein dürfte. Durchgesetzt haben sich diese Ansätze bisher jedoch nicht.[11]« Tatsächlich wird schon viele Jahre über grünes Fracking diskutiert. Beispielsweise verwendet die Firma Halliburton seit Jahren Guarbohnen als Quellmittel während des Frac-Prozesses. Im Jahr 2011 führte das bei diesen Bohnen zu einem enormen Preisanstieg um mehrere hundert Prozent, der die Bilanz von Halliburton deutlich eintrübte. Guarbohnen werden fast nur in Indien angebaut. Gegenüber 2009 sind bis 2012 die Exporte um den Faktor 13 angestiegen. Etwa 90 Prozent der Exportmengen werden inzwischen von der Öl- und Gasindustrie benötigt; noch vor ein paar Jahren wurden sie fast ausschließlich als Verdickungsmittel in der Nahrungsmittelindustrie benötigt. Doch die Preise sind sehr volatil, die Landwirtschaft misstraut der Nachfrage aus der Öl- und Gasindustrie und weitet die Anbauflächen nicht entsprechend aus. Der sprunghaft gestiegene Preis nötigte Halliburton, nach anderen Alternativen zu suchen. Inzwischen gibt es auch einige Anbauflächen in Texas. Doch diese reichen bei Weitem nicht aus, die Nachfrage zu decken.

Die OMV (Österreichische Mineralölverwaltung) propagierte in Österreich die Nutzung von Maisstärke anstelle von Chemikalien. An der Berguniversität Leoben wurden auch entsprechende Forschungen in Auftrag gegeben. Zwischenzeitlich wurden diese jedoch weitgehend zurückgefahren, nachdem sich die OMV aus potenziellen Frackingvorhaben zurückgezogen hat.[12] Auch Biozide versucht man über eine UV-Behandlung des injizierten Wassers aus dem Prozess zu verbannen. Ein wesentlicher Aspekt betrifft auch die Aufbereitung des aus der Bohrung zurückgespülten Frac-Fluids. Im Prinzip könnte dieses weitgehend recycelt werden. Allerdings würde das die Kosten deutlich erhöhen, sodass eine Wiederaufbereitung unter heutigen ökonomischen Gesichtspunkten wenig aussichtsreich ist, wenn nicht die Politik entsprechende Vorgaben macht. Aber selbst bei 100 Prozent Recycling würde der Wasserbedarf nicht deutlich reduziert. Der Grund liegt darin, dass aus der Bohrung oft nur einige zehn Prozent des Frac-Fluids zurückgespült werden.

Als ein völlig neuer Ansatz wird seit Kurzem auch diskutiert, den Untergrund mit Mikrowellen zu stimulieren. Das würde konventionelle Frackingmethoden weitgehend überflüssig machen.[13] Bis heute liegen hierzu allerdings keine belastbaren Angaben vor.

Fracking ist nicht gleich Fracking

An dieser Stelle soll noch kurz darauf eingegangen werden, wo Fracking auch zu anderen Zwecken als zur Gasgewinnung eingesetzt werden kann, da dies manchmal in der öffentlichen Diskussion angesprochen wird. Grundsätzlich geht es bei dem Verfahren ja darum, impermeables Gestein aufzubrechen. Dessen Eigenschaften bestimmen den Wasser-, Stützmittel- und Chemikalieneinsatz. So gibt es einen fast fließenden Übergang von konventionellen Kohlenwasserstofflagerstätten mit permeablem Gestein über etwas weniger durchlässiges Gestein, in dem schon deutlicher stimuliert werden muss, bis hin zur Shale-Formation, deren Aufbrechen deutlich mehr Wasser, Stützmittel, Chemikalieneinsatz, höheren Druck und folglich höhere Investitionen erfordert. Der Unterschied, ob es sich eher um öl- oder gasführende Schichten handelt, ist hier nachrangig, weshalb Fracking von Erdgasvorkommen wie im *Marcellus*gebiet in Pennsylvania oder Fracking von Erdölvorkommen wie in der *Bakken*formation in Norddakota auch sehr ähnlich und mit vergleichbaren Nebenwirkungen abläuft.

Aber auch in den Poren von Kohleflözen adsorbiertes Erdgas wird teilweise mit dieser Methode gefördert. Hier wird nicht notwendigerweise gefrackt – das ist abhängig von der Riss- und Kluftbildung des angefahrenen Horizontes. Grundsätzlich kann bei allen bergbaulichen Aktivitäten, bei denen ein großer Reservoirkontakt erwünscht ist, Fracking zum Einsatz kommen. So gibt es zum Beispiel erste Projekte im Erzabbau. In der Lausitz sollen Kupferschiefervorkommen in mehr als 1000 Meter Tiefe nicht bergmännisch abgebaut werden, sondern mittels *leaching*, also mittels einer schwefelsäurehaltigen Lauge, herausgespült, und dann soll das Kupfer mit geeigneten Bakterien konzentriert werden. Auch hier wird das Aufbrechen der Gesteinsstrukturen mittels Frackings eine große Rolle spielen. Diese Methode wird sehr große Ähnlichkeiten mit dem Fracking von Kohlenwasserstoffvorkommen haben. Die Analogie lässt sich noch weiter treiben. Hier wie da ist Fracking der aktuelle Stand der Technik, der es erlaubt, mit hohem Aufwand ansonsten nicht mehr förderwürdige Vorkommen abzubauen. Somit ist es Teil des »Endspiels« der Ressourcennutzung. Wenn die leicht abbaubaren Vorkommen weltweit erschöpft sind, dann bemüht sich die Industrie wieder – unter anderen Randbedingungen –, die wenig ergiebigen letzten heimischen Vorkommen zu erschließen.

Förderbohrungen im Bereich der Geothermie, also der Gewinnung von Erdwärme in großen Tiefen, zielen darauf ab, eine möglichst hohe Schüttung, also eine hohe Wasserentnahmerate, zu erreichen. Hierbei ist zu unterscheiden zwischen sogenannter *hydrothermaler* und *petrothermaler* Geothermie. Die hydrothermale Nutzung zielt auf verklüftete wasserführende Horizonte. Auch wenn der Ertrag und damit der Erfolg einer Bohrung einem schwer prognostizierbaren Bohrrisiko unterliegt, so sind Schüttungen von 100 bis 150 Liter je Sekunde typisch für erfolgreiche Bohrungen. Hier kommen Frackingmaßnahmen zunächst nicht zum Einsatz. Nur falls die Schüttung zu gering ausfällt, wird versucht, sie mittels hydraulischer Stimulierung zu erhöhen. Dabei werden keine für das Kohlenwasserstofffracking typischen Chemikalien (keine BTEX) eingesetzt, sondern nur Wasser eingepresst. Gerade da beispielsweise bei Thermalwasserbohrungen die Wasserqualität ja im Vordergrund steht, wäre die Beimischung von Chemikalien unsinnig.

Von dieser Technik muss man schließlich Geothermiebohrungen zur Stromerzeugung im sogenannten *Hot-dry-rock*-Verfahren unterscheiden (petrothermale Geothermie). Diese zielen primär auf tiefe Gesteinsformationen in 5 000 bis 6 000 Meter Tiefe und nicht auf wasserführende Schichten wie die hydrothermale Bohrung. Das Gestein zwischen Einpress- und Entnahmebohrung soll hier aufgebrochen werden, um Klüfte zu schaffen. Von der Injektionsbohrung soll das Wasser weitgehend durch die Klüfte zur Förderbohrung fließen. Das gefrackte Gestein dient hier als Wärmetauscher, in dem die Gesteinswärme an das Förderwasser abgegeben wird. Typischerweise rechnet man hier mit Temperaturen um 150 bis 200 °C.

Das Aufbrechen der Klüfte einer petrothermalen Bohrung hat dann große Analogien zum Fracking von Kohlenwasserstoffvorkommen, wenn keine natürlichen Risse im Gestein als Ausgangspunkt genutzt werden können. Künstlich erzeugte Risse müssen in der Regel mit einem Stützmittel offengehalten werden. Allerdings wird hier nicht ein Reservoir entleert, sondern der Wasserstrom bleibt idealerweise im Gleichgewicht, da über die Injektionsbohrung so viel zugeführt werden sollte, wie bei der Förderbohrung entnommen wird. Andere Risiken wie zum Beispiel die mögliche Aktivierung eines Erdbebens bestehen, falls nicht sachgemäß vorgegangen wird und beispielsweise die Druckerhöhung zu schnell erfolgt.

Die Förderdynamik gefrackter Bohrungen

Bei unserem Hauptthema – Fracking zur Schiefergasgewinnung – stellt sich nach jeder erfolgten Bohrung die Frage nach der Prognose. Jede Kohlenwasserstoffförderung hat ein typisches Profil, das vom Lagerstättendruck, der Reservoirgröße und den Reservoireigenschaften vorgegeben wird. Grundsätzlich stehen die Vorkommen unter einem hohen Lagerstättendruck. Jede Förderbohrung senkt lokal den Druck. Das Öl oder Gas strömt zur Bohrung und entweicht nach oben. Neben dem reinen Energieträger sind jedoch noch Begleitstoffe in der Lagerstätte vorhanden. Diese reichen von Lagerstättenwasser und begleitenden Erdgasvorkommen im oberen Teil der Lagerstätte bis zu Schwermetallen, Salzen und radioaktiven Stoffen. Diese werden mit entnommen. Im Laufe der Förderung lässt der Lagerstättendruck nach. Dadurch steigt der Wasserspiegel im Reservoir. Der Anteil des mitgeförderten Wassers steigt, und umgekehrt sinkt der Öl- oder Gasanteil. Selbst wenn die Förderrate des Gemisches konstant bliebe, so sänke allein dadurch bedingt die Förderrate an Öl oder Gas. Zusätzlich aber bewirkt der reduzierte Lagerstättendruck ein stetiges Nachlassen der Förderrate. Nach Überschreiten des Fördermaximums, das je nach Erschließungsstrategie unterschiedlich, bei kleineren Feldern aber relativ rasch innerhalb weniger Jahre oder Monate nach Förderbeginn erreicht wird, sinkt die Förderung konstant. Wie bereits beschrieben wurde, kann man allerdings durch tertiäre Fördermaßnahmen für einige Zeit die Förderrate nochmals anheben oder den Förderabfall zumindest aufhalten.

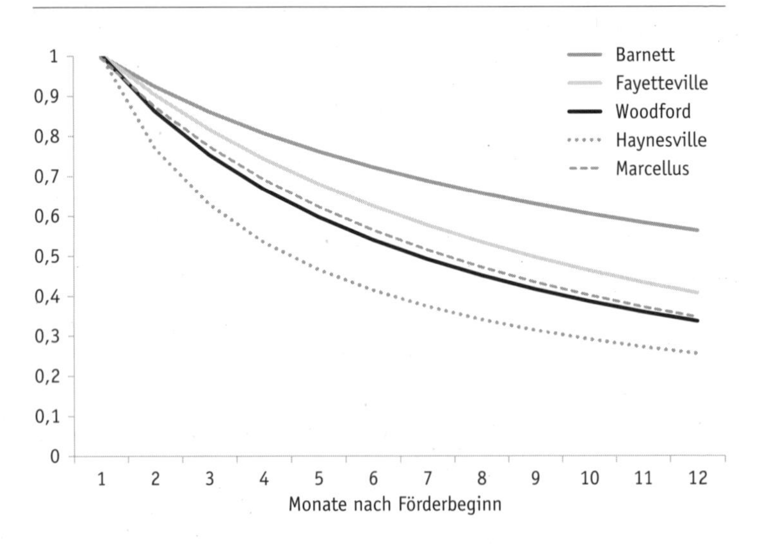

Abbildung 8: Auf Eins normiertes idealisiertes Förderprofil typischer Shale-Gas-Bohrungen in unterschiedlichen Formationen in den USA[14]

Bei unkonventionellen Erdöl- und Erdgasvorkommen in undurchlässigem Tongestein ist die Dynamik anders. Aufgrund des hohen Anfangsdrucks liegt die initiale Förderrate am höchsten. Danach lässt der Druck wesentlich schneller nach als in konventionellen Lagerstätten. Das ist dadurch bedingt, dass einerseits der Druck anfangs künstlich erhöht wurde, und andererseits dadurch, dass die miteinander verbundenen öl- oder gasführenden Gesteinsporen in Summe ein wesentlich kleineres Gesamtvolumen beinhalten als bei konventionellen Lagerstätten. Während bei konventionellen Feldern der Förderabfall nach dem Maximum typischerweise bei einigen Prozent jährlich liegt, im Offshore-Bereich manchmal auch im zweistelligen Bereich, so sind bei unkonventionellen Förderbohrungen Rückgänge von einigen Prozent im *Monat* üblich. Die extremsten Förderrückgänge zeigen Schiefergasfelder mit bis zu 85 Prozent im ersten Jahr (zum Beispiel Haynesville in den USA). Ölförderung in dichtem Gestein zeigt einen Förderrückgang zwischen 30 und 50 Prozent jährlich. Das typische Muster einer Einzelbohrung zeigt also ein Fördermaximum im ersten Fördermonat, dem ein Förderabfall von monatlich 2 bis 5 Prozent (Erdöl) beziehungsweise 5 bis 10 Prozent bei Erdgas folgt. Typischerweise werden in den ersten fünf Jahren 80 bis 90 Prozent des Gesamtertrages entnommen, auch wenn die gesamte Förderdauer durchaus zehn oder zwanzig Jahre betragen kann. Nach einigen Jahren kann man die Förderrate nochmals erhöhen, indem die Bohrung mit Refrac-Maßnahmen ein weiteres Mal stimuliert wird. Tatsächlich werden viele Förderbohrungen nach zirka fünf Jahren einer weiteren Stimulationsbehandlung unterzogen.

Einwirkungen auf die Umwelt

Aufgrund des höheren Erschließungsaufwandes führen Bohrungen mit Einsatz von Fracking zu größeren Umweltrisiken als konventionelle Bohrungen. Hier wird eine kurze Übersicht über mögliche Risiken gegeben. In der Diskussion der jeweiligen Länder werden diese ausführlicher an konkreten Vorfällen besprochen. Eine gute Übersicht mit vielen Details liefern auch Studien zu den Umweltauswirkungen und Risiken im Auftrag der Landesregierung NRW[15] im Jahr 2012 und für das Umweltbundesamt in den Jahren 2012[16] und 2015[17].

Grundsätzlich zeigen sich mittelbare oberirdische Einwirkungen, die durch die Anlage des Bohrplatzes und dessen Umgebung vorgegeben sind:

- erhöhtes Verkehrsaufkommen für den An- und Abtransport der benötigten Güter (Rohre, Sand, Chemikalien, Zement, eventuell Wasser, Bohrschlämme, Lagerstättenwasser, Frac-Flüssigkeiten, produziertes Gas oder Öl);
- erhöhte wirtschaftliche Aktivität (Produktion von Stahlrohren, Bohrgerät, Chemikalien);
- Abbau von Sand in Sandgruben;
- Verteillager (vor allem für Rohre);
- Infrastruktur (Gasaufbereitungsanlagen, Sammelleitungen, Abwasserleitungen).

Unmittelbare ober- und unterirdische Einwirkungen wären zum Beispiel:

- Lärmbelastung, Zunahme von Straßenschäden, Schadstoffemissionen, nächtliche Lichtquellen, Störung von Tieren;
- optische Beeinträchtigung des Landschaftsbildes;
- Boden-, Gewässer- und Grundwasserverschmutzung durch unsachgemäße Behandlung und Lagerung der Stoffe, durch technisches

Versagen der Bauteile (zum Beispiel Leckagen der Verrohrung oder Zementierung) oder durch Unfälle (zum Beispiel Blow-Out).

- Ausgasen von hochklimawirksamem Methan in die Atmosphäre.
- In den USA ist es auch üblich, sich der Chemikalien des Abwassers dadurch zu entledigen, dass man das Wasser versprüht und so eine hohe Verdunstung der leicht flüchtigen Kohlenwasserstoffanteile erreicht. Oft wird es auch im Winter auf Straßen versprüht, zu dem Zweck, diese von Schnee und Eis freizuhalten. In Deutschland ist das nicht zulässig.

Darüber hinaus besteht auch das Risiko großräumiger unterirdischer Einwirkungen:

- Erdbeben durch Injektion von Frac-Flüssigkeiten in die Bohrung oder beim Einpressen von Lagerstättenwasser, Bohrschlämmen etc. zur Endlagerung in Injektionsbohrungen;
- Kontamination von Oberflächenwasser durch das Eindringen von kontaminiertem Tiefenwasser aus einem gefrackten Horizont (hydraulische Kurzschlüsse);
- Aufstieg von Frac-Flüssigkeiten über künstliche Wegsamkeiten oder natürliche Störungen.

Einige der Einwirkungen sind unvermeidbar (so etwa Verkehrszunahme), für andere bestehen Risiken (zum Beispiel Versagen von Bauteilen), die teilweise schwer oder gar nicht quantifizierbar sind (beispielsweise der Aufstieg von Frac-Flüssigkeiten über potenzielle Wegsamkeiten), deshalb aber nicht vernachlässigbar sind. Die Gesamtabschätzung wird erst relevant, wenn man die einzelnen Risiken quantifizieren, in ein Verhältnis zu anderen gesellschaftlichen Risiken und dem möglichen Nutzen stellen und damit letztlich auch bewerten kann. Die rein qualitative Betrachtung, was denn passieren könnte, kann als Indikator zu vorsichtigem Umgang dienen – oder als Anlass für weitere Untersuchungen.

Insbesondere eine Quantifizierung der Auswirkungen einer potenziellen Boden-, Wasser- oder Luftbelastung auf die Gesundheit ist bis heute kaum versucht worden. Für belastbare Aussagen wären statistische Erhebungen und epidemiologische Untersuchungen notwendig.

Außer in Ansätzen wurden hierzu bisher keine Studien erstellt. Daher kann man mit heutigem Kenntnisstand keine sichere quantitative Aussage über entsprechende Zusammenhänge treffen. Man denke hier an andere Bereiche wie beispielsweise die Belastung durch Feinstaub oder Stickoxidimmissionen: Hier kann heute sehr wohl ein statistisch belegbarer Zusammenhang zwischen Luftbelastung und Gesundheitsauswirkungen quantifiziert werden, der es gestattet, das Risiko von Gesundheitsschäden oder einer Reduktion der Lebensdauer der Bevölkerung bei entsprechender Immissionsbelastung einzuschätzen. Wegen der bisher unzureichenden Analyse der Gesundheitsauswirkungen gefrackter Bohrungen berufen sich Umweltbehörden und Umweltverbände in ihrer Argumentation vor allem auf das Vorsorgeprinzip zum Schutz von Wasser und Gesundheit.

Trotz oder wegen der unzureichenden Kenntnisse hält die Untersuchung der Gesundheitsbehörde des Staates New York beispielsweise fest, dass viele der in den USA beim Fracking eingesetzten Chemikalien als für Menschen potenziell krebserregend eingestuft wurden, dass viele wegen ihres Gefährdungspotenzials unter die Regulierungen des *Safe Drinking Water Act* fallen würden und unter dem *Clean Air Act* als gefährliche Luftschadstoffe klassifiziert werden.[18]

Bisher wurde die Erschließung von Shale-Gas-Vorkommen oder LTO-Ölvorkommen durch Fracking vor allem in den USA in industriellem, großräumigem Maßstab betrieben. Um sich ein Bild über die Erfolge, aber auch über die Nebenwirkungen machen zu können, ist es daher hilfreich, diese Aktivitäten eingehender zu betrachten. Das wird im anschließenden Kapitel erfolgen.

Industrialisiertes Fracking am Beispiel der USA

Die Entwicklung der unkonventionellen Öl- und Gasförderung

Die Pioniere

Das Jahr 1859 wird gerne als die Geburtsstunde der kommerziellen Ölförderung in den USA gefeiert. Edwin Laurentine Drake, der im Auftrag einer neu gegründeten Firma arbeitete, fand nach vielen enttäuschenden Versuchen in Titusville in Pennsylvania erstmals mit dem Abteufen einer durch ein vorgetriebenes Rohr gesicherten Bohrung in etwa 20 Meter Tiefe Erdöl. Seine Bohrtechnik wurde schon am nächsten Tag von Konkurrenten kopiert. Innerhalb eines Jahres entstanden über 2000 neue Bohrungen, fünf Jahre später trug Pennsylvania fast zwei Drittel zur damaligen Welterdölförderung bei. Doch lange vor Drake wurde im Jahr 1821 im Bundesstaat New York die erste kommerzielle Erdgasbohrung von dem Büchsenmacher William Hart in Fredonia, Chautauqua County, niedergebracht. Er grub und bohrte sich bei einem Ausbiss von Tongestein in den Untergrund. In gut 20 Meter Tiefe entdeckte er Erdgas, das er einer Gastwirtschaft an der nahe gelegenen Postkutschenroute lieferte und verkaufte. Schnell wurden in Chautauqua County weitere Gasbohrungen abgeteuft. Deren Gas diente zur Straßenbeleuchtung der Stadt Fredonia, und im Jahr 1828 speiste es den ersten gasbefeuerten Leuchtturm am Eriesee. So begann die kommerzielle Erdgasförderung der USA vor fast 200 Jahren im Tongestein des *Marcellus shale*, das heute dank Fracking eine Renaissance als wichtigstes Fördergebiet erlebt.

Schnell verlagerte sich die Förderung auf die wesentlich ergiebigeren Gaslagerstätten in porenreichen Sandsteinformationen. Deren

Erschließung dominierte anderthalb Jahrhunderte lang die US-Gasförderung. Erst als die Lagerstätten im Sandstein um 1970 in der Ergiebigkeit nachließen, interessierte man sich wieder für die schwierigen und wenig produktiven unkonventionellen Horizonte. Das Jahr 1970 markiert nicht nur den Höhepunkt der konventionellen Ölförderung, sondern auch der konventionellen Gasförderung in den USA.

Die Firma Halliburton setzte im Jahr 1949 erstmals die hydraulische Stimulation zur Erhöhung der Förderrate einer kommerziellen Bohrung ein. Doch erst in den 1970er-Jahren wurde mit vielen Forschungsgeldern und Investitionen ein besseres Verständnis der geologischen Eigenschaften dichter Gesteinsformationen und adäquater Fördermethoden erarbeitet. Zunächst erfolgte die Erschließung der dichteren Gesteinsformationen mittels Frackings vertikaler Bohrungen. Um die Kosten dieser Technik aufzufangen, wurden ebenso bereits in den 1970er-Jahren steuerliche Anreize geschaffen. Dabei wurden die förderungswürdigen Bohrvorhaben dadurch definiert, dass das Gestein eine Durchlässigkeit von weniger als 0,1 Millidarcy (md) haben müsse. Seit dieser Zeit wird also zur Unterscheidung von konventionellen und unkonventionellen Bohrungen der Wert 0,1 md verwendet. Der Aufwand einer Bohrung wird jedoch von mehreren unterschiedlichen Parametern bestimmt. Daher scheint diese Abgrenzung etwas willkürlich.

Kohleflözgas (Flöze können aufgrund ihrer Porosität etwa sechs- bis siebenmal so viel Gas wie Sandstein speichern) wird seit den 1980er-Jahren in größerem Umfang gefördert. Bei seiner Gewinnung fällt ein hoher Wasseranteil an. Das Wassermanagement hat denn auch einen hohen Kostenanteil an den Erschließungskosten. Zudem sind die meisten Vorkommen relativ oberflächennah, sodass hier Konflikte mit dem Grundwasserschutz naheliegend sind. Im Jahr 2008 erreichte die Kohleflözgasförderung in den USA ihren Höhepunkt – mit etwa 10 Prozent Anteil an der Gasförderung. Seitdem geht sie deutlich zurück. Aufgrund der Charakteristik der Kohleflöze wird dieses Gas nur teilweise hydraulisch stimuliert.

Erst die Kombination von *Horizontal*bohrungen mit dem Aufbrechen des Gesteins mittels Frackings ermöglichte es, die Ausbeute von Schiefergasformationen, den dichtesten Gesteinsformationen, deutlich zu erhöhen. Der 1919 geborene Texaner George P. Mitchell wird oft als »Vater der Shale-Gas-Erschließung« genannt. In den 1980er-Jahren experimentierte er mit seiner Firma Mitchell Energy and Development Corp., die später in Devon Energy aufging, im Barnett Shale, dem bedeutendsten texanischen Shale. Hier investierte er viele Millionen Dollar, bis es ihm gelang, die Förderkosten zu senken und die Ausbeute so zu erhöhen, dass die Technologie bei dem nach dem Jahr 2000 einsetzenden Öl- und Gaspreisanstieg im Barnett Shale rentabel wurde. Mitchell war weit über das Öl- und Gasgeschäft in Texas hinaus bekannt. Er hatte die Arbeiten an Dennis Meadows' Studie »Die Grenzen des Wachstums« unterstützt, spendete mehrere hundert Millionen Dollar an wissenschaftliche Einrichtungen in Texas, gründete mit seiner Frau eine Stiftung und förderte viele Einrichtungen und Organisationen. Seine Stiftung fördert vor allem den effizienten und intelligenten Umgang mit den natürlichen Ressourcen der Erde. Im Jahr 2013 starb Mitchell im Alter von 94 Jahren.

Zwei weitere wichtige Pionierfirmen in der Erschließung unkonventioneller Erdgasvorkommen sind XTO Energy Inc. und die Chesapeake Energy Corporation. In den Jahren 1985 und 1989 gegründet, spezialisierten sie sich auf die Erschließung unkonventioneller Gasvorkommen. Im Zuge des Gaspreisanstieges und der Förderausweitung wuchsen beide Unternehmen von einem Jahresumsatz von einigen Millionen USD Anfang der 1990er-Jahre auf jeweils fast 7 Milliarden USD im Jahr 2008. Die Vermögenswerte stiegen in diesem Zeitraum auf jeweils fast 40 Milliarden USD. Beide hatten 2008 zusammen fast 50 Prozent Anteil an der unkonventionellen Erdgasförderung in den USA. XTO wurde 2010 an ExxonMobil verkauft, das damit seine bis dahin rückläufige Gasförderung für einige Jahre stabilisierte; Chesapeake machte mit dem Kauf und Verkauf von Bohrlizenzen und Bohrplätzen Milliardengewinne und ist heute nach ExxonMobil das zweitgrößte Gasförderunternehmen der USA. Was hier in Kurzform für Gas beschrieben wurde, hat seine Parallele in der Förderung von Ölvorkommen in dichtem Gestein. Dieses Öl wird in den USA kurz mit LTO *(light tight oil)* bezeichnet. Auch dieses Öl wurde erst mittels hydraulischer Stimulation zugänglich.

Die politische Dimension – Gründe und Hintergründe

Die rasante Entwicklung der Schiefergasförderung ab 2005 wäre aber undenkbar gewesen ohne wichtige flankierende regulatorische und gesetzliche Erleichterungen. Diese wiederum muss man im Kontext des energiepolitischen und geostrategischen Umfeldes zu Beginn des neuen Jahrtausends betrachten.

Die US-Regierung war aufgeschreckt und nervös, als im Jahr 2000 der Ölpreis seinen Aufstieg von 12 USD/Barrel begann, um dann im Jahr 2008 bei über 140 USD zu kulminieren. Parallel dazu, aber auch durch die nachlassende heimische Förderung getrieben, stieg der Gaspreis ebenfalls deutlich an. Nur wenige Jahre vorher hatten Geologen wie der Franzose Jean Laherrère und der Brite Colin Campbell begonnen, vor dem nahenden Ende der Kohlenwasserstoffära zu warnen. In der ersten Dekade des neuen Jahrtausends würden die leicht erschließbaren Vorkommen zur Neige gehen, dies werde zu spürbaren ökonomischen Konsequenzen führen. Insbesondere ihr Bericht »Das Ende des billigen Öls«, der im März 1998 in der Zeitschrift *Scientific American* erschien, wurde in der Öffentlichkeit wahrgenommen.[19]

Wie sehr im Wahljahr 2000 Versorgungsängste bei der US-Regierung herrschten, mag man zum Beispiel daran erkennen, dass Präsident Bill Clinton über die Freigabe der strategischen Ölreserven nachdachte und sein Energieminister Richardson eilig zu Unterredungen nach Saudi-Arabien und in weitere OPEC-Staaten reiste, mit dem Ziel, die Saudis zur Öffnung des Ölhahns zu bewegen. Am 22. März 2000 veröffentlichte die amerikanische Geologiebehörde (USGS) vorab Resultate einer umfangreichen Ressourcenstudie, die eigentlich erst im Juni fertiggestellt wurde.[20] Ist es schon ungewöhnlich, dass eine geologische Behörde Ergebnisse einer Ressourcenabschätzung – also sehr weiche, auf langfristige Aussagen fokussierte Daten, die eigentlich keinen direkten Bezug zu aktuellen Entscheidungen haben sollten – drei Monate vor der Fertigstellung als wichtige Pressemitteilung in aller Welt veröffentlichte, so fällt auf, dass dies just einen Tag vor einer OPEC-Sitzung geschah, auf der über die Ölförderquote der kommenden Monate entschieden wurde. »Es gibt immer noch einen Überfluss an Öl und Gas in der Welt«, wird der Projektleiter Thomas Ahlbrandt in der Mitteilung zitiert. Den seit Beginn der Industrialisierung bisher verbrauchten 539 Milliarden Fass Öl stünden bis zum Jahr 2025 etwa 2120 Milliarden Fass an Reserven und Ressourcen aus konventionell erschließbaren Ölfeldern gegenüber.

Wird in der Presseerklärung suggeriert, dass diese Ölmengen bis 2025 zur Verfügung stehen könnten, so lautete dann drei Monate später im eigentlichen Endbericht die Formulierung wesentlich diffuser. Diese Ölmengen »könnten das Potenzial haben, möglicherweise bis zum Jahr 2025 gefunden zu werden«, würde die deutsche Übersetzung lauten. Mit dieser Rhetorik in der eiligen Pressemitteilung sollte offensichtlich kurzfristig Druck auf die OPEC-Ministerrunde ausgeübt werden und der Eindruck entstehen, dass man auf das OPEC-Öl ja gar nicht angewiesen sei. Daher würde sich die OPEC selbst schaden, wenn sie durch eine Verknappung die Preise ansteigen ließe – dann würde man das Öl eben von woanders holen, und die OPEC würde wie in den 1980er-Jahren wieder bedeutungslos werden. Im April 2000 hob die OPEC ihre Forderung nochmals deutlich an.

Im Dezember 2000 kam die Regierung um George W. Bush ins Weiße Haus. Dick Cheney, bis dahin Aufsichtsratsvorsitzender der Firma Halliburton (zur Erinnerung, diese führte das erste kommerzielle Fracking bereits 1949 durch), wurde Vizepräsident. Er leitete die neu eingerichtete *National Energy Policy Development Group*, besser unter dem Namen »Energy Task Force« bekannt, welche die Energiestrategie der kommenden Jahre erarbeiten sollte. Es ist inzwischen hinlänglich bekannt und belegt, wie sehr in dieser Zeit Gesetze und Regelungen zugunsten der US-Ölindustrie beeinflusst wurden. In dieser Zeit wurden die Weichen gestellt, um die Erschließung unkonventioneller Öl- und Gasvorkommen mittels Frackings maximal voranzutreiben.

Die politische Strategie war offensichtlich: Mit der neuen Erschließungswelle heimischer Öl- und Gasvorkommen sollten Verknappungsängste verdrängt werden. Zudem sollte eine spürbare Reduktion der Importabhängigkeit herbeigeführt werden. Der Importanteil bei Erdöl war innerhalb eines Jahrzehnts bis Anfang 2000 von 40 auf mehr als 50 Prozent angestiegen. Die Erdgasimporte, vor allem aus Kanada, trugen mit 15 Prozent zur Gesamtversorgung bei. Insbesondere für Erdgas wurde eine zunehmende Lücke zwischen Förderung und künftiger Verbrauchserwartung befürchtet, sodass auch die Importkapazitäten für Flüssigerdgas ausgebaut wurden. Darüber hinaus aber waren mit dem Aufbau einer neuen Ver- und Entsorgungsinfrastruktur für Frackingaktivitäten von jährlich zigtausend neuen Bohrsonden neue wirtschaftliche Impulse zu erwarten.

Vor dieser Perspektive ist insbesondere der im Jahr 2005 verabschiedete *Energy Policy Act* erwähnenswert. In dem mehr als 1200 Abschnitte umfassenden Gesetzentwurf wurde auf Seite 102 (Abschnitt 322) unter dem Stichwort *Hydraulic Fracturing* eine nur wenige Zeilen umfassende Änderung des Trinkwasserschutzgesetzes (Abschnitt 1241) vereinbart. Es geht um die bisher scharfer Kontrolle unterworfenen Injektionsbohrungen: »Die Definition Untergrundinjektion schließt aus: (i) die Injektion von Erdgas zu Speicherzwecken und (ii) die Injektion von Flüssigkeiten oder Stützmitteln (ausgenommen Dieselöl), die für das hydraulische Aufbrechen im Zusammenhang mit Öl-, Gas- oder Geothermieförderaktivitäten stehen.« Ein ähnlicher, das Wasserschutzgesetz und Förder- sowie Explorationsaktivitäten betreffender Abschnitt wurde dem noch hinzugefügt. Am 8. August 2005 wurde das Gesetz im Kongress verabschiedet.

Aus dem Kontext gerissen, klingen diese Änderungen unscheinbar und harmlos. De facto wurde damit die Umweltbehörde aber der Überwachungsmöglichkeit dieser Aktivitäten enthoben. Vor allem wurden dadurch die Beantragung und Durchführung neuer Bohrungen wesentlich vereinfacht, da sie nicht bei der Wasserschutzbehörde angezeigt werden mussten oder gar von einem möglicherweise langwierigen Genehmigungsprozedere abhängig waren. Presseberichten zufolge waren diese entscheidenden Absätze erst am Abend vor der Abstimmung auf Geheiß von Dick Cheney in den Entwurf eingebracht worden, was ihnen in der Presse den Namen »Halliburton-Schlupfloch« einbrachte.[21]

Dem vorausgegangen war im Jahr 2003 das sogenannte *Diesel-Agreement*, eine freiwillige Vereinbarung zwischen Schlumberger, Halliburton, BJ Services und der nationalen Umweltbehörde. Die Firmen würden bei ihren Frackingaktivitäten auf das Einpressen von Diesel oder Dieselderivaten (auch in Kohleflözen) verzichten. Im Gegenzug erwartete die Industrie eine entsprechende Honorierung, wie sie ihr zum Beispiel im Energy Policy Act dann zugesichert wurde. Tatsächlich wurde das Diesel-Agreement in der Folge oft gebrochen, ohne dass dies deutliche Konsequenzen gehabt hätte.[22] Diese Vereinbarung wurde aber von der nationalen Umweltbehörde EPA wiederum als Voraussetzung gesehen, in der im Jahr 2004 veröffentlichten Umweltstudie zu den Risiken einer Trinkwasserkontamination durch Frackingaktivitäten eine eher harmlose Zusammenfassung und Empfehlung abzugeben, wiewohl in der umfangreichen Studie durchaus viele Risiken benannt sind.

Tatsächlich konnten Journalisten recherchieren, dass diese Studie der Umweltbehörde durch das Unterschlagen von Informationen und direkte Einflussnahme der betroffenen Industrie zustande kam.[23] Diese Umweltstudie diente in der Diskussion des oben geschilderten Paragrafen zur Änderung des Trinkwasserschutzgesetzes als Argumentationshilfe: Wenn auch die Umweltbehörde nur geringe Risiken sehe, würde das doch alle Bedenken entkräften.

Der Rausch des schnellen Geldes

Mit der beschriebenen Aufweichung von Wasserschutzgesetzen und Genehmigungsregelungen im Jahr 2005 nahm der Anteil der Schiefergasförderung deutlich zu. So stieg der Anteil an der Gasförderung von unter drei Prozent zu Beginn des Jahres 2005 auf 47 Prozent bis zum Jahresende 2013. Ursache dieses Booms war die Kombination aus steigendem Gaspreis, der höhere Förderkosten zuließ, gelockerten Umweltgesetzen mit einer Aussetzung der Trinkwasserschutzverordnungen sowie technologischer Fortschritt, der das zielgenaue Abteufen von gefrackten Horizontalbohrungen ermöglichte. So wurden im Jahr 2005 fast 50 000 neue Öl- und Gasbohrungen abgeteuft, eine Zahl, die bis 2008 auf 65 000 anstieg.

Für die Erschließung der Bohrplätze mussten große Investitionen getätigt werden, die von Anlegern und über Kredite finanziert wurden. Als der Ölpreis bis zur Jahresmitte 2008 auf über 140 USD/Fass und parallel der Gaspreis auf fast 11 USD/1 000 Kubikfuß (zirka 38 cts/m^3) angestiegen waren, wurde die Bereitschaft der Firmen beflügelt, hier zu investieren. Die Hoffnung auf hohe Gewinne lockte große Investitionen an, die durch den erhofften Wert der Reserven abgesichert waren. Damit wurde aber die Bewertung der Reserven immer wichtiger. Zwei herausragende Firmen, die in dieser Zeit ihren Wert und Umsatz verhundertfachten, wurden schon genannt: XTO Energy und Chesapeake Energy. Ein Dritter aus der Pionierzeit, der vor allem in Texas aktive George Mitchell, hinterließ bei seinem Tod 2013 ein Vermögen, das auf 1,6 Milliarden USD geschätzt wird.

Der bei dieser Art der Förderung besonders hohe Materialaufwand (Verrohrungen für Bohrungen, Wasserbedarf, Sand- und Spezialzementbedarf, Chemikalieneinsatz, Abwasserentsorgung etc.) schuf Arbeitsplätze und diente zur Ankurbelung regionaler wirtschaftlicher Aktivität. Gerade da die Bohrungen im strukturschwachen ländlichen Raum abgeteuft wurden, sorgten die Aktivitäten dort für eine steigende Wirtschaftskraft. Steigende Einnahmen lokaler und regionaler Behörden, die Aussicht auf Einnahmen durch den Verkauf von Bohrrechten – der in den USA vor allem privatrechtlich mit dem Bodeneigentümer geklärt wird – und Mehreinnahmen durch die lokale Kaufkraft der hinzugezogenen Arbeitskräfte überwogen in der Frühphase mehrheitlich die Bedenken. Parallel stiegen allerdings auch die Aufwendungen zur Bewältigung der Nebenwirkungen, auf die an späterer Stelle eingegangen wird.

Boomstädte entstanden im sonst fast menschenleeren Raum in Norddakota, Texas oder Pennsylvania. Wie zu Zeiten des Goldrausches gab es vor allem für Händler und Ausrüster etwas zu verdienen, sei es mit der Herstellung und dem Transport von Ausrüstung und Materialien – vom Sand bis zu den Chemikalien –, sei es mit der oft nicht fachgerechten Entsorgung der Bohrschlämme und Verbrauchsmaterialien oder aber mit der Finanzierung der Aktivitäten. Waren es anfangs kleine bis mittlere Unternehmen, die hier aktiv waren, so änderte sich das spätestens ab dem Jahr 2010, als die Firma ExxonMobil groß einstieg und für zirka 40 Milliarden USD die damals größte Förderfirma XTO Energy übernahm.

Dafür, dass jetzt auch die großen Firmen Interesse zeigten, gab es gute Gründe: Die US-Gasförderung von ExxonMobil hatte sich zwischen 2002 und 2010 von 70 Millionen auf 37 Millionen Kubikmeter Tagesförderung fast halbiert, die Gasförderung des Frackingspezialisten XTO Energy dagegen verfünffachte sich innerhalb dieses Zeitraumes von 14 Millionen auf 68 Millionen Kubikmeter Tagesförderung. Exxon war kein Einzelfall: Bei BP und Shell war die US-Gasförderung um jeweils 30 Prozent zurückgegangen, bei Chevron sogar um fast 40 Prozent. Die Förderung aus konventionell erschlossenen Lagerstätten ging stetig zurück, sie verlagerte sich auf die Schiefergasförderung. Im Jahr 2010 betrug der Anteil des Schiefergases an der US-Gasförderung bereits über 20 Prozent, noch fünf Jahre vorher waren es drei Prozent gewesen.

Auch die Entwicklung der Reserven gestaltete sich nicht im Sinne der alteingesessenen Firmen. ExxonMobil erlebte zwischen 1998 und 2009 einen Rückgang der Ölreserven um 40 Prozent und der Gasreserven um 11 Prozent. Nach dem Kauf von XTO Energy stiegen die Reserven bei Öl um 50 Prozent und bei Gas um mehr als 200 Prozent – wohlgemerkt immer bezogen auf den regionalen Sektor der USA. Die sogenannte *reserve replacement ratio*, kurz *RRR*, gilt, wie bereits beschrieben, bei Analysten als wichtiger Indikator für den Börsenwert einer Firma: Konnte die Firma mehr Reserven neu generieren als sie im Jahr verbraucht hatte, dann ist das ein Zeichen für eine gesunde Entwicklung, gelingt es aber nicht, dann schmilzt die Geschäftsbasis dahin. Das alarmiert die Börse – und die reagiert mit entsprechenden Kursabschlägen.

Und hier ist der zweite Grund für die Übernahmen zu suchen. Damit das Verbuchen von Schiefergasreserven aber möglich wurde, mussten erst die Spielregeln geändert werden. Wie im ersten Kapitel angesprochen, durften gemäß den Regularien der US-Börsenaufsicht unkonventionelle Reserven nicht verbucht werden. Wie dort ebenfalls schon gesagt wurde, besteht ein wesentlicher Unterschied in der Definition von Reserven und Ressourcen in der Belastbarkeit der Daten. Insbesondere die in den Jahresberichten der Firmen veröffentlichten Reserveangaben müssen bestimmten Kriterien genügen.

Im Jahr 2010 wurde von der US-Börsenaufsicht *(Security and Exchange Commission, SEC)* ein weiterer Anreiz für Investitionen im Schiefergasgeschäft dadurch geschaffen, dass das Verbuchen von unkonventionellen Reserven zugelassen wurde, was bis dahin ausgeschlossen war. Hierdurch wurde es nicht nur möglich, mit Bohrungen nachgewiesene und noch nicht entwickelte Funde als Reserven zu verbuchen – mit dem Übergang zu der neuen Definition wurden die Kriterien auch aufgeweicht, sodass auch erwartete (erhoffte) Kohlenwasserstoffmengen in der Umgebung einer Bohrung gezählt werden durften, ohne dass deren reale Ergiebigkeit getestet war. Gerade in den Formationen unkonventioneller Vorkommen erwiesen sich diese Reserveangaben als sehr wenig belastbar. Da es den Firmen zunehmend schwerfiel, die jährlich geförderten Öl- und Gasmengen durch neue Funde zu ersetzen, entpuppte sich dies als eine Methode, die Reserven »aufzufüllen«.[24]

ExxonMobil konnte seine Situation unter diesen Gesichtspunkten in den USA deutlich verbessern. Auch andere große Firmen profitierten von den Änderungen: Bei Shell USA waren die Ölreserven zwischen 2002 und 2009 um fast 30 Prozent gefallen, nach Änderung der Buchungsregelungen stiegen sie bis 2013 um 30 Prozent. Die Gasreserven der Firma waren zwischen 2002 und 2009 sogar um 40 Prozent niedriger angesetzt worden. Innerhalb von zwei Jahren stiegen sie wieder um 40 Prozent. Aber nicht alle Firmen profitierten in gleicher Weise. BP beispielsweise, das sich vor allem im Offshore-Bereich des Golfs von Mexiko engagierte, scheint daraus keinen Vorteil gezogen zu haben: Seine US-Ölreserven gingen zwischen 2002 und 2009 um 15 Prozent zurück, bis 2013 fielen sie um weitere 30 Prozent. Die Gasreserven konnten bis 2009 weitgehend stabil gehalten werden, danach fielen sie bis 2013 um fast 40 Prozent. BP, das sich vor allem in der Tiefsee und nicht im US-Frackinggeschäft engagierte, konnte in den USA eben kaum von der neuen Praxis des Verbuchens unkonventioneller Reserven profitieren.

Kredite, Transaktionen, Schulden und Gerüchte

Die erste Phase des Schiefergasbooms reichte ungefähr von 2005 bis 2008. Sie war primär von den Aktivitäten der kleineren und mittleren Firmen geprägt. Diese finanzierten Investitionen in den Kauf von Bohrrechten und Bohrausrüstung vor allem durch das Einwerben von Eigenkapital an der Börse und die Aufnahme von kurz- und langjährigen Krediten. Die allgemeine Stimmung war auf »Boom« gestellt. Kaum ein Anleger machte sich Gedanken um den spekulativen Charakter seiner Anteile. Zur Finanzierung des schnellen Wachstums mussten Investitionen darüber hinaus auch mit Krediten abgesichert werden. Basis der Kreditvergabe wiederum war die gute finanzielle Bewertung der die Investitionen absichernden Reserven. Eine Gemengelage, die durch die Psychologie an den Börsen- und Finanzmärkten dominiert wurde. Hier wiederum spielen »gute Nachrichten« eine wichtige Rolle.

Eine erste Eintrübung des Aufwärtstrends kam durch die Finanzkrise im Jahr 2008. Der Ölpreis und im Gefolge auch der Gaspreis fielen deutlich. Der Ölpreis erholte sich zwar bis zum Jahresende wieder, nicht aber der Gaspreis. Dessen Zusammenbruch um den Faktor drei im Jahr 2009 setzte die Firmen unter Druck. Die Einnahmen aus dem Verkauf von Öl und Gas reichen seither nicht mehr aus, um die aktuellen Verpflichtungen – Kreditraten, Tilgungen, Explorations- und Förderkosten, Abgaben und Steuern und letztlich Renditeerwartungen der Anteilseigner – zu begleichen. Dass den Anlegern dennoch Dividenden gezahlt werden konnten, wurde dadurch möglich, dass zusätzliche Kredite aufgenommen wurden und außerdem früher erworbene Land- und Bohrrechte mit Gewinn an neue Interessenten veräußert wurden. Das aber war nur möglich, weil die Erwartung der Kreditgeber und Käufer auf künftig noch höhere Gewinne spekulierte.

XTO Energy und Chesapeake hatten im Jahr 2010 zusammen etwa 50 Prozent Anteil an der US-Schiefergasförderung. Bei Chesapeake waren bis 2009 die Schulden auf 49 Prozent des Eigenkapitals angestiegen. Um Liquidität zu generieren, wurden Anteile im Fayetteville Shale für fast 5 Milliarden USD an BHP Billiton, einen in Australien gegründeten Bergbaukonzern, verkauft. Die dadurch erzielten Einnahmen wurden notwendig, um den Aktionären noch eine Dividende auszahlen zu können. Auch der Konzern Shell engagierte sich jetzt im nordamerikanischen Frackinggeschäft. Im Jahr 2010 wurden Bohrrechte und Firmenanteile über mehr als 5 Milliarden USD erworben. Während XTO Energy vor allem in Texas und Chesapeake Energy in Arkansas einen Produktionsschwerpunkt hatten, erwarb Shell Bohrrechte in Pennsylvania *(Marcellus Shale)* und im südtexanischen *Eagleford Shale*. Die US-Energiebehörde hat Statistiken veröffentlicht, wonach zwischen 2008 und 2012 insgesamt 73 Transaktionen im Gesamtwert von fast 134 Milliarden Dollar getätigt wurden.[25]

Eine Analyse von 35 im Schiefergas- und Tight-Oil-Sektor in den USA aktiven Firmen macht den oben skizzierten Sachverhalt deutlich: Konnten die hohen Investitionen bis 2009 noch mit der Wachstumsphase und der Hoffnung auf spätere Gewinne gerechtfertigt werden, so bleiben seit dem Jahr 2009 die Einnahmen aus der Produktion trotz eines deutlichen Wachstums hinter den Ausgaben zurück (siehe Abbildung 9). Die steigenden Ausgaben dienen jetzt kaum mehr einer Produktionsausweitung, sondern zunehmend zum Ausgleich des schnellen Versiegens der älteren Bohrungen. Die Differenz zwischen Einnahmen und Ausgaben wird über den Verkauf von Bohrrechten und über neue Kredite finanziert.[26]

Doch diese Diskrepanz zwischen Einnahmen aus der Öl- und Gasförderung und steigenden Ausgaben zur Aufrechterhaltung dieser Förderung ist nicht nur auf die Schiefergas-/Tight-Oil-Industrie beschränkt. Die US-Energiebehörde veröffentlichte eine ähnliche Analyse, wobei die Finanzdaten von 75 nationalen und internationalen Firmen berücksichtigt wurden. Neben den vielen in den USA aktiven Firmen fließt hier auch die Performance anderer Firmen ein, wie zum Beispiel der italienischen Eni, der österreichischen OMV, der russischen Gazprom Neft oder Lukoil und der chinesischen Firma Sinopec. Deren Ausgaben von 560 Milliarden USD im Jahr 2014 für Investitio-

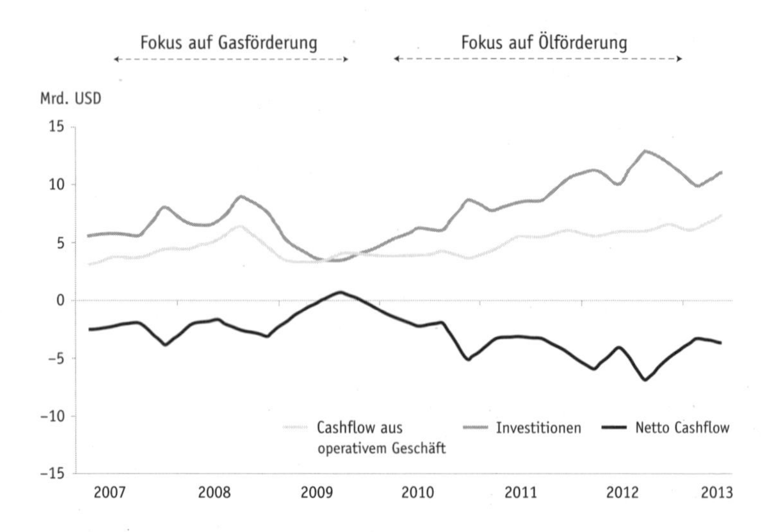

Abbildung 9: Analyse von 35 im US-Schiefergas und *tight oil* aktiven Firmen: Seit 2009 liegen die Investitionen (CAPEX) deutlich über den Einnahmen. (Quelle: US shale gas and tight oil industry performance, The Oxford Institute for Energy Studies, März 2014)

nen, Dividendenzahlungen und Aktienrückkauf standen nur 450 Milliarden USD an Einnahmen aus dem Öl- und Gasverkauf gegenüber. Die Differenz wurde durch eine Erhöhung der Schulden sowie durch den Verkauf von Bohrrechten beglichen (siehe Abbildung 10).

Auch Steven Kopiz, damals New Yorker Niederlassungsleiter von Douglas-Westwood, einem angesehenen Beratungsunternehmen der Öl- und Gasbranche, warnte die Öffentlichkeit mit einer ähnlichen Analyse. Er konnte zeigen, dass seit 2009 bei den meisten Firmen einer sinkenden Förderung von Öl und Gas steigende Ausgaben gegenüberstehen.[27] Kurze Zeit später wurde die New Yorker Niederlassung seiner Firma wegen schlechter Auftragslage geschlossen. Wurden in den ersten Jahren Joint Ventures und Käufe zu 80 Prozent von nordamerikanischen Firmen zur Konsolidierung ihrer Marktposition getätigt, so lockte man zunehmend ausländische Investitionen, vor allem aus Asien, an. Deren Investitionen verdoppelten sich von 2009 auf 2010 auf 195 Milliarden USD.[28]

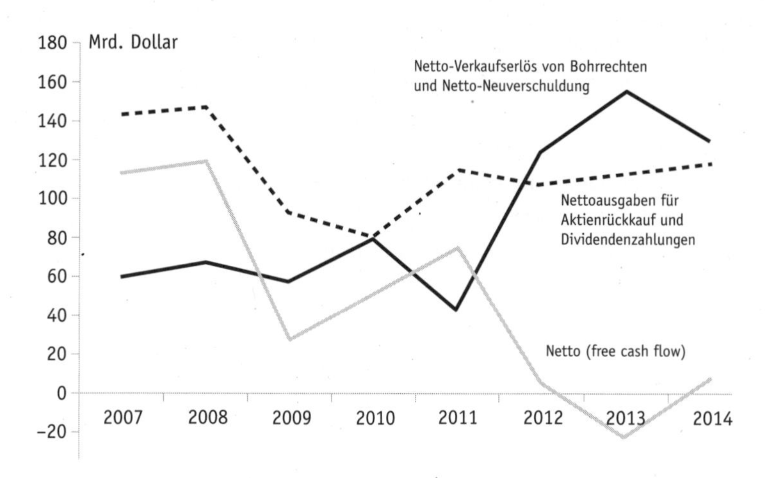

Abbildung 10: Analyse von 75 weltweit agierenden Öl- und Gasfirmen. Die Firmen verkaufen Bohrlizenzen und erhöhen die Schulden, um Dividendenzahlungen und Aktienrückkäufe zu finanzieren. (Quelle: Financial Review of the Global Oil and Natural Gas Industry 2014, Markets and Financial Analysis Team, US-EIA, Mai 2015).

Ohne Zweifel boten die Akquisitionen von Bohrrechten und Firmenanteilen nach dem Kollaps von 2008 der US-Finanzindustrie ein Betätigungsfeld. Insider aus der Branche berichten, dass Firmenberichte geschönt wurden, um ein positives Investitionsklima zu erzeugen, indem der spekulative Charakter dieser Investitionen kleingeredet und die künftigen Gewinnerwartungen hochgejubelt wurden. Doch um diese Begehrlichkeiten zu wecken, bedurfte es auch einer guten Propaganda. Die Finanzmärkte haben einen wesentlichen Anteil an den in der Öffentlichkeit lancierten positiven Berichten über den neuen Ölrausch. Es wurde ein Klima geschaffen, in dem einzelne gute Bohrergebnisse prominent dargestellt wurden und der Eindruck erweckt wurde, dass dies die tägliche Praxis sei. Landbesitzer würden über den Verkauf von Bohrrechten zu Millionären, das Schwarze Gold schien zu sprudeln wie zur Pionierzeit vor fast einem Jahrhundert. Die Finanzanalystin Deborah Rogers beschreibt dieses Klima in ihrem Artikel »*Shale and Wall Street*« vom Februar 2013 ausführlich.[29] Im Sog um das große Geld und immer schneller steigende Kursgewinne war bald fast jedes Mittel recht, potenzielle Anleger zu berauschen: Zahlen wurden gefälscht, Bohrerträge übertrieben und überhöhte Gewinnerwartungen suggeriert.

Rogers' Analyse, die etwa die Zeit seit Beginn des Frackingbooms um 2005 umfasst, wird erhärtet durch eine mehrjährige Recherche der *New York Times*. Dort wurden bereits im Juni 2011 über Jahre gesammelte firmeninterne E-Mails und Aussagen von »Whistleblowern« in anonymisierter Form veröffentlicht. Diese Dokumente umfassen fast 500 Seiten.[30] Ein Blick in diese Mails und Berichte zeigt, wie firmenintern Misserfolge ignoriert und der Erfolg des Frackings schöngeredet wurden. Aus diesen Veröffentlichungen kann man durchaus den Eindruck gewinnen, dass hier Anleger und Öffentlichkeit bewusst belogen wurden – zu dem einzigen Zweck, Investitionen anzulocken und kurzfristige Gewinne zu realisieren. Der Branche war sehr wohl bewusst, dass die Überaktivität im Erschließen von Bohrungen auch zu einem Überangebot führen werde. Wer dies frühzeitig einplante und sich entsprechend absicherte, konnte auch daraus einen finanziellen Gewinn ziehen.

Die USA: ein künftiger Erdgasexporteur?

Die Gasnachfrage in den USA war nach der Finanzkrise 2008 nicht den Erwartungen entsprechend gestiegen. Zusätzlich sorgte der »Run« auf die Schiefergasvorkommen und deren schnelle Erschließung für eine Förderausweitung. In der Folge war der Gaspreis gefallen. Zu dieser Zeit, also um das Jahr 2009, wurden Rufe an den Staat laut, Exportterminals zur Verflüssigung und zum transatlantischen Export von Erdgas zu genehmigen. Die Firmen hofften, über die internationale Vermarktung eine Konkurrenz um dieses Gas aufzubauen und damit den Erdgaspreis wieder auf ein finanziell interessantes Niveau anheben zu können. Doch die gasverbrauchende Industrie in den USA fürchtete genau diese Konkurrenz. Sie profitierte ja vom gesunkenen Gaspreis. Der Export in großem Stile würde aber den Preis möglicherweise wieder deutlich anheben. Auch die US-Regierung dürfte hier sehr gespalten gewesen sein, waren die niedrigen Gaspreise der letzten Jahre doch ein Konjunkturprogramm für die Wirtschaft. So ist es nicht verwunderlich, dass bisher nur ein Exportterminal in Alaska mit einer sehr kleinen Kapazität von 5,7 Millionen Kubikmeter pro Tag in Betrieb ist, das übrigens schon seit Jahrzehnten existiert.[31] Fünf weitere Exportterminals mit einer Kapazität von 260 Millionen Kubikmeter pro Tag sind genehmigt und teilweise in Bau.

Umgekehrt existieren in den USA aber elf *Import*terminals mit einer Kapazität von 520 Millionen Kubikmeter pro Tag.[32] Ende 2014 hatten die USA so insgesamt fast 200 Milliarden Kubikmeter pro Jahr Importkapazität für Flüssigerdgas. Der größte Teil davon wurde in den vergangenen zehn Jahren aufgebaut. Dem stehen minimale Exportmöglichkeiten gegenüber. Offensichtlich herrscht trotz aller Rhetorik nach wie vor die Erwartung bald wieder steigender Importe vor.

Die Krise: Steigende Ausgaben bei verfallendem Ölpreis

Die finanzielle Situation der Öl- und Gasfirmen in den USA ist seit 2009 kritisch. Teilweise rechneten sich Schiefergasbohrungen noch über den höheren Verkaufserlös des mitgeförderten Erdöls. Doch mit dem Ölpreiszusammenbruch im Herbst 2014 hat sich die Situation nochmals deutlich verschärft. Schon vorher kaum rentabel fördernd, müssen die Firmen seither einen Umsatzeinbruch von bis zu 80 USD je Barrel Öl verkraften. Allein für die Firma ExxonMobil mit einer Förderrate von über 2 Mb/Tag schlägt sich dies in Mindereinnahmen von täglich 100 Millionen USD nieder, wenn der Verkaufspreis nicht über entsprechende Finanzderivate zumindest für einen begrenzten Zeitraum abgesichert ist. In den letzten Jahren investieren auch ausländische Firmen deutlich weniger im US-Öl- und Gassektor. Fielen diese Investitionen bereits im Jahr 2011 von 195 Milliarden USD im Vorjahr auf 75 Milliarden USD, so gingen sie im Jahr 2012 um 90 Prozent zurück. Im Jahr 2013 halbierten sie sich nochmals auf zirka 3,4 Milliarden USD.[33]

Der Ölpreisrutsch wird bereits in seiner jetzigen Ausprägung deutliche Konsequenzen auf die Erdöl- und Erdgasbranche zeigen, mit Rückwirkungen und Folgereaktionen, die mittelfristig noch nicht absehbar sind. Die Aktionäre mussten in den vergangenen zehn Jahren erfahren, dass trotz einer Vervielfachung der Investitionen in Exploration und Förderung (E&P) die Förderung nicht angestiegen ist. Beispielsweise stiegen die weltweiten E&P-Ausgaben von ExxonMobil, BP und Shell zusammen von knapp 13 Milliarden USD im Jahr 2000 auf 92 Milliarden USD im Jahr 2013. Die weltweite Ölförderung dieser Konzerne fiel dessen ungeachtet um 20 Prozent, von 7,5 Mb/Tag auf 5,8 Mb/Tag. Entgegen der ökonomischen Lehrbuchmeinung konnten steigende Investitionen nicht verhindern, dass die Förderung zurückging. Die Aktionäre zogen die Konsequenzen und erwirkten eine Reduktion dieser Investitionen. Im Jahr 2014 noch mit 78 Milliarden USD zu Buche schlagend, fielen sie im Jahr 2015 auf knapp 62 Milliarden USD. Auch andere Firmen folgen diesem Beispiel: Chesapeake halbierte die Ausgaben im ersten Halbjahr 2015, Total zog sein Engagement in nordamerikanisches LTO-Öl vollständig zurück.

Zur Kostendisziplin gehört aber auch, dass die eigenen Bohrlizenzen genauer überpruft und bewertet werden. Von den weniger rentablen Engagements versucht man sich zu trennen. Die noch vorhandenen Reserven – auch das entgegen der ökonomischen Lehrbuchmeinung – fördert man möglichst schnell, um mit den Einnahmen die finanziellen Verpflichtungen abzudecken. Tatsächlich ist gerade während des ersten Halbjahres 2015, als der Ölpreis deutlich fiel, die Förderung vieler Firmen nochmals gesteigert worden, um den geringen Verkaufspreis mit entsprechendem Verkaufsvolumen zu kompensieren. Doch die Krise weitet sich aus: Die Verschuldung von Chesapeake, die bis 2014 auf 29 Prozent (bezogen auf die Marktkapitalisierung) gedrückt werden konnte, stieg im 3. Quartal 2015 auf 68 Prozent an; Anadarko – ebenfalls im LTO-Geschäft aktiv – war im Herbst 2015 mit 45 Prozent verschuldet, Apache, ein weiteres US-Unternehmen mit großen Anteilen im Schiefergas- und Ölgeschäft, mit 42 Prozent, bezogen auf das Eigenkapital.

Einen deutlichen Schutz bietet vielen Firmen aber noch die Absicherung der Verkaufserlöse über Hedgefonds. Hierbei werden in regelmäßigen Abständen Verkaufsmengen zu einem garantierten Verkaufspreis abgesichert. Die mittelständische Firma Sandridge Energy beispielsweise konnte über 60 Prozent ihrer verkauften Öl- und Gasmengen im zweiten Quartal 2015 über die Absicherung durch Hedgefonds veräußern. Chesapeake erzielte im Mittel immer noch einen durchschnittlichen Verkaufspreis, der 20 USD über dem Marktpreis liegt. Für die zweite Jahreshälfte sind noch fast 50 Prozent des erwarteten Verkaufsvolumens zu einem Preis von 87,64 USD/barrel abgesichert. Doch dieser Schutz schwindet. Neue Verträge müssen zu wesentlich schlechteren Konditionen abgeschlossen werden. Diese Absicherungen sind der wesentliche Grund dafür, dass der niedrige Ölpreis bei vielen Firmen erst teilweise angekommen ist. Sie konnten im vergangenen Jahr noch Absicherungen zu 80 oder 90 USD/Barrel abschließen. Doch dies wird sich in den kommenden Monaten verändern. Das finanzielle »Sicherheitsnetz« der Branche wird brüchig. Das wird die Situation nochmals deutlich verschärfen.

Die Erfolge des Frackings – Statistiken und Szenarien

In diesem Abschnitt wird die Förderung von Schiefergas und LTO-Öl *(light tight oil)* in den USA mit Daten hinterlegt. Dabei wird der Fokus auf die Erschließung der wichtigsten Vorkommen und die damit verbundenen Fördermengen gelegt. Diese Daten werden in Beziehung zur Gesamtförderung in den USA gesetzt. Daran schließen sich die Darstellung der Ressourcen und unterschiedliche Erwartungen für die künftige Entwicklung an.

Es gibt zwei wesentliche Datenquellen für diese Statistiken: einmal die von der US-Energiebehörde veröffentlichten Daten und andererseits die Angaben der regionalen Energiebehörden der einzelnen Bundesstaaten. Beide Statistiken passen nicht immer zusammen – oder beziehen sich manchmal auf unterschiedliche Definitionen (zum Beispiel Erdöl mit oder ohne Kondensat und Flüssiggasanteile) oder geografische Räume. Zudem werden diese Daten oft rückwirkend verändert, ohne dass dies kommuniziert würde. Das erinnert einen wieder daran, dass alle Daten mehr oder weniger gute Schätzungen darstellen, es gibt keine exakten Statistiken! Für die Analyse der einzelnen Formationen sind die Daten aus den Bundesstaaten meist zuverlässiger. Merkwürdig wird es jedoch, wenn die US-Bundesbehörde zeitgleich unterschiedliche Daten veröffentlicht, die nicht zusammenpassen. Dennoch ist man oft darauf angewiesen, mit diesen Daten zu arbeiten. Gerade da der Erfolg des US-Frackings auch in Deutschland oft euphorisch über die Presse vermittelt wird und direkt oder implizit suggeriert wird, dass Deutschland diesen Erfolg auch erleben könne, wenn es doch endlich den Unternehmen diesbezügliche Unterstützung ge-

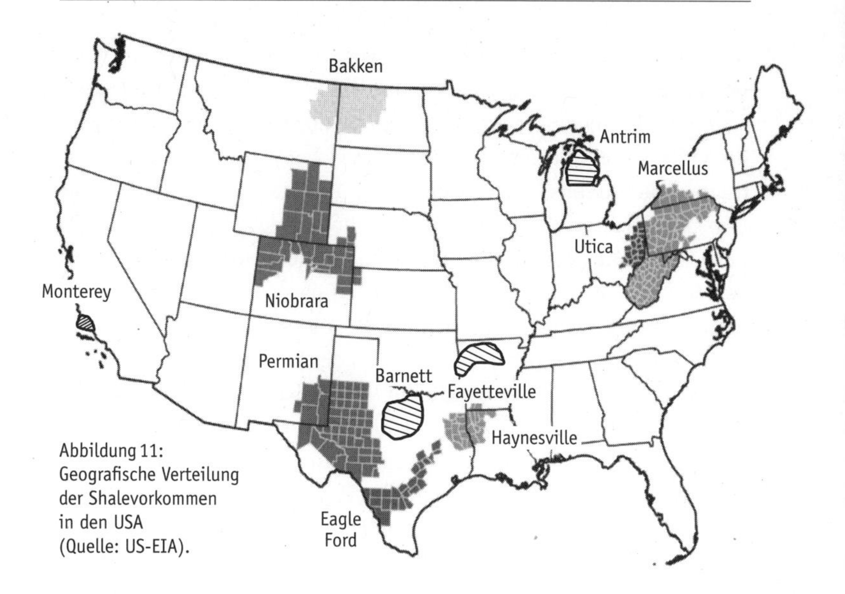

Abbildung 11: Geografische Verteilung der Shalevorkommen in den USA (Quelle: US-EIA).

währen würde, wurde eine detailliertere Analyse auch der US-Statistiken durchgeführt. In diesem Abschnitt wird eine Zusammenfassung gegeben. Weitere Details zu den Fördererfolgen in den einzelnen Shales sind jedoch im Anhang zusammengestellt. Zunächst zeigt Abbildung 11 eine geografische Übersicht der wichtigsten gas- und ölführenden Schieferformationen in den USA.

Die eingezeichneten Vorkommen zeigten sich in unterschiedlichen Erschließungsphasen als wichtige Regionen. Der *Antrim Shale* in Michigan war einer der ersten Shales, deren Erschließung bereits vor Jahrzehnten mit relativ einfachen, kostengünstigen und ertragsarmen Bohrungen erfolgte. In dieser Zeit wurden die Bohrungen oft nicht zementiert, sodass mit großer Wahrscheinlichkeit Erdgas auch außerhalb der Verrohrung in die Atmosphäre entweichen konnte. Dort geht die Förderung seit 1999 mit etwa vier Prozent jährlich zurück.

Barnett spielte nach der Jahrtausendwende eine wichtige Rolle. Dort wurden viele Bohrungen auf engstem Raum in kurzer Zeit abgeteuft. In den Kernregionen liegt die Sondendichte bei ein bis zwei Bohrungen je Quadratkilometer. Dort wurden während dieser Phase auch viele Probleme mit Anwohnern offensichtlich, wie später noch ausgeführt wird. Dennoch wurde das Fördermaximum im Jahr 2012 erreicht, seitdem ist die Förderung um mehr als 20 Prozent zurückgegangen; der spezifische Ertrag je Bohrung sank stetig, ein sicheres Zeichen, dass die ertragreichsten Gebiete schwächer werden und durch weniger ergiebige Bohrungen ersetzt werden müssen. Parallel mit dem Überschreiten des Fördermaximums im Barnett Shale wurde die mediale Aufmerksamkeit fast zeitgleich auf *Fayetteville* und *Haynesville* in Arkansas und Louisiana/Texas gelenkt. Tatsächlich war die Strategie, mit möglichst hoher anfänglicher Förderrate bereits in der Frühphase möglichst viel Gas zu entnehmen. Dies wurde mit wesentlich höheren Bohrkosten und mit einem sehr schnellen Nachlassen der Förderrate erreicht – im Haynesville Shale wurden teilweise 80 und mehr Prozent des Gasertrages einer Bohrung innerhalb des ersten Förderjahres erbracht. Tatsächlich sind auch diese Shales in den Förderrückgang gekommen, Haynesville zum Jahresende 2011 und Fayetteville im Jahr 2013. Heute konzentriert sich die Aufmerksamkeit vor allem auf den *Marcellus Shale* im Osten der USA, dessen ertragreichste Kerngebiete in West Virginia und Pennsylvania liegen. Die aktuelle Datenlage deutet darauf hin, dass dort im Jahr 2015 der Förderhöhepunkt überschritten wird. Wichtige Analyseparameter zur Identifizierung von Trends bietet die zeitliche Beobachtung der anfänglichen Förderrate, vor allem aber der durchschnittliche Förderertrag je Bohrung über alle Bohrungen gemittelt – und nur der jeweils neuen Bohrungen im Vergleich zu Vormonaten und -jahren. Derartige Analysen wurden vor allem von dem Kanadier David Hughes durchgeführt, der seine Ergebnisse beim Post-CarbonInstitute veröffentlicht.[34] Unabhängig davon führt der Industrieberater Arthur Berman ähnliche Untersuchungen durch.[35] Beide kommen zu ähnlichen Ergebnissen und äußern sich sehr kritisch zum künftigen Förderpotenzial von Schiefergas und LTO-Öl in den USA.

Die bisher genannten Shales erbringen den wesentlichen Anteil der Shalegasförderung. Andere Vorkommen spielen hier kaum eine Rolle. Der Beitrag von LTO zur Erdölförderung konzentriert sich vor allem auf den *Bakken Shale* in Norddakota – der Anteil in Montana ist relativ unbedeutend – und auf den *Eagle Ford Shale* in Südtexas. Doch auch hier zeigen die Detailanalysen von Hughes und Berman, dass der mittlere Ertrag je Bohrung zurückgeht. Weitere Einzelheiten sind im Anhang zusammengestellt. In den folgenden Abschnitten des Kapitels wird eine Gesamtschau für die USA gegeben und werden Förderszenarien für die kommenden Jahre skizziert.

Die Förderung von Erdgas

Förderbeitrag aller Shales und Gesamtschau der Erdgasförderung in den USA

Abbildung 12 fasst den Förderbeitrag aller Schiefergasformationen in den USA zusammen. Diese Daten entstammen unterschiedlichen Publikationen der US-Energiebehörde EIA. Die monatlichen Daten wurden anhand von *Natural Gas Weekly* vom 27. August 2015 generiert. Die gestrichelte Summenkurve mit Daten bis zum Jahresende 2013 wurde der Statistik über Schiefergasförderung der Behörde entnommen. Die gepunktete Kurve zeigt ebenfalls Daten der EIA, allerdings diesmal aus dem *Monthly Depletion Report* vom August 2015. Der große Unterschied zu den anderen Kurven liegt vor allem in der unterschiedlichen Darstellung der Daten für den Haynesville Shale, wie im Anhang ausgeführt wird. Die unterschiedlichen Zahlenreihen machen nochmals deutlich, wie dieselbe Behörde unterschiedliche Daten veröffentlicht.

Abbildung 13 zeigt die Zusammensetzung der gesamten Erdgasförderung in den USA. Die helle Fläche gibt den Beitrag von konventionellem Erdgas inklusive tight gas wieder. Dieser erreichte seinen Höhepunkt im Jahr 1971 und ist bis 2013 um 50 Prozent zurückgegangen. Kohleflözgas leistet seit etwa 1990 einen mehrprozentigen Beitrag. Dessen Maximum wurde 2007 überschritten. Seit dieser Zeit geht der Beitrag ebenfalls zurück. Einzig durch den raschen Ausbau der Schiefergasförderung konnte die Gesamtförderung in den USA seit 2005 deutlich angehoben werden. Das darf aber nicht darüber hinwegtäuschen, dass die konventionelle Förderung in diesem Zeitraum deutlich zurück-

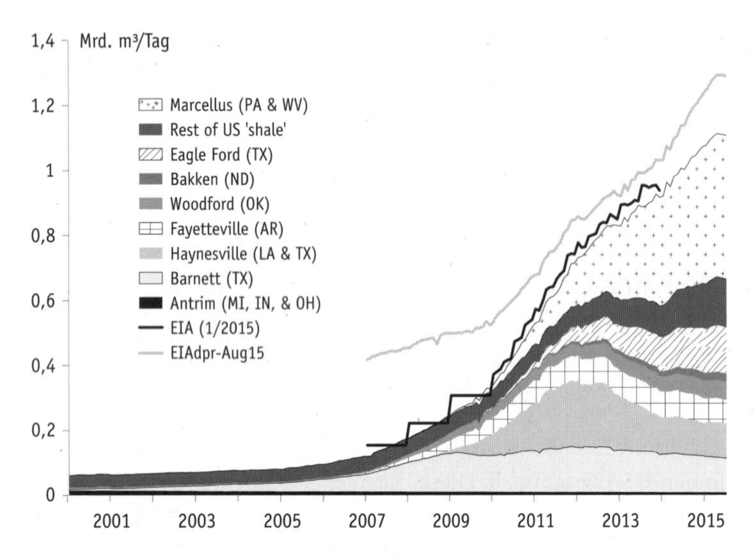

Abbildung 12: Shalegasförderung in den USA gemäß Daten der US Energy Information Agency. Die monatlichen Förderdaten der einzelnen Shales sind der Publikation *Monthly Drilling Productivity Report*[36] entnommen, die Summenkurve des Beitrags aller Shales der Publikation *U.S. Natural Gas Gross Withdrawals from Shale Gas.*[37]

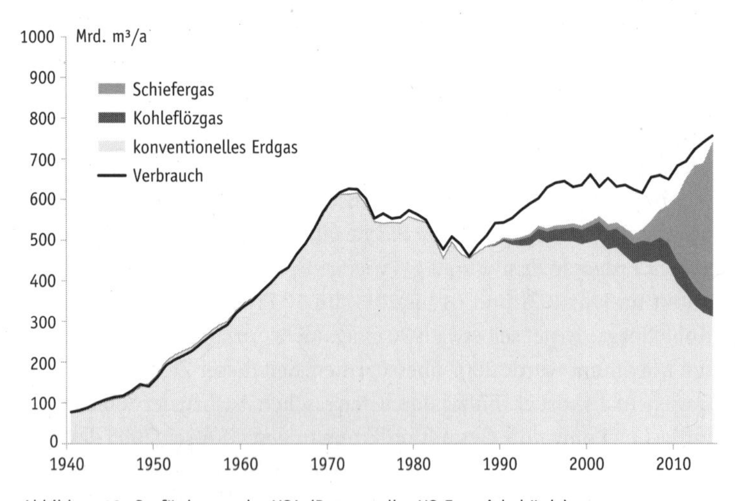

Abbildung 13: Gasförderung der USA (Datenquelle: US-Energiebehörde)

ging. Es wird offensichtlich, dass nach Erschließung und weitgehender Erschöpfung der konventionellen Vorräte und der Kohleflözgasförderung der Beitrag immer mehr auf Schiefergas fokussiert wurde. Sobald hier die Ausweitung nachlässt – und das ist jetzt der Fall –, wird die Gesamtförderung der USA zunächst stagnieren und anschließend deutlich zurückgehen.

Die Erschließung der Schiefergasreserven bedeutet aus dieser Perspektive nochmals ein Hinauszögern des endgültigen Förderrückgangs, der damit aber umso deutlich ausfallen wird, wenn auch die Schiefergasförderung ihren Höhepunkt überschreitet. Es ist sehr wahrscheinlich, dass mit der aktuellen Phase niedriger Öl- und Gaspreise diese Phase jetzt beginnt.[38,39]

Gasressourcen, Gasreserven und Szenarien

Ein Vergleich der veröffentlichten Abschätzungen über *gas in place*, technisch gewinnbare Ressourcen und kumulierte bisherige Förderung (siehe Tabelle 1) zeigt, dass in den bereits deutlich entleerten Shales wie Antrim, Barnett, Fayetteville oder Haynesville bisher nur zwischen 3 und 28 Prozent (im Mittel 9 Prozent) der als technisch gewinnbar eingestuften Gasmengen entnommen wurden. Da diese Shales jedoch bereits deutliche Anzeichen einer Erschöpfung zeigen, dürften die insgesamt förderbaren Mengen diesen Anteil nicht mehr wesentlich erhöhen. Vermutlich sind selbst die von der US-Energiebehörde als nachgewiesen berichteten Reserven noch deutlich zu hoch, wie auch aus einem Interview mit dem Gasexperten Arthur Berman erkennbar wird.[40] Die Reserven des Marcellus Shale wurden in den vergangenen Jahren von der Energiebehörde bereits um 66 Prozent gegenüber früheren Erwartungen zurückgestuft.[41]

Entsprechend den oben gezeigten divergierenden Sichtweisen weichen auch die Erwartungen über die künftige Entwicklung der Erdgasförderung deutlich voneinander ab. Dies ist in Abbildung 14 dargestellt. Während Institutionen wie die Internationale Energieagentur, die US-Energiebehörde oder der Industrie nahestehende Journale und Experten für die künftige Erschließung auf die großen Ressourcen verweisen,

	Gas in Place in Mrd. m^3	technisch gewinnbare Ressourcen (TR) in Mrd. m^3	nachgewiesene Reserven (EIA 2013) in Mrd. m^3	kumulierte Förderung in Mrd. m^3	kum. Förderung relativ zur TR in Prozent
Antrim	2150	566	?	52	9,2
Barnett	9250	1245	736	477	28,0
Fayetteville	1470	1180	345	131	11,0
Haynesville	20290	7100	455	240	3,4
Marcellus	42450	14150	1840	193	1,4
Woodford	1470	320	350	73	23,0
Eagle Ford			490	70	
Sonstige			280	247	
Total		**>25000**	**4500**	**1480**	**<5,0**

Tabelle 1: Gegenüberstellung von Abschätzungen für *gas in place*, technisch gewinnbare Ressource,[42] nachgewiesene Reserven,[43] kumulierte Förderung und Anteil der kumulierten Förderung relativ zur technisch gewinnbaren Ressource (TR).

stutzen sich kritische Beobachter vor allem auf die Förderdynamik, die im Mittel nachlassenden spezifischen Erträge und die dort deutlich werdende Tendenz der Firmen, das einfach und schnell förderbare Gas zuerst zu holen. Waren dies lange die konventionellen Gasvorkommen, dann *tight gas* und Offshore-Felder sowie Kohleflözgas, so greift man jetzt bei der Shalegaserschließung zunächst auf die *sweet spots* zu. Schritt für Schritt muss man mit deren Entleerung die Technologien optimieren, um mit dem nachlassenden Förderdruck Schritt zu halten. Wie bereits erwähnt, haben sich Arthur Berman und David Hughes mit ausführlichen Analysen von Bohrkosten, anfänglicher Förderrate und Förderrückgang der einzelnen Bohrungen in den unterschiedlichen Shales und dem zeitlichen Muster der Veränderungen befasst. Man mag über Details noch diskutieren – die stabilen Trendaussagen der Beobachter lauten, dass zwischen 2015 und 2020 die Schiefergasförderung ihren Höhepunkt erreichen und danach zurückgehen wird. Zunehmend deutet sich an, dass das Jahr 2015 diesen Höhepunkt darstellt. Begründet wird dies einerseits damit, dass die Reserveangaben deutlich überhöht seien – beispielsweise wurden die Reserven des Marcellus Shale, wie oben erwähnt, bereits deutlich abgewertet.[44] Gleichzeitig zeigen die kritischen Analysen, dass die ergiebigsten Fördergebiete bereits erschlossen wurden und der schnelle Förderabfall dazu zwingt, zunehmend schlechtere Gebiete mit steigendem Aufwand zu erschließen, ohne dass dem ein vergleichbarer Ertrag gegenüberstünde.

Doch die Internationale Energiebehörde – und auch die amerikanische Energiebehörde und Unternehmen – verweisen mit Blick auf die großen Ressourcen darauf, dass die US-Gasförderung bis 2035 sogar noch auf 928 Milliarden Kubikmeter ausgeweitet werden könne; gegenüber 2014 wäre dies ein Anstieg um 30 Prozent. Allerdings werden dort in den Analysen auch viele Fragezeichen stehen gelassen, die diese Erwartung zweifelhaft erscheinen lassen. So hängen die Prognosen davon ab, ob die geschätzten Ressourcen auch tatsächlich in Fördermöglichkeiten überführbar sind und ob die zur Erschließung notwendigen Investitionen auch getätigt werden.

Da die konventionelle Gasförderung – ebenso wie die Kohleflözgasförderung – in den vergangenen Jahren deutlich zurückgegangen ist und dieser Trend weiter anhalten wird, würde selbst eine stagnierende

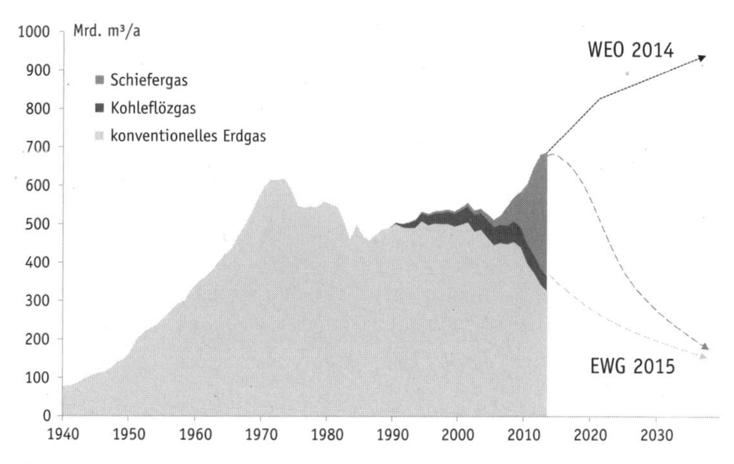

Abbildung 14: Unterschiedliche Sichtweisen zur künftigen US-Gasförderung

Schiefergasförderung in den kommenden Jahren für eine rückläufige Gesamtförderung sorgen. Bei einem Nachlassen auch der Schiefergasförderung in den kommenden Jahren, wie es angesichts der reduzierten Investitionen sehr wahrscheinlich ist, könnte sich der Förderrückgang deutlich beschleunigen.

Statistiken zu Erdöl

Abbildung 15 zeigt die Ölförderung der USA seit 1920. Es wird erkennbar, dass diese im Jahr 1970 ihren Höhepunkt erreichte, dass in den 1980er-Jahren durch die Erschließung der Vorkommen in Alaska (vor allem des Feldes Prudhoe Bay) die Förderung von tieferem Niveau aus nochmals für ein paar Jahre angehoben werden konnte, bevor dann ab Mitte der 1980er-Jahre die Förderung mit jährlich 2 bis 3 Prozent zurückging. Erst seit 2006 zeigt sich ein neuerlicher Förderanstieg. Dieser verläuft mit vorher nicht gekannter Geschwindigkeit. Heute hat die Ölförderung das Niveau von 1989 (zur Zeit des Fördermaximums von

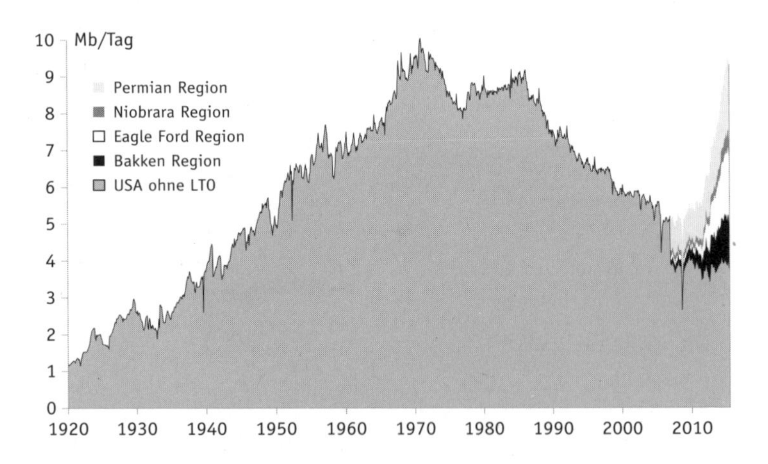

Abbildung 15: Rohölförderung der USA; getrennt dargestellt sind die Beiträge aus Norddakota *(Bakken)*, Texas *(Eagle Ford)*, *Niobrara* und *Permian* (Westtexas/östl. New Mexico)[45]. Die aktuellsten Daten der Grafik sind vom August 2015.

Prudhoe Bay) und fast das Niveau des Fördermaximums von 1970 erreicht. In der Grafik ist der Beitrag von LTO explizit gekennzeichnet, wobei die Daten für den als »Permian« bezeichneten Beitrag aus Westtexas nur bis 2007 zurück vorliegen und daher für den Zeitraum davor keine exakte Abgrenzung zwischen LTO und konventioneller Ölförderung möglich ist. Dies gilt es zu berücksichtigen.

Dennoch wird deutlich, dass dieser Anstieg fast ausschließlich auf die Förderung in Texas und Norddakota zurückzuführen ist. Und auch innerhalb dieser Staaten kann die Förderausweitung einem sehr eng begrenzten Gebiet zugeordnet werden: In Norddakota ist es die *Bakken*-Formation, in Texas sind es vor allem der *Eagle Ford Shale* in Südtexas und die sogenannte *Permian Region*, die sich von Westtexas bis über die Landesgrenze ins östliche New Mexico erstreckt.

Ölressourcen, Reserven und Szenarien

Für die Ölvorkommen in Shales wurden unterschiedlichste Ressourcenangaben veröffentlicht. Im Jahr 2011 veröffentlichte die US-Energiebehörde eine Abschätzung, wonach insgesamt 24 Milliarden Fass Öl (Gb) an technisch gewinnbaren Ressourcen in den Formationen lägen. Mehr als die Hälfte davon wurde im kalifornischen *Monterey Shale* geortet. Doch bereits ein Jahr später musste diese Angabe korrigiert werden. Anstelle der 15 Gb enthalte Monterey nur etwa 0,6 Gb technisch gewinnbare Ölressourcen.[46] Diese Abwertung um 96 Prozent zeigt nochmals, auf welch unsicherem Fundament Ressourcenangaben oft stehen. Es handelt sich nicht selten um politische Angaben, um Begehrlichkeiten zur Erschließung der Vorkommen zu wecken. Mit dieser Neueinschätzung wurden über Nacht die gesamten US-LTO-Ressourcen um mehr als 50 Prozent abgewertet. Andererseits wurden die Vorkommen im Bakken Shale im Jahr 2013 von der USGS gegenüber einer älteren Analyse von 2008 von 3,8 auf 7,9 Gb verdoppelt.

Neben dieser Quelle stammen die weiteren Angaben in Tabelle 2 aus Berichten der USGS oder aus bundesstaatlichen Geologiebehörden; die Reserven wurden den Statistiken der Energiebehörde vom Dezember 2014 entnommen.[47]

Mrd. m³	OIP *(oil in place)* [Mrd. Barrel]	Technisch gewinnbare unentdeckte Ressourcen [Mrd. Barrel]	Nachgewiesene Reserven (EIA Dez. 2013) [Mrd. Barrel]	Kumulierte Förderung [Mrd. Barrel]
Bakken	169	7,9	3,116	2,35
Eagle Ford		3,35	3,372	1,74
Niobrara			0,014	0,68
Permian		2,27	0,236	3,68
Sonstige			0,55	0,33
Total		**~14**	**7,338**	**8,2**

Tabelle 2: Gegenüberstellung von Abschätzungen für *oil in place* (OIP), technisch gewinnbare noch unentdeckte Ressourcen USGS,[48] nachgewiesene Reserven[49] und kumulierte Förderung

Da die Daten für die als »Permian« bezeichnete Region nicht explizit zwischen konventioneller und unkonventioneller Förderung unterscheiden, fällt die kumulierte Fördermenge deutlich höher aus. Qualitativ zeigt sich der Übergang in Abbildung 15 um das Jahr 2010, als der Förderrückgang wieder in einen Anstieg überging.

Auch hier gilt wie bei Erdgas, dass diese Angaben nur eine bedingte Aussagekraft besitzen. Ähnlich wie bei Erdgas gibt es auch hier kontroverse Sichtweisen zur künftigen Förderentwicklung. Der rasante Förderanstieg von LTO zwischen 2005 und 2015 hat keinen historischen Vergleich. Allein dieser Blick auf die Förderkurven deutet darauf hin, dass es sich hier um einen kurzfristigen Effekt handelt. Tatsächlich wurde innerhalb von fünf Jahren die US-Ölförderung verdoppelt. Dies liegt nicht daran, dass man in den letzten Jahren so viel neues Öl gefunden hätte, sondern an der kurzfristigen Erschließung längst bekannter Vorkommen mit bisher ungeahntem Investitionsvolumen.

Auch hier wird die Diskussion der konträren Sichtweisen dominiert von der Internationalen Energieagentur einerseits, die noch einen weiteren Förderanstieg um 25 Prozent bis zum Jahr 2020 sehen kann, bevor dann ein allmählicher Förderrückgang einsetzt. Dies ist mit der gepunkteten Linie in Abbildung 16 dargestellt. Allerdings räumt die IEA auch hier ein, dass für diese Entwicklung große Investitionen getätigt werden müssten und dass völlig unklar ist, ob diese denn zeitgerecht verfügbar werden. Wenn man diese Äußerung als verdecktes Eingeständnis interpretiert, dass die Behörde gute Gründe für einen künftigen Förderrückgang sieht, auch wenn sie es explizit nur ungern eingestehen will, dann passen die Sichtweisen durchaus zusammen. Denn dem stehen die Untersuchungen von Arthur Berman und David Hughes entgegen, die aufgrund der Analyse der Förderprofile bisheriger Bohrungen und deren Veränderung unter Berücksichtigung weiterer Parameter davon ausgehen, dass die Förderung zwischen 2015 und 2020 zurückgehen wird. Mit jedem Tag, den der Ölpreis nach dem Niedergang im Herbst 2014 auf relativ niedrigem Niveau um oder unter 50 bis 60 USD/Barrel verharrt, wird es wahrscheinlicher, dass dadurch ein längerfristiger Förderrückgang vorbereitet wird: Die Ölfirmen haben bereits seit einige Zeit Investitionen in die Suche und Erschließung neuer Vorkommen drastisch reduziert und erhalten keine Anreize, dies zu ändern.

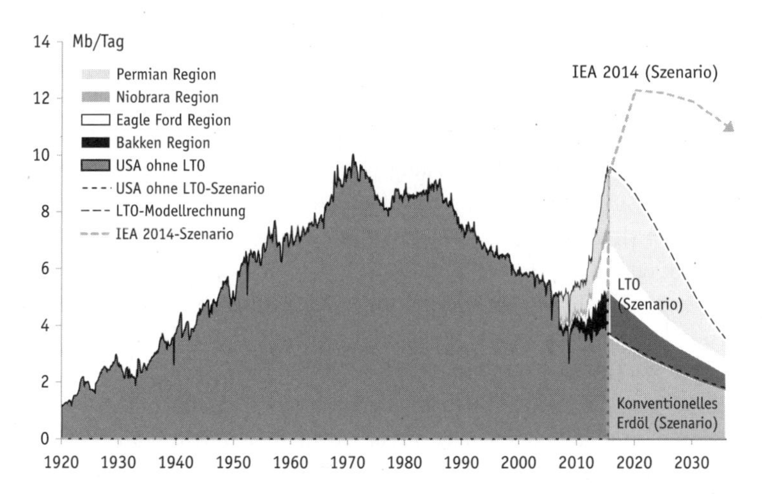

Abbildung 16: US-Ölförderung seit 1920 und unterschiedliche Sichtweisen zur künftigen Entwicklung

Umweltauswirkungen und Nebeneffekte

»Es wird nie wieder das Land sein, das es vorher war« – Zeitzeugen berichten

Prof. Theodora Colborn diente seit 1989 als wissenschaftliche Beraterin für die nationale Umweltbehörde und saß in vielen Ausschüssen sowohl in den USA als auch in Kanada. Sie beriet das US-Innenministerium sowie staatliche Umweltagenturen in den USA und Kanada sowie Regierungsbehörden in Europa, Großbritannien und Japan. Ihre Arbeiten wurden in wissenschaftlichen Journalen und Büchern veröffentlicht. Im Jahr 1999 erhielt sie neben anderen Auszeichnungen den Rachel-Carson-Preis, die wichtigste Naturschutzauszeichnung in den USA. In ihrer Forschungsarbeit befasste sie sich mit disruptiven Störungen des Hormonsystems aufgrund geringster Exposition mit toxischen Chemikalien *(endocrine disruptions)*. Am 14. Dezember 2014 verstarb sie im Alter von 87 Jahren. Die folgenden Aussagen machte sie vor einem Untersuchungsausschuss der US-Regierung am 25. Oktober 2007 während einer Anhörung zu den Möglichkeiten, Bevölkerung und Umwelt vor den Auswirkungen der Öl- und Gasförderaktivitäten zu schützen.[50]

»Meine Arbeiten lösten Aktivitäten auf bundesstaatlicher, nationaler und internationaler Ebene aus, um Regularien und Sicherheitsstandards im Umgang mit Chemikalien zu verbessern. Im Jahr 2002 kehrte ich nach Paonia, Colorado, zurück, wo ich TEDX *(The Endocrine Disruption Exchange)* gründete.[51] (…) Als ich diese Non-Profit-Organisation gründete, hatte ich keinen Anlass, mich mit der Gasindustrie zu befassen, bis mir jemand die chemische Zusammensetzung der Frac-Flüssigkeit gab, die in 17 Bohrungen im Grand Mesa National Forest eingesetzt werden sollte, in dessen Umgebung ich wohne.« Dann weist sie ausführlich auf die Gesundheitsrisiken hin, die von der Chemikalie 2-Butoxyl-Ethanol (2-BE) bereits bei geringster Exposition ausgehen können: »Falls diese Chemikalie an der Oberfläche ausgasen oder in Trinkwasserreservoirs gelangen würde, könnte dies Gesundheitsprobleme bei Haustieren, wild lebenden Tieren und Menschen auslösen, die Tier- und Humanärzte vor Rätsel stellen würden.« Weiter berichtete sie von einer in ihrer Nachbarschaft wohnenden Frau: »Sie erzählte mir, dass sie eine seltene Form eines endokrinen Tumors entwickelt habe und die Nebenniere entfernt werden müsse. Eines der Gesundheitsrisiken von 2-BE ist die Bildung von endokrinen Tumoren. Die Frau erzählte, dass sie 300 Meter von einem Bohrplatz entfernt lebe, wo auch gefrackt wurde. Während eines Frac-Vorganges kam es zu einer Eruption in ihrem Grundwasserbrunnen. Sie beschrieb auch die Gesundheitsprobleme von zwei Frauen in ihrer Nachbarschaft. Dies veranlasste mich, mich näher mit dieser Art der Gasförderung zu befassen.«

Etwas später schreibt sie in der schriftlichen Fassung ihrer Aussage: »Es gehört nicht zum Allgemeinwissen, dass ausgasendes Methan von einigen extrem toxischen Gasen begleitet wird, die zu mehreren Tonnen jährlich an jedem Bohrplatz entweichen. Diese Chemikalien beinhalten Benzol, Toluol, Ethylbenzol und Xylol. Zusammen werden sie oft mit BTEX bezeichnet (…) Es ist ebenfalls nicht allgemein bekannt, dass austretendes Methan feucht ist. Das mitgeführte Kondensatwasser wird oft in Verdampfungsbecken geleitet oder in Containern gelagert. Diese werden später per Lastwagen zu großen Verdunstungsteichen gefahren und dort gesammelt. Es wurde abgeschätzt, dass im letzten Jahr aus 5 500 Kondensatcontainern im westlichen Colorado mehr als 100 Tonnen flüchtiger Kohlenwasserstoffverbindungen, darunter auch BTEX, in die Luft freigesetzt wurden …«

Es ist schwer, Colborns Ausführungen zu 2-BE zu beurteilen. Bis heute wird ihnen in der öffentlichen Auseinandersetzung eher nachrangige Bedeutung zugemessen. Wenn da nicht die in ihrer Aussage und dem nachfolgenden Bericht genannten Vorfälle wären ... Auf zunehmendes öffentliches Drängen begannen im Jahr 2007 in Colorado Diskussionen, die Offenlegung der in den Frac-Fluiden benutzten Chemikalien per Verordnung zu erwirken. Colorado wurde hier zum Vorreiter. Die Firmen wiederum betrachteten den jeweiligen Chemikaliencocktail als ihr Betriebsgeheimnis im Wettbewerb mit Konkurrenten. Diese Debatte war noch beflügelt worden, als im August 2008 eine Krankenschwester, Cathy Behr, in der Stadt Durango fast starb, nachdem sie einen Bohrarbeiter behandelt hatte, der während der Arbeiten mit Frac-Flüssigkeiten bespritzt worden war. Cathy Behr hatte im Zuge der Notaufnahme dem Ölarbeiter die Kleidung abgenommen und zur Entsorgung gebracht. Der Ölarbeiter konnte bald entlassen werden. Doch einige Tage später erkrankte Cathy Behr an multiplem Organversagen. Im Rahmen der Behandlung identifizierten die Ärzte die Frac-Flüssigkeit ZetaFlow als Ursache. Doch außer einem Datensicherheitsblatt konnten keine weiteren Informationen über deren Zusammensetzung eingeholt werden, da die Bohrfirmen jede Auskunft mit dem Hinweis verweigerten, dass die chemische Zusammensetzung Firmengeheimnis sei. Erst nach einigen Wochen verbesserte sich der Zustand der Patientin. Erst zu dieser Zeit erfuhr der behandelnde Arzt die chemische Zusammensetzung der Flüssigkeit, und dies auch nur, nachdem er sich vertraglich zur Geheimhaltung – auch gegenüber der Patientin und seinen Kollegen – verpflichtet hatte.[52]

Der Bayerische Rundfunk veröffentlichte in einer Sendung vom 24. Juni 2015 unter dem Titel »Fluch oder Segen? Wie der Frackingboom Texas verändert« Interviews mit Anwohnern und Arbeitskräften aus der Region des *Eagle Ford Shale* in Südtexas. Aus diesen Interviews wird sehr deutlich, wie in den Krisenjahren nach 2008 die Bohraktivitäten im ländlich geprägten Raum Arbeitsplätze und Steuereinnahmen für kleine Kommunen generierten. Andererseits werden aber auch die Nebenwirkungen deutlich. Dies zeigt die Zwiespältigkeit der Bevölkerung in diesen Regionen:

»Die Straßen hier sind lebensgefährlich geworden. Auf so viel Verkehr waren wir überhaupt nicht vorbereitet. Nicht mal im Traum hätte jemand damit gerechnet, dass das hier passiert – und plötzlich über Nacht war es so weit«,[53] – sagt John Dixon, Bewohner der Kleinstadt Nixon. Ebenso wie Donald Hoffman profitierte er von dem Boom. Beide arbeiten als Landagenten für die Ölfirmen und streichen mit dem Verkauf von Bohrrechten an die Firmen Provisionen ein. Hierzu muss man wissen, dass in den USA diese Verträge rein privatwirtschaftlich zwischen Grundstückseigentümer und Bohrfirma ausgehandelt werden. Anders als in Deutschland gehören in den USA die Bodenschätze unter dem Land dem jeweiligen Grundstücksbesitzer. In den Verträgen werden ihnen im Gegenzug für die Bohrerlaubnis in der Regel 25 Prozent aus den Verkaufseinnahmen zugesichert. Im Jahr 2013 wurde diese Thematik über den Kinofilm »Promised Land«, in dem Matt Damon als Hauptdarsteller einen Landagenten spielt, in der Öffentlichkeit breiter bekannt.

Auch wenn die beiden mit ihren Vertragsabschlüssen den Boden für die Bohrungen vorbereiten, so klingt es nicht eben begeistert, wenn Donald Hoffman äußert: »Es kommt eben darauf an, was man als gut bezeichnet. Das Öl hat Wohlstand in unsere Gemeinden gebracht – und viele neue Leute. Aber mit den neuen Leuten und Wohlstand kommen auch neue Probleme. Meine Frau und ich können zum Beispiel nicht mehr auf der Veranda sitzen und Kaffee trinken. Die Trucks machen so viel Lärm, dass wir nicht mehr rauskönnen. Es wird nie wieder das Land sein, das es vorher war. Quer über unsere Ranch laufen jetzt Stromleitungen, und es werden Pipelines verlegt. Wo früher Kakteen wuchsen, stehen jetzt Öltanks, und wo Gras wuchs, stehen Bohrtürme.«[54]

Unfälle und »Vorkommnisse« – was sagen die Statistiken?

Die Erdgasförderung mittels stimulierter Bohrungen in Shalegasformationen war von Beginn an umstritten. Die geringe Ergiebigkeit der einzelnen Bohrungen erfordert zur Erschließung eines Vorkommens eine hohe Anzahl von Bohrungen. Die dadurch bedingten kumulativen

Effekte des Verkehrsaufkommens, Wasser-, Chemikalien-, Sand- und Materialbedarfs und potenzieller Grundwasserverunreinigung stellen eine besondere Belastung für Natur und Bevölkerung der jeweiligen Fördergebiete dar.

Schon die Einführungsphase der Schiefergaserschließung lässt im Rückblick eine politisch flankierte Unterstützung erkennen, ohne die Fracking in den USA vermutlich nicht in dieser Ausprägung möglich geworden wäre. Dies wurde bereits angesprochen. Die Bedeutung des Eingriffes in das Trinkwasserschutzgesetz im Rahmen des *Energy Policy Act* von 2005 kann nicht oft genug betont werden. Weil hier die Bohrungen aus den Genehmigungsverfahren des Trinkwasserschutzes herausgenommen wurden, haben die Umweltbehörden auch keinen Ansatz für ein umfassendes Monitoring mit einer Erfassung der Wasserqualität in der Umgebung dieser Bohrungen. Wenn sie es trotzdem tun, kosten diese Maßnahmen Geld und Arbeitszeit, die ohne entsprechendes Budget oder gegebenen Anlass nicht verfügbar sind. Außer für größere Havarien und Unfälle gibt es keine systematischen, umfassenden und öffentlich zugänglichen Statistiken. Nach Aussagen aus der Versicherungswirtschaft verfügt selbst sie nicht über detaillierte Schadensstatistiken. Das liege daran, dass die Schadenssummen in regelmäßigen Abständen (zum Beispiel jährlich) oft ohne Auflistung von Details pauschal mit dem Kunden ausgeglichen würden und die Versicherungswirtschaft gar nicht die Detaildaten der einzelnen Vorkommnisse erfahre.[55]

Von Bundesstaat zu Bundesstaat herrschen unterschiedliche Regularien, die von der Industrie einzuhalten sind. Verstöße dagegen können geahndet werden. Hierüber sind Statistiken verfügbar, so etwa von der Bergbau- und der Umweltbehörde in Norddakota über die LTO-Förderung in der Bakken-Formation. Seit dem Jahr 2000 wurden hier etwa 10 000 Vorkommnisse registriert, die in mehrere Schadenskategorien gegliedert werden. Im Anhang finden sich einige Erkenntnisse aus einer solchen statistischen Analyse. Insbesondere werden hier die von den Firmen in die Umwelt freigesetzten Mengen von Öl oder Chemikalien quantifiziert. Auch wenn hier nicht alles erfasst wird, so gibt eine solche Statistik doch zumindest eine untere Grenze für die freigesetzten Mengen an. Insbesondere kann man die Vorkommnisse verschiedenen Ursachen zuordnen und zwischen leichteren und schwereren Störfällen unterscheiden. Eine detaillierte statistische Datenerfassung ist Voraussetzung für die Quantifizierung von Stoffmengen bei Schadensfällen, wie sie für Risikoanalysen unverzichtbar ist.

Als grobe Erkenntnis aus Norddakota kann man ableiten, dass die Schadensmeldungen eng mit der Anzahl der Bohrungen korrelieren und dass im Mittel für *jede* Bohrung ein- oder mehrmals ein Vorkommnis gemeldet wurde. Zusätzlich zu den Ereignissen, die aus dieser Störfallstatistik hervorgehen, hat aber auch die illegale Deponierung von alten Ausrüstungsteilen, Bohrschlämmen und Ähnlichem in dem dünn besiedelten Bundesstaat deutlich zugenommen. Diese Daten werden bisher, abgesehen von journalistischen Aufarbeitungen, nirgends systematisch erfasst. Dennoch sah sich die Nationale Umweltbehörde aufgrund der steigenden Anzahl von Verstößen und Klagen im Sommer 2015 genötigt, in Norddakota ein regionales Büro zur Erfassung von Anzeigen und zur Verfolgung dieser Umweltdelikte zu eröffnen.[56]

Gemäß den offiziellen Statistiken sind die häufigsten Umwelteinwirkungen Unachtsamkeit im Umgang mit Flüssigkeiten oder das Versagen von Bauteilen. Auch außerhalb von Norddakota gelten insbesondere schlechte Zementierungen nach wie vor als häufige Ursache für Fehlfunktionen. Vor dem Jahr 2000 wurden viele Bohrungen in den USA überhaupt nicht oder nur unzureichend zementiert. Erst mit einer Änderung der Regularien wurden durchgängig zementierte Bohrungen zur Pflicht gemacht. Auch heute noch schätzen Experten, dass etwa fünf Prozent aller neuen Bohrungen schadhaft sind.[57] Bezogen auf den Offshore-Bereich der USA zeigen Industrieschätzungen, dass etwa 25 bis 30 Prozent aller Bohrungen Probleme mit der Druckdichtigkeit haben. Dieser Prozentsatz steigt für Bohrungen, die älter als 15 Jahre sind, auf 50 Prozent an. Die meisten dieser Probleme sind auf schadhafte Zementierungen zurückzuführen.[58] Bei den weit über einer Million insgesamt in den USA abgeteuften Kohlenwasserstoffbohrungen ist weitgehend unklar, wie dicht diese nach Jahrzehnten noch sind.

Selbst aufgegebene Bohrungen können in der Umgebung neuer Bohrungen Wegsamkeiten für Gas und Flüssigkeiten bilden.

Pennsylvania und West Virginia im Kernbereich des Marcellus Shale führen Statistiken über die Verstöße der Firmen gegen Vorschriften. Aus diesen Statistiken kann man entnehmen, dass zwischen 2008 und 2011 mehr als 3500 Verstöße von der Behörde registriert wurden. Eine ausführliche Analyse zeigt, dass auch hier schadhafte Zementierungen ein großes Problem darstellen.[59]

Was alles passieren kann – eine Übersicht häufiger Umweltauswirkungen

In der Zwischenzeit gibt es einige Detailstudien und wissenschaftliche Veröffentlichungen, in denen Schadensereignisse dokumentiert und Kontaminationen nachgewiesen wurden. Eine kurz gefasste Übersicht liefert zum Beispiel eine im Dezember 2014 im Auftrag des Gouverneurs von New York von der Gesundheitsbehörde des Staates durchgeführte Studie. Dort können viele Details mit Quellenverweisen nachgelesen werden.[60]

Im Folgenden werden einige der wesentlichen Risiken und Umwelteinwirkungen des Frackings aufgeführt. Detailreferenzen zu den einzelnen Beschreibungen können in der Studie »Fracking – eine Zwischenbilanz« nachgelesen werden, aus der diese Beschreibungen entnommen wurden.[61]

Verunreinigungen von Grundwasser und Flüssen

Bereits frühzeitig gab es viele Klagen von Anwohnern über Grundwasserverunreinigungen, Kopfschmerzen aufgrund hoher Emissionen von organischen Verbindungen oder wegen illegaler Deponierung von Ölrückständen. Wenn Förderfirmen wie Cabot Energy – manchmal freiwillig, meist aber erst nach entsprechender Aufforderung durch Behörden – die ländlichen Bewohner mit Trinkwasserbehältern belieferten, dann wird deutlich genug, dass sie als Verursacher von Verschmutzungen angesehen wurden, was sie zumindest teilweise auch einräumten.

Eine der ersten von Behörden dokumentierten Anhörungen umfasst insbesondere die oben schon in Kurzfassung zitierte Aussage der Biologieprofessorin Theodora Colborn. Diese bestätigte vor dem Ausschuss den unsachgemäßen Umgang der Firmen mit gesundheitsgefährdenden Betriebsstoffen und konnte durch eigene Analysen von Wasserproben mehr als 100 toxische, biozide oder anderweitig gesundheitsgefährdende Substanzen nachweisen. Die Analyse veröffentlichte sie zunächst in ihrem Schreiben zur Anhörung und später in einer Zeitschrift. Im Jahr 2009 untersuchte die US-Umweltbehörde stichprobenartig die Wasserqualität von 39 Trinkwasserbrunnen in Frackinggebieten. Bei elf Brunnen konnte sie Verunreinigungen mit Stoffen identifizieren, wie sie in der Öl- und Gasindustrie eingesetzt werden. Auch weitere Untersuchungen in den Jahren 2011 und 2012 bestätigten ähnliche Verunreinigungen von Wasserbrunnen.

Einige der dokumentierten Verstöße gegen Umweltbestimmungen und nachgewiesene Verunreinigungen wurden im Jahr 2010 auch in dem öffentlichen Brief des damaligen Vorsitzenden des Ausschusses für Energie und Umwelt im Repräsentantenhaus des US-Kongresses, Henry Waxman, dokumentiert. Besonders schwerwiegend war die Versalzung des Flusses Monongahela, nachdem eine kommunale Kläranlage mit dem Flow-Back-Wasser aus den Gasbohrungen überfordert war und das Abwasser ungereinigt in den Fluss lief. Allein im Bundesstaat Wyoming wurden 2012 vom *Wyoming Department of Environmental Quality* 204 Vorkommnisse mit Verunreinigungen identifiziert. Gegen zehn Prozent der Betreiber der Anlagen wurden Bußgelder verhängt. In Texas wurden 2012 etwa 55 000 Verstöße gegen Umweltgesetze identifiziert. Doch nur bei zwei Prozent der Vorkommnisse wurden Strafen verhängt. In Pennsylvania wurden 13 Prozent der identifizierten Verstöße auch geahndet.

Im Jahr 2010 wurde die nationale Umweltbehörde vom Kongress beauftragt, die Umweltstudie von 2004 zu überarbeiten und in einer neuen Studie die Risiken und das Gefährdungspotenzial stimulierter Bohrungen anhand des Monitoring konkreter Bohrungen realistisch herauszuarbeiten. Diese Studie sollte 2013 fertiggestellt werden und als Basis für künftige politische Regularien dienen. Explizit bewarb die Umweltbehörde dieses Papier auf der eigenen Internetseite mit dem Anspruch: »*The study will continue to use the best available science, independent sources of information, and will be conducted using a transparent, peer-reviewed process, to better understand any impacts associated with hydraulic fracturing.*« Erst seit Kurzem liegt ein Entwurf der Studie vor. Die investigative Analyse einer Journalistin versucht anhand vieler Belege den Nachweis zu führen, dass die Studieninhalte immer wieder von der Kohlenwasserstoffindustrie mitbestimmt wurden und es eine offene Zusammenarbeit zwischen Industrie und Umweltbehörde mit großem Einfluss auf die inhaltliche Gestaltung gab. Diese Hintergründe sind ausführlich beschrieben worden.[62] Entgegen dem ursprünglichen Plan hatte die Industrie großen Einfluss auf die Studieninhalte genommen und der Behörde die Untersuchung von Grundwasserbrunnen im Umfeld ihrer Bohrungen weitgehend untersagt. Die Analysen basieren so meist auf theoretischen Modellen ohne aktives Monitoring.[63] Auch wenn die Studie in ihrer Zusammenfassung sehr zurückhaltend und industriefreundlich argumentiert, zeigt sie dennoch anhand von fünf Fallstudien, dass die Beschwerden von Anwohnern über die Verschmutzung des Grundwassers in jedem Fall sehr wohl gerechtfertigt waren.

Methanausgasung ins Grundwasser

Frühzeitig gab es auch Berichte, wonach sich in bestimmten Gebieten Methan im Grundwasser angereichert habe und sich dort aus dem Wasserhahn laufendes Wasser regelrecht anzünden lasse. Diese Berichte wurden stark angegriffen mit der Feststellung, dass ja auch biogenes Methan im Untergrund entstehe und sich auf natürlichem Wege, ohne Einfluss einer Bohrung, im Grundwasser anreichern könne. Mit dieser Begründung wurden anderslautende Berichte publizistisch »entkräftet«. Doch mit genauer Analyse können diese Effekte sehr gut getrennt werden, da aus fossilen Erdgasvorkommen stammendes Methan eine charakteristische isotope Zusammensetzung hat, die es von biogenem Methan unterscheidet. So konnte eine Studie für den Garfield County in Colorado nachweisen, dass der Methangehalt im Grundwasser des untersuchten Gebietes sowohl zeitlich als auch lokal eng mit der Anzahl der Erdgasbohrungen korreliert. Ebenso konnte aus der Isotopenanalyse der fossile Ursprung des Methans charakterisiert werden.

In der Ortschaft Bainbridge, Ohio, explodierte im Jahr 2007 ein Wohngebäude, nachdem sich das aus dem Wasserhahn entweichende Erdgas entzündet hatte. Eine Untersuchung durch die regionale Umweltbehörde konnte aufzeigen, dass durch die undichte Zementierung einer Gasbohrung mit der Bezeichnung *English No. 1* das Erdgas aus der Bohrung in den Grundwasserleiter eindrang, aus dem auch das Trinkwasser des Hauses gespeist wurde. Im Wassertank der örtlichen Wasserversorgung hatte sich ebenfalls bereits Erdgas angereichert. Die Bohrfirma wurde angewiesen, alle potenziell betroffenen Bewohner mit Frischwassertanks zu versorgen.

Im Jahr 2011 wurde die erste systematische Studie zum Thema in einem wissenschaftlichen Journal veröffentlicht.[64] Hier konnte ähnlich wie in der Garfield-Studie, jedoch quantitativ und methodisch genauer belegt, die räumliche und zeitliche Korrelation der Methanzunahme im Grundwasserleiter mit der Zunahme gefrackter Gasbohrungen in der Region gezeigt werden. Durch die Analyse von Spurengasen konnte im Marcellus Shale auch der Weg von Methan durch schadhafte Zementierungen in das Grundwasser nachgewiesen werden.

Methanemissionen in die Atmosphäre

Über einen Zeitraum von 100 Jahren gemittelt, ist die Nutzung von Erdgas aufgrund des geringeren Kohlenstoffgehaltes weniger klimawirksam als das Verbrennen von Erdöl oder Kohle. Diese Aussage hält jedoch nur so lange, wie die Emissionen von Methan (zum Beispiel aus Leckagen) zwei bis drei Prozent der Fördermenge nicht überschreiten. Hierbei ist wesentlich, dass ein Molekül Methan 30-mal klimawirksamer ist als ein Molekül Kohlendioxid. Tatsächlich liegen gemäß gängigen Studien die Methanemissionsverluste in die Atmosphäre über die gesamte Transportkette von der Gasförderung bis zur Verteilung und

Endanwendung in der Regel zwischen 1 und 2 Prozent. Erst in jüngster Zeit wurden kritische Studien erstellt, die diesen Wert durch direkte Messungen der Methankonzentration über Regionen mit hohem Anteil unkonventioneller Bohrungen deutlich infrage stellen. Eine gute Übersicht über diese Arbeiten und die damit verbundenen Emissionen ist im *PSE Health Science Summary* vom März 2014[65] oder in einem Artikel des kanadischen Geologen Andrew Nikiforuk gegeben.[66] So dürfte heute die Bandbreite der Methanemissionsschätzungen über unkonventionellen Erdgasbohrungen zwischen 4 und 17 Prozent des geförderten Gases liegen.

Darüber hinaus weisen vor allem Robert Howarth und Anthony Ingraffea, zwei Professoren der Cornell University, darauf hin, dass die Mittelung der Klimawirksamkeit über einen Zeitraum von 100 Jahren das eigentliche Risiko von »Kippmechanismen«, die durch Konzentrationsspitzen verursacht werden, vollständig ignoriert. Würde man daher die Klimawirksamkeit von Methan über 20 oder 50 anstelle von 100 Jahren mitteln, dann müsste die erlaubte Methanemission wesentlich niedriger liegen als bei 2 bis 3 Prozent der Fördermenge.[67]

Sonstige Emissionen

Der Barnett Shale in Texas wurde ab etwa 2003 mit exponentiell zunehmender Aktivität erschlossen. Auf einer Fläche von einigen 1000 Quadratkilometern wurden bis heute fast 18000 Bohrungen abgeteuft, die meisten davon vor 2010. Die hohe Sondendichte erforderte ein ebenso dichtes Netz an Gassammelleitungen, Verdichtern und Gasaufbereitungsanlagen. Da hier eine große Überlappung der Gasfördergebiete mit bewohnten Arealen besteht, sind Konflikte mit der Bevölkerung unvermeidlich. So bestätigt eine Analyse, dass in manchen Gegenden die Konzentration an Luftschadstoffen höher ist als in der Umgebung eines Flughafengeländes. Insbesondere die Gemeinde Dish ist umringt von Einrichtungen der Erdgasindustrie. Die Verdichter und Aufbereitungsanlagen zeigen hohe Emissionswerte, die eine extreme Beeinträchtigung der Lebensqualität mit sich bringen, wie auch ein Interview mit dem damaligen Bürgermeister der Gemeinde belegt.[68] In Colorado zeigt eine systematische Analyse der Luftqualität vor und nach Beginn von Bohraktivitäten beispielsweise eine deutliche Zunahme von Methylchlorid in der Umgebung der Bohrplätze.

Erdbebenstimulation

Der Zusammenhang von Erdbeben und Bohraktivitäten konnte vielfältig nachgewiesen werden. So ist den Fachfirmen aus der Öl- und Gasbranche wie zum Beispiel Schlumberger seit Langem bekannt, dass Wasserinjektionen in Erdölfelder seismische Aktivitäten auslösen können. Die Anzahl der registrierten Erdstöße stieg im Bundesstaat Arkansas von zirka 30 Aktivitäten pro Jahr im Zeitraum 1970 bis 2009 deutlich an – auf 772 beziehungsweise 790 in den Jahren 2009 und 2010 – und liegt seitdem zwischen 98 und 181 registrierten Stößen pro Jahr. In den Jahren 1900 bis 1970 wurde im Mittel ein Beben pro Jahr registriert. Insbesondere zeigt eine Analyse der geologischen Behörde USGS, dass ein durch die Injektion von Lagerstättenwasser ausgelöstes Erdbeben der Stärke 5 unmittelbar ein wesentlich stärkeres Beben der Stärke 5,7 auslöste.

Auch wird in Texas vermutet, dass die dortigen Frackingaktivitäten eine seit Langem inaktiv geglaubte geologische Verwerfungslinie aktiviert haben. Eine Universitätsstudie ermittelte, dass es in der ersten Jahreshälfte 2015 bereits mehr als 20 Beben mit einer Stärke über 2,5 gegeben hat. In früheren Jahren waren keine nennenswerten seismischen Aktivitäten in dieser Gegend bekannt geworden.[69]

Radioaktive Kontamination

Der Zerfall von Uran in der Erdkruste bestimmt auch den Radioaktivitätsgehalt von Lagerstättenwasser, Ablagerungen und Abwasser aus einer Bohrung. In der Regel handelt es sich hierbei um Zerfallsprodukte von Uran, allen voran Radon, Radium 226 und Radium 228. Diese Stoffe werden als *normally occurring radioactive materials (NORM)* oder *technically enhanced normally occurring radioactive materials (TNORM)* bezeichnet. Die Stoffmenge variiert sehr stark, je nachdem, wie hoch der Gehalt an radioaktiven Stoffen im Untergrund ist. Insbesondere im Marcellus Shale ist die Radioaktivität überproportional hoch.

Im Barnett Shale in Texas wurden mehr als 25 Lagerstätten mit radioaktivem Abfall (vor allem kontaminierte Filter und Ventile) aus der Gasindustrie gemeldet, und dieser wurde auch entsorgt. Allein im Landkreis Denton wurden in den Jahren 2006/2007 etwa 25 Faß (vier Kubikmeter) radioaktiver Abfälle entsorgt. Bemerkenswert ist, dass von den damals in Denton aktiven 67 Bohrfirmen nur eine einzige für den Anfall und die Entsorgung dieses Abfalls gemeldet und verantwortlich war. Keiner der anderen Betreiber hatte die Notwendigkeit hierfür angemeldet. Auch in der aktuellen Hochburg der Ölförderung aus Schieferformationen, dem Bakken Shale in Norddakota, wird die unsachgemäße Entsorgung von radioaktiv belastetem Material aus der Ölförderung gemeldet. Kontaminierte Ölfilter werden oft nur auf wilden Müllkippen gelagert.

Sandabbau

Selten wird in den öffentlichen Darstellungen der für das Fracking notwendige Abbau von Sand als Problem identifiziert. Dennoch stellt dieser einen großen Eingriff dar. Der Staat Wisconsin und hier insbesondere der westliche Landesteil ist davon besonders betroffen. Hier wird der Sand für die Frackingaktivitäten in den benachbarten Staaten abgebaut. So wurden bis 2014 in dieser Region 145 Sandabbaugebiete erschlossen. Die im Umfeld wohnenden Bürger beklagten damit verbundene Umweltauswirkungen in einem offenen Brief an den Gouverneur des Nachbarstaates.

Offener Brief besorgter Bürger aus Wisconsin, Iowa und Minnesota, 28. Mai 2013

Liebe Mitglieder des Regionalparlamentes in Illinois,
mit großer Sorge beobachten wir, die Unterzeichner – Ihre Nachbarn in Wisconsin, Iowa und Minnesota –, wie das Regionalparlament in Illinois ein Gesetz vorbereitet, das Ihren Staat für *HVHF – Hochvolumen Hydraulische Stimulierung* – in industriell relevantem Maßstab öffnen wird.

Auch wenn wir nicht auf öl- oder gasreichen Schiefervorkommen leben, so leben unsere Kommunen auf großen Vorkommen von Siliziumsand. Dieser bildet einen notwendigen Bestandteil der Frackingaktivitäten. Daher bestimmt auch seine Verfügbarkeit über diese Aktivitäten. Die Öl- und Gasindustrie versucht, diese Vorkommen in großem Ausmaß zu erschließen. Dieser Sandrausch, der den Öl- und Gasrausch begleitet, stellt nach unserer bisherigen Erfahrung eine direkte Bedrohung für unsere Gemeinschaft dar. Wir werden vom industriellen Abbau des Sandes und dessen Aufbereitung stark in Mitleidenschaft gezogen. Unsere Gemeinden, unser Land und unsere Gesundheit sind im Begriffe deswegen im buchstäblichen Sinne vernichtet zu werden.

Wir appellieren an Sie, ein Frackingmoratorium für Illinois zu vereinbaren, da wir sicher sind, eine Frac-Erlaubnis in Illinois wird bei uns den Sandabbau weiter beschleunigen. Mit dem zu erwartenden Preisanstieg für Sand wird das auch unsere Politiker weiter darin bestärken, den Abbau von Frac-Sand und dessen Aufbereitung auszuweiten. Zwar ist der Sandabbau in unserem Land seit Langem Teil der Wirtschaft. Jedoch haben wir niemals vorher die Entnahme an speziellem Siliziumquarzsand in dieser Menge, Geschwindigkeit und Intensität erlebt. Der Bedarf an Frac-Sand verändert die geografischen Konturen unserer Umgebung. Hügel, Bergrücken und Steilhänge sind bereits verschwunden oder werden noch verschwinden, wenn die 120 bereits genehmigten oder im Genehmigungsstadium befindlichen Abbauflächen eröffnet sind. Mit diesem Brief informieren wir Sie und die Gesetzgeber in Illinois über den Sandabbau, der fast mit Sicherheit auch entlang der Flüsse und Hügel in Illinois stattfinden wird, wenn Sie der Öl- und Gasindustrie bei ihren Aktivitäten freie Hand lassen. Ihre

Gesetze und Regelwerke berücksichtigen die Begleitprozesse des Frackings und des Abbaus der dafür nötigen Rohstoffe nicht explizit, und auch nicht die vielen Gefahren, die damit verbunden sind:

Erstens: Der industrielle Sandabbau bedroht unsere Grund- und Oberflächenwasservorräte. Er verwandelt ländliche Gegenden in öde Mondlandschaften. Bodenerosion durch den Abbau selbst, aber auch durch die Schadstoffe aus der chemischen Sandaufbereitung drohen unsere Gewässer zu verschmutzen. Der hohe Wasserbedarf für die Aufbereitung stellt eine ernsthafte Bedrohung für unsere Wasservorräte dar, die wir als Trinkwasser, für die landwirtschaftliche Bewässerung und für Freizeitangebote benötigen.

Zweitens: Der Abbau von Frac-Sand verschlechtert die Luftqualität. Lange Schlangen von Diesel-Lkw verstopfen unsere kommunalen Straßen, da Abbau und Aufbereitung einer einzigen Abbaustelle Hunderte Lkw-Fahrten täglich bedingen. Schlimmer aber ist der Silikatstaub, der nachgewiesenermaßen Lungenkrebs auslösen kann und Ursache für eine den Organismus schwächende und schwerwiegende Erkrankung ist: Staublunge. Die Umweltbehörde von Wisconsin bestätigt, dass die mit der Luft übertragene Kieselsäure kanzerogen ist, dennoch hält sie es nicht für notwendig, in unseren Gemeinden die Luft zu überwachen. Es wurde noch kein Grenzwert gesetzt, der die menschliche Gesundheit schützt. Silikatstaub aus frisch aufgerissenen Sandgruben ist toxischer als Silikate in natürlich bewässertem Boden.

Drittens: Sandabbau in großem Stil gefährdet unsere Fauna und unsere Natur. Kahlschlag, Tagebaugebiete und das Abtragen von Hügeln sind Teil des Frac-Sand-Abbaus. Mit jeder Baggerschaufel, die unsere Hügel und Bergrücken in die Lastwagen befördert, verschwindet unsere Landschaft mehr und wird der lokale Wasserkreislauf stärker beeinträchtigt. Unsere Hügel und der sie aufbauende Sand sind nicht erneuerbar.

Viertens: Der dramatische Anstieg des Schwerlast- und Eisenbahnverkehrs gefährdet die Verkehrssicherheit und verstopft unsere Straßen. Darüber hinaus verursacht er Straßenschäden, kollidiert mit unserem Tourismus, unserer Erholung und erzeugt hohe Kosten für uns lokale Steuerzahler. Der unerbittliche Lärm durch

Sprengarbeiten, Straßen- und Eisenbahnverkehr, die gefährlichen Eisenbahnkreuzungen und die ständigen Erschütterungen belasten unsere Gesundheit.

Fünftens: Der Wert unserer Grundstücke verfällt. Die Nähe zu Abbaugebieten, Transportrouten, Aufbereitungsanlagen und Eisenbahnlärm können unsere Grundstücke um 30 Prozent entwerten. Demgegenüber bringt uns diese Industrie keine Arbeitsplätze, sondern zerstört auch noch unsere landwirtschaftlichen Flächen.

Als Ihre Nachbarn unterstützen wir auch die Bürger von Illinois, die keine auf der »Boom and Bust«-Mentalität extraktiver Bergbauaktivitäten beruhende wirtschaftliche Abhängigkeit wollen. Die durch Fracking und Sandabbau geschaffenen Arbeitsplätze sind kurzfristig und toxisch. Wir laden Sie ein, unsere veränderten Kommunen zu besuchen und eine Tour zu den Abbaugebieten, Aufbereitungsanlagen und Verladestationen zu machen. Wir werden Ihnen die offenen Lastwagen und Eisenbahncontainer zeigen, aus denen der Sandstaub in die Umgebung verblasen wird. Wir können Ihnen gerne weitere Informationen zukommen lassen. Wir bitten Sie jedoch jetzt schon, ein Moratorium über die Frackingaktivitäten zu verhängen.

Unterzeichnet von mehr als 100 Privatpersonen und Vertretern von Bürgerinitiativen aus Wisconsin, Minnesota und Iowa
(Quelle: www.iatp.org/files/May%2028%20jg%20edit-1.pdf)

Straßenschäden

Die Bereitstellung der Ausrüstungsteile und Betriebsstoffe während der Erschließungsphase neuer Fördersonden erfordert einen hohen Verkehrsaufwand von Schwerlastfahrzeugen. Typischerweise werden im Eagle Ford Shale in Südtexas pro Bohrung im Mittel über tausend Schwerlastfahrten während der Erschließungsphase und jährlich 350 Fahrten während der Förderphase notwendig. Im Mittel alle fünf Jahre werden die Bohrungen nochmals gefrackt, um den Förderabfall kurzzeitig zu stoppen. Für sogenannte Re-Fracs werden weitere tausend Schwerlastfahrten benötigt. In manchen Landkreisen in Texas hat dadurch der regionale Schwerlastverkehr um bis zu 80 Prozent zugenommen. Diese Straßenbelastung im ländlichen Raum führt zu entsprechenden Straßenschäden und Wartungskosten. Allein für die Gegend des Eagle Ford Shale in Südtexas werden die jährlich damit verbundenen Kosten mit zwei Milliarden Dollar beziffert.

Langfristige Veränderungen

Hierüber gibt es heute keine belastbaren Aussagen. Die Industrie sieht hier keine großen Risiken. Auch Geologen äußern sich hierzu selten. Hydrogeologen und Umweltwissenschaftler sind hier allerdings deutlich vorsichtiger, da über größere Zeiträume keine gesicherten Vorhersagen zu machen sind. Die Versicherungswirtschaft sieht allerdings die größten für Frackingaktivitäten spezifischen Risiken in unvorhersehbaren langfristigen Veränderungen und dadurch ausgelösten Schäden.[70] Irritierend für Versicherungen ist insbesondere der Mangel an Statistiken und damit die Schwierigkeit, eine Beitragssumme zur Abdeckung dieser Risiken zu berechnen.

In der Einleitung zu diesem Abschnitt wurde die 2014 verstorbene Biologin Theodora Colborn zitiert. Sie sah die größten Risiken vor allem in der unkontrollierten Freisetzung von Chemikalien, die zum Teil schon bei Umgebungstemperatur verdampfen, die aus Behältern oder während des Transports und der Entsorgung von Frackingchemikalien oder -abwässern entweichen könnten. Als Expertin für endokrine Disruptionen, also für Schädigungen des Hormonhaushalts, die durch bestimmte Chemikalien ausgelöst werden können, maß sie diesen Risiken das größte Gefahrenpotenzial bei. Neben den eingangs geschilderten Fällen wurden bisher allerdings auch einige andere Hinweise auf dieses Risikopotenzial bekannt. So konnte in einer Studie gezeigt werden, dass in der Umgebung von Bohrsonden, die intensiv gefrackt werden, das Risiko für Fehlgeburten oder Schädigungen höher liegt als in einer Kontrollgruppe.[71] Grundsätzlich herrscht für die Quantifizierung von Gesundheitsrisiken jedoch die Problematik, dass es fast keine statistische Aufarbeitung der Risiken über epidemiologische Studien gibt. Weder gibt es umfassende statistische Analysen über einen Vergleich zu Kontrollgruppen mit größerem Abstand zu aktiven Bohrungen noch eine Aussage über zeitliche Veränderungen parallel zur Zunahme der Bohraktivitäten. So bleibt die Aussage, dass man diese Risiken nicht quantifizieren, damit aber auch nicht mit anderen gesellschaftlichen Risiken vergleichen kann.

Widerstand und Frackingverbote

Im Bundesstaat New York wurden bereits sehr früh die Bedenken des Trinkwasserschutzes ernst genommen.[72] Am 18. Dezember 2014 verkündete der Gouverneur ein generelles Frackingverbot. Damit ist New York der erste US-Bundesstaat, der sich ganz vom Fracking abkehrt. Als Grundlage für diese Entscheidung beruft sich der Gouverneur auf die bereits erwähnte Umwelt- und Gesundheitsstudie der New Yorker Gesundheitsbehörde über die Risiken des Frackings in Schiefergasvorkommen für Mensch und Umwelt. Dieses vom demokratischen Gouverneur verhängte Verbot veranlasste bisher 15 Kommunen mit republikanischen Bürgermeistern, damit zu drohen, aus dem Staat New York auszuscheren und sich dem Bundesstaat Pennsylvania anzugliedern.

Am 10. April 2015 verabschiedete das Abgeordnetenhaus von Maryland mit 102 zu 37 Stimmen ein Gesetz für ein Frackingverbot im Bundesstaat bis Oktober 2017. Nachdem der Gouverneur am 24. April 2015 keinen Gebrauch von seinem Vetorecht gegen das Moratorium machte, ist Maryland nach New York der zweite Bundesstaat mit einem Frackingverbot. Bemerkenswert daran ist, dass im Unterschied zu New York der Gouverneur von Maryland, Larry Hogan, der republikanischen Partei angehört. Wie sehr Fracking in den USA umstritten ist, zeigen auch die vielen Initiativen in anderen Bundesstaaten. Wenn hier bisher auch kein Verbot auf bundesstaatlicher Ebene erreicht werden konnte, so wurden auf kommunaler und County-Ebene bereits einige Frackingverbote verhängt. Beispiele hierfür sind Denton, Texas, sowie Kommunen in Kalifornien (Santa Clara), Ohio und Colorado. In Ohio kulminierte der Streit. Nachdem in einigen Kommunen ein lokales Frackingverbot verhängt wurde, hat der Oberste Gerichtshof in

Ohio diese Entscheidungen aufgehoben und die alleinige Verfügung über Bohrrechte dem Bundesstaat zugesprochen. Diese Entscheidung wurde mit vier zu drei Stimmen getroffen. Diese knappe Entscheidung zeigt, wie kontrovers das Thema diskutiert wird. Aber auch in Texas hat der Gouverneur den Kommunen das Recht, über Bohrerlaubnisse zu entscheiden, abgesprochen.

Im November 2014 verhängten weitere kalifornische Gemeinden ein lokales Frackingverbot. Ebenfalls im November 2014 verlängerte der County Boulder in Colorado ein lokales Frackingmoratorium für drei weitere Jahre bis zum Juli 2018. Andere Kommunen fordern strengere Regeln für Fracking. So ist zum Beispiel in Dallas das Abteufen von Bohrsonden mit weniger als 500 Metern (1500 Fuß) Abstand zu Schulen verboten. In oberflächennahen Bohrungen mit weniger als 100 Meter Bohrtiefe ist Fracking dort ohnehin verboten. Auch im Bundesstaat Wyoming mehrt sich der Widerstand. Eine Übersicht über die dortigen Aktivitäten und die historische Entwicklung findet man in[73]. Eine Übersicht über Verbote in den USA und auch in anderen Staaten ist unter http://keeptapwatersafe.org/global-bans-on-fracking/ zu finden.

Chancen und Risiken von Fracking in Deutschland

Von ersten Funden bis zur Hightechexploration

Ein kurzer Abriss der Förderhistorie

Auf das Jahr 1652 wird der erste deutsche Ölfund datiert – bei Wietze in der Lüneburger Heide. Die Flüssigkeit wurde als Wagenschmiere und Heilmittel genutzt. Um 1850 wurde in Mitteleuropa (1856 im Elsass, 1859 in Norddeutschland) mit der gezielten Suche nach Erdöl und dem Abteufen von Bohrungen begonnen. Um die Jahrhundertwende lösten Funde bei Peine und Celle in Deutschland ein erstes Ölfieber aus. Die erste Erdgasquelle Mitteleuropas wurde im Jahr 1844 in Österreich entdeckt. In Deutschland wird der erste Erdgasfund auf das Jahr 1910 datiert, als in Neuengamme bei Hamburg bei der Suche nach Wasser versehentlich eine Gasexplosion ausgelöst wurde. Doch erst im Jahr 1934 wurde der gesetzliche Rahmen für Erkundung und Ausbeutung von Erdgas auch im Bergrecht berücksichtigt, wobei nach der Neuregelung die Abbaurechte beim Staat liegen und dieser Konzessionen an die Firmen erteilt.

Energiewirtschaftlich hatte Erdgas lange Zeit keine Bedeutung. Aus Kohle gewonnenes Gas, das sogenannte Stadtgas, war längst etabliert. Abhängig vom Herstellungsprozess bestand es aus unterschiedlichen Anteilen, vorwiegend jedoch aus 50 und mehr Prozent Wasserstoff sowie Methan, Stickstoff und Kohlenmonoxid. Bereits 1826 war in Hannover das erste Gaswerk Deutschlands errichtet worden. Es lieferte über hundert Jahre lang Stadtgas, bevor es 1930 geschlossen wurde. In Berlin wurde der Betrieb des letzten Gaswerks im Mai 1996 eingestellt. Noch um 1960 war fast ausschließlich Stadtgas gemeint, wenn von Gasversorgung gesprochen wurde. Um diese Zeit begann jedoch der Ausbau der Erdgasversorgung. Diese hat bis heute ihren Schwerpunkt in Niedersachsen; mehr als 90 Prozent des heimischen Erdgases werden hier gefördert. Bis Ende der 1980er-Jahre war Stadtgas im öffentlichen Gasnetz in den alten Bundesländern weitgehend durch Erdgas substituiert. Auch in Ostdeutschland dominierte zuerst Stadtgas – dort wurde es erst mit dem Fall der Mauer verdrängt. In den 1970er-Jahren erreichte die Erdgasförderung in Deutschland ihren Höhepunkt, wie anhand der weiter unten gezeigten Statistiken deutlich wird. Der weiter steigende Bedarf wurde durch Importgas bereitgestellt. Zu dieser Zeit wurde mit dem Bau der Sojus-Pipeline in den Jahren 1975/79 vor allem die Abhängigkeit von russischem Erdgas aufgebaut. Diese Pipeline diente zwar vorwiegend zur Versorgung osteuropäischer »Bruder«-Staaten, doch (von Orenburg kommend) wurde das letzte Teilstück durch die damalige Tschechoslowakei als »Transgas-Pipeline« bis an die deutsche Grenze gebaut. Deviseneinnahmen waren wichtiger als ideologische Unstimmigkeiten.

In Deutschland ließen die heimischen Gasfelder im Ertrag nach, was zum Auslöser der ersten Frackingwelle wurde – damals allerdings noch nicht im Schiefergestein. Zwar waren erste Fracs bereits seit 1961 durchgeführt worden, doch jetzt wurde systematischer stimuliert, teils in neuen, teils in nachlassenden älteren Förderbohrungen. Dabei wurde nicht zwischen konventioneller und unkonventioneller Bohrung unterschieden. Die Öffentlichkeit nahm davon wenig Notiz, wenn man von den direkt davon betroffenen Anwohnern absieht. Im Jahr 1977 erfolgte eine erste großräumige Frac-Behandlung von Förderbohrungen im Raum Südoldenburg. Tief liegende, wenig durchlässige Erdgaslagerstätten *(tight gas)* wurden durch künstliche Rissbildungen zugänglich gemacht.

Im Jahr 1980 wurde mit der bis dahin tiefsten horizontalen Erdgasbohrung das Feld bei Söhlingen in einer Tiefe von 6775 Metern erschlossen. Doch dessen ungeachtet ging die Förderung bis 1990 um etwa 25 Prozent zurück, bevor neue Fördertechniken wieder für eine Ausweitung sorgten. Die erste Mehrfachbehandlung *(multi-frac)* einer horizontalen Fördersonde mit insgesamt vier Fracs wurde im Jahr 1994 an der Sonde Söhlingen Z10 durchgeführt. Dabei wurden in Deutschland erstmals Fracking und Horizontalbohrung kombiniert. Zusätzlich handelte es sich hierbei um die weltweit tiefste bis dahin erfolgte Horizontalbohrung, die mit mehreren Fracs stimuliert wurde.[74] Hierbei wurden etwa 2 000 Kubikmeter Wasser, 1 000 Tonnen Sand und 56 Tonnen Chemikalien eingesetzt.

Im Jahr 1999 wurde in Deutschland bei Erdgas der endgültige Förderhöhepunkt erreicht; seit dem Jahr 2003 geht die Förderung ungeachtet von Stimulierungsmaßnahmen mit sieben bis acht Prozent jährlich zurück. Auch in Deutschland lässt sich die Geschichte der Kohlenwasserstoffförderung nach dem Muster »vom Einfachen zum Schwierigen« interpretieren: Alle Bohrungen waren zunächst zur Erschließung konventioneller Felder in durchlässigem Gestein erfolgt. Erst als deren Förderrate deutlich nachließ, musste ab Mitte der 1970er-Jahre zunehmend in dichtem Gestein gebohrt werden. Hierbei kam das Aufbrechen des Gesteins mittels Frackings zum Einsatz. Während der ersten Welle der Stimulationsmaßnahmen bis etwa 1986 wurden mehr als 30 Bohrungen gefrackt. In den folgenden 19 Jahren bis 2005 wurden weitere 60 Bohrungen teilweise mit Mehrfach-Fracs behandelt.

Erste Stimulierungsmaßnahmen im Schiefergestein – der Fall Damme

Das Jahr 2008 markiert eine Neuerung: Erstmals wurde jetzt auch in Deutschland eine Bohrung im Schiefergestein abgeteuft und mit drei Fracs getestet. Dieses Beispiel wird hier detailliert geschildert, weil es exemplarisch für zunehmende Spannungen zwischen Industrie und Behörden einerseits und der Öffentlichkeit andererseits ist. Das Besondere liegt hier darin, dass im fast undurchlässigen Schiefergestein mit deutlich größeren Mengen Wasser gearbeitet wird. Bei drei Frac-Vorgängen wurden insgesamt 12 025 Kubikmeter Wasser, 588 Tonnen Stützmittel und 19,9 Tonnen Additive (Chemikalien) injiziert. Mehr als 6,4 Tonnen davon sind als giftig und umweltgefährdend klassifiziert[75] –

eine exakte Aufstellung der verwendeten Chemikalien findet sich im Anhang auf Seite 212.

Doch damals wurde die neue Dimension der Bohrung weder von den Behörden oder Firmen diskutiert noch von der Öffentlichkeit erkannt; ihre Sonderstellung wurde erst wesentlich später offensichtlich. Die Bohrung war, wie in der Vergangenheit auch, mit geringer öffentlicher Aufmerksamkeit abgeteuft worden. Die federführende Firma, ExxonMobil, hatte das Projekt im September 2007 kurz im Gemeinderat der Stadt Damme vorgestellt. Das Antragsverfahren lief zu dieser Zeit bereits. Eine Öffentlichkeitsbeteiligung im Verfahren war weder notwendig noch vorgesehen. Gemäß Protokoll der Gemeinderatssitzung vom 24. September hatte es auf dieser Informationsveranstaltung keinen Hinweis auf ein möglicherweise geplantes Fracking gegeben. Ebenso wenig wurde auf damit verbundene potenzielle Risiken hingewiesen. Am 4. Februar 2008 wurde das Projekt im Planungs- und Umweltausschuss der Stadt beraten, am 19. Februar 2008 wurde vom Verwaltungsausschuss der Stadt Damme die Zustimmung erteilt.

Erst zweieinhalb Jahre später, im Spätherbst 2010, greift die Presse die damaligen Vorgänge auf und berichtet erstmals über den Einsatz von Chemikalien[76] bei der Bohrung in Damme. Der verunsicherte Bürgermeister fragt bei der Bergbehörde nach. Das Bergamt Meppen antwortet mit einer Stellungnahme, dass keine Gefahr für das Trinkwasser bestehe. Der Chemikalieneinsatz, so die Antwort, sei Teil der technischen Betriebspläne, die das Bergamt ohne Beteiligung Dritter genehmigen dürfe. Am 9. September bittet die Stadt Damme den Antragsteller ExxonMobil sowie das Bergamt Meppen, das niedersächsische Umweltministerium und den Oldenburg-Ostfriesischen Wasserverband (OOWV) um Stellungnahmen. Noch am selben Tag legt ExxonMobil eine Erklärung vor, die jedoch nur allgemeine Aussagen zu Fracking und zur Erdgasförderung enthält. Mit keinem Satz geht der Konzern auf die spezifische Situation in Damme ein. Am 10. November erklärt der Oldenburg-Ostfriesische Wasserverband, dass er an keinem Genehmigungsverfahren beteiligt gewesen sei.

Ende März 2011 schickt die Stadt Damme schließlich einen Forderungskatalog an die Landesbergbehörde. Mitte Juni 2011 antwortet diese. Zwischenzeitlich hat ExxonMobil bereits eine Liste mit den eingesetzten Chemikalien im Internet veröffentlicht und gelobt bei künftigen Vorhaben mehr Transparenz. Im Juni und November 2012 werden auf Drängen der Stadt Damme Trinkwasseruntersuchungen an Brunnen in 26 und 40 Meter Tiefe durchgeführt. Deren Analyse zeigt keine Auffälligkeiten. Ende November 2012 erklärt ExxonMobil der Gemeinde laut Niederschrift des Planungs- und Umweltausschusses der Stadt Damme, dass das »Setting« Damme nicht als Modellvorhaben in Betracht komme. Bergamt wie auch Antragsteller berufen sich darauf, dass sie gemäß dem geltenden Bergrecht gehandelt hätten und, wo notwendig, auch die zuständigen Wasserbehörden einbezogen worden seien. Diese wiederum werden in Presseberichten zitiert, nicht genügend informiert worden zu sein. Der zuständige Abteilungsleiter im Bergamt äußert öffentlich, dass die Bürger sich ja noch glücklich schätzen könnten, überhaupt einbezogen worden zu sein, da in diesem Verfahren eigentlich keine Bürgerbeteiligung vorgesehen sei. Das Bergamt genehmige die Gassuche und Förderung weitgehend alleine – und genau hier liegt die Sache im Argen: Es geht nicht nur darum, ob eine Firma und eine Behörde nach geltendem Recht die Öffentlichkeit hätten informieren müssen, es geht vor allem darum, ob ein Bergrecht noch zeitgemäß ist, das primär zur Begünstigung des Abbaus von Bodenschätzen, zum Schutz der Abbaurechte der entsprechenden Firmen und in kritischen Fällen auch zu deren autoritärer Durchsetzung ohne Einspruchsmöglichkeit der lokalen Bevölkerung konzipiert wurde.

Unabhängig von diesem Vorgehen wird im Umfeld dieser Diskussionen aber auch deutlich – was meist kaum öffentliche Beachtung findet –, dass es nicht nur um das Fracking selbst, sondern zu einem großen Teil auch um die Entsorgung der Bohrrückstände und der Bohrflüssigkeiten inklusive des Lagerstättenwassers geht, worauf zu einem späteren Zeitpunkt noch einzugehen sein wird.

Vom Widerstand bis zum »Moratorium«

Dass die Presse erst im Herbst 2010 Notiz von den Vorgängen um die Bohrung Damme 3 nahm, ist kein Zufall. Das späte Interesse spiegelt die allmähliche Sensibilisierung der Bevölkerung für das Thema wider. Bis dahin waren über den Gasreichtum, den die USA seit Beginn des Schiefergasfrackings in ihrem Land entdeckten, fast nur euphorische Medienberichte zu finden gewesen, wonach Landbesitzer durch den Verkauf von Bohrrechten und die Einnahmen aus dem Öl- und Gasverkauf zu Millionären würden. Im Frühjahr 2010 schwappte die Euphoriewelle über den Atlantik, als die heimische Presse erstmals über das mögliche Schiefergaspotenzial Deutschlands berichtete.[77] Eine kleine Anfrage im Bundestag wurde im Mai 2010 noch in dem Sinne beantwortet, dass die Bundesregierung davon ausgehe, dass bei Förderung, Transport und Verbrennung von Schiefergas keine Unterschiede zu konventionellem Erdgas aufträten, da sich *shale gas* in seinen Eigenschaften nicht von Erdgas aus anderen Formationen unterscheide.[78]

Als im Herbst 2010 dann in Nordrhein-Westfalen Lizenzen zur Aufsuchung von Kohlenwasserstoffen auf mehr als der Hälfte der Landesfläche an Firmen veräußert wurden, entstanden die ersten Protestbewegungen. In diesem Bundesland war die Öl- und Gasförderung 2005 eingestellt worden. Als die Firma ExxonMobil in Nordwalde im Landkreis Steinfurt eine erste Erkundungsbohrung plante, formierte sich binnen kürzester Zeit eine Bürgerinitiative. Deren Internetplattform wurde schnell zum Zentrum eines Netzwerkes weiterer Bürgerinitiativen, die sich sukzessive fast zeitgleich mit dem Bekanntwerden neuer Aufsuchungslizenzen und konkreter Standorte für Erkundungsbohrungen in den jeweiligen Gemeinden bildeten. Einen wichtigen Impuls gab hierbei sicherlich auch, dass der damalige Vorstand des Unternehmens Gelsenwasser, Dr. Manfred Scholle, zu einem der größten Kritiker der Pläne wurde.[79] Auffallend daran ist insbesondere, dass Scholle zuvor Präsident des Bundesverbandes der Gas- und Wasserversorger war und selbst aus der Gasversorgung kommt.

Energiekonzerne und Behörden zeigten sich über den neuen Widerstand überrascht, fand er inzwischen doch auch in Gemeinden in

Niedersachsen statt, die bis dahin den Firmen als verlässliche Partner gegolten hatten und die auch von den Fördereinnahmen finanziell profitierten. Lokale Politiker erkannten sehr schnell die neue Stimmung, und kaum eine Partei konnte es sich mehr leisten, keine Informationsveranstaltung durchzuführen. Im Zentrum standen Gemeinden in Nordrhein-Westfalen und Niedersachsen wie Nordwalde, Bissendorf, Bohmte, Borken, Drensteinfurt, Hamm, Lünne oder Oppenwehe, alles Orte mit geplanten oder bereits begonnenen Bohrungen. Bis heute gibt es 58 lokale Bürgerinitiativen, die sich über ein Netzwerk auf Bundesebene zusammengeschlossen haben.[80] Nach einer anfänglichen Orientierungsphase vertreten auch die großen Umweltverbände eine kritische Position in der politischen Diskussion und in der Öffentlichkeit.

Bei den Firmen überwog anfangs noch der Gedanke der Konfrontation – eigentlich müsse man sich mit der Öffentlichkeit doch gar nicht auseinandersetzen –, doch es wurde schnell deutlich, dass damit der Widerstand nicht zu brechen war. ExxonMobil öffnete sich und suchte den Dialog. »InfoDialog Fracking« wurde die neue Strategie getauft. Ein von einem neutralen Mediator organisiertes unabhängiges Expertengremium sollte Fragen und Ängste der Öffentlichkeit aufgreifen und in wissenschaftlichen Abhandlungen nach deren fundierter Beantwortung suchen.[81] Dieser Prozess begann im April 2011 und zog sich über ein ganzes Jahr hin. Der Kreis machte mit Veranstaltungen und der Veröffentlichung von Studienergebnissen auf sich aufmerksam, seine Aktivität wurde der Auftakt zu einer Reihe von Gutachten und Stellungnahmen. Die Finanzierung des InfoDialog Fracking erfolgte durch die Gaswirtschaft.

Es liegt in der Natur der Sache, dass ExxonMobil von den Gegnern reines Eigeninteresse und eine Verharmlosungsstrategie vorgeworfen und dass allein schon durch die finanzielle Abhängigkeit eine Einflussnahme auf die bestellten Gutachter und deren Arbeit unterstellt wurde. Tatsache ist aber auch, dass hier erstmals in Deutschland (und vermutlich in Europa) von Wissenschaftlern Detailgutachten erstellt wurden, die die neuen Fragestellungen systematisch diskutierten, gängige Risikoklassifizierungen infrage stellten und wissenschaftliche und regulatorische Defizite aufdeckten. Beispielsweise wird von der Industrie gerne argumentiert, dass die Chemikalien in den Frac-Flüssigkeiten ja derart verdünnt seien, dass sie kein Risiko darstellten. Allein die offizielle Klassifizierung der Gemische als »schwach wassergefährdend« zeige dies. In diesen Arbeiten wurde jedoch darauf hingewiesen, dass es nicht nur um formale Grenzwerte gehe, sondern das Risiko im Vergleich der eingesetzten Konzentration mit im Labor nachgewiesenen letalen Dosen oder ähnlichen Bemessungswerten zu bewerten sei. Ein neu eingeführter »Risikoquotient« bietet hier einen wesentlich sensibleren Indikator.[82]

Nicht nur auf kommunaler Ebene wurde diskutiert. Im Oktober 2010 fand auch im Bundestag ein erster Workshop der Grünen zum Fracking statt. Dem folgte im Dezember ein Hearing im Landtag von NRW. Auch in Baden-Württemberg begann sich Widerstand zu formieren, als bekannt wurde, dass eine kanadische Firma (3Legs) sich um Konzessionen auf Schiefergasvorkommen im Raum Bodensee beworben und sie erhalten hatte. Die Wasserverbände sprachen sich gegen diese Pläne aus. Pikant hierbei war, dass die neue, von den Grünen geführte Landesregierung in der Verantwortung zwischen den Interessen der Gasfirmen und den Besorgnissen von Wasserversorgungswirtschaft und Öffentlichkeit abwägen musste. Sie sah im Rahmen des Bergrechtes keine Möglichkeit, den Antrag abzulehnen. Als die Konzession nach fünf Jahren des Abwartens auszulaufen drohte, hätte der Antragsteller sie verloren, wenn sie nicht durch das Bergamt Freiburg verlängert worden wäre. Dies führte zu heftigem Widerstand in der Bevölkerung. Der ursprüngliche Antragsteller verkaufte die Lizenz an eine andere Firma – diese zog später den Antrag zurück.

Auch in Hessen wurde eine Aufsuchungslizenz beantragt. Die Landesregierung war gespalten; letztlich wurde aber aufbauend auf einem Rechtsgutachten die Zulassung verweigert, da »überwiegende öffentliche Interessen die Aufsuchung ausgeschlossen haben«.[83] Eine Klage des beantragenden Unternehmens BNK wurde im August 2014 im Rahmen einer außergerichtlichen Einigung mit dem Bundesland zurückgenommen.[84] Bis heute ist es das einzige bekannt gewordene Beantragungsverfahren, in dem ein Bundesland die Bewilligung eines

Aufsuchungsantrages unkonventioneller Vorkommen unter Berufung auf das gültige Bergrecht abgelehnt hat.

Auch in Bayern rechnete man mit Anträgen von Bergbauunternehmen zur Erschließung unkonventioneller Gasvorkommen. Schnell formierten sich neue Bündnisse. Die Bierbrauer fürchteten um das saubere Tiefenwasser und brachten das Reinheitsgebot als Argumentation. Die Politik reagierte schnell. Nach Aussage der regierenden CSU werde das Bundesland Bayern »das umstrittene Fracking zur Gewinnung von Erdgas aus tiefen Gesteinsschichten mithilfe des Wasserrechts untersagen«.[85] Deutliche Worte – dennoch sieht die Opposition nach Erteilung einer Aufsuchungsberechtigung an das Unternehmen Rose Petroleum in Franken die Situation als noch keineswegs geklärt an.[86]

Bereits im Februar 2011 hatte Nordrhein-Westfalen Vorschläge zur Änderung des Bergrechtes in die Diskussion im Bundesrat eingebracht.[87] Bis heute werden nach Aussage der hierfür zuständigen Bezirksregierung in Arnsberg Bohrbewilligungen nicht erteilt, falls diese Frackingaktivitäten einplanen. Die Landesregierung NRW ließ ein Umweltgutachten erstellen.[88] Das Umweltbundesamt bereitete bereits im Jahr 2011 eine vorläufige eigene, sehr kritische Stellungnahme vor, der im Jahr 2012 ein extern vergebenes Gutachten folgte.[89] Dieses erregte Kritik seitens der Industrie und der geologischen Behörden.[90] Der Sachverständigenrat der Bundesregierung für Umweltfragen unterstützte das Gutachten jedoch und erteilte Fracking eine deutliche Absage, da die damit verbundenen Risiken in keinem vertretbaren Verhältnis zu dem zu erwartenden Beitrag zur Energieversorgung stünden.[91] Insbesondere verlange die Energiewende hin zu kohlenstofffreien Energieträgern eine andere Strategie als die Erschließung dieser Vorkommen. Dem folgte ein ergänzendes UBA-Gutachten, das 2014 veröffentlicht wurde.[92] Dieses war in den Schlussfolgerungen weicher und ließ die Interpretation zu, dass Fracking in Deutschland erlaubnisfähig sei. Der Widerstand der deutschen Bevölkerung sowie die zeitliche Nähe zu kommenden Wahlen bewirkten im Mai 2012 einen vorläufigen Verzicht der Unternehmen auf Frac-Vorhaben. Auf der Grundlage der inzwischen vorliegenden Gutachten wollte die Bundesregierung die zuständigen Gesetze neu regeln. Erst nach vielen Verzögerungen, die auch durch die Neuwahlen bedingt waren, stellte die Regierungsfraktion im Sommer 2014 den Entwurf eines Frackingregelungspaketes vor. Doch bevor die politische Diskussion nochmals aufgegriffen wird, sollen nachfolgend Zahlen und Fakten präsentiert und reflektiert werden.

Wie viel, wie tief, wie teuer?

Was Bohr- und Förderstatistiken sagen

Im Jahr 2014 wurden in Deutschland fast 50 000 Bohrmeter auf der Suche nach Gas und Öl abgeteuft – dies im Verhältnis zum Spitzenwert Ende der 1950er-Jahre, der bei 800 000 Metern lag. Dies zeigt, dass die Öl- und Gasförderung in Deutschland längst ihren Höhepunkt überschritten hat und es nur noch um die Erschließung der letzten Vorkommen geht. Industriell hat die Öl- und Gasförderung in Deutschland keine große Bedeutung mehr. Insgesamt wurden Kohlenwasserstoffbohrungen in Niedersachsen mehr als 320-mal gefrackt, wobei 141 Bohrungen betroffen waren; eine weitere Bohrung in einem Kohleflöz wurde in Nordrhein-Westfalen gefrackt.[93] Einige Fracs wurden bei geothermischen Bohrungen durchgeführt, wobei es sich meistens um Fracs mittels Wasser ohne Zusatzstoffe handelte. Hinzu kommen noch 27 durchgeführte Stimulationen von Erdölbohrungen in dichtem Gestein in Schleswig-Holstein. Bei 78 Fracs wurden auch die hierbei eingesetzten Wasser-, Stützmittel- und Chemikalienmengen veröffentlicht.[94] Die bisher einzige Bohrung im Schiefergasgestein mit Fracking war die des Jahres 2008 in Damme. Bohrungen im Tight-gas-Gestein mit Frac-Aktivitäten wurden vor allem in den Landkreisen Rotenburg/Wümme, Heidekreis, Verden und Vechta in den beiden Feldern Söhlingen und Rotenburg-Taaken durchgeführt. Abbildung 17 zeigt die Erdgasförderung in Deutschland. Der Beitrag der Felder bei Söhlingen, Rotenburg-Taaken, Goldenstedt-Visbek und Völkersen ist explizit dargestellt – diese Felder wurden unter Einsatz von Fracking erschlossen. Seit dem Jahr 2004 fällt die deutsche Förderung mit fast

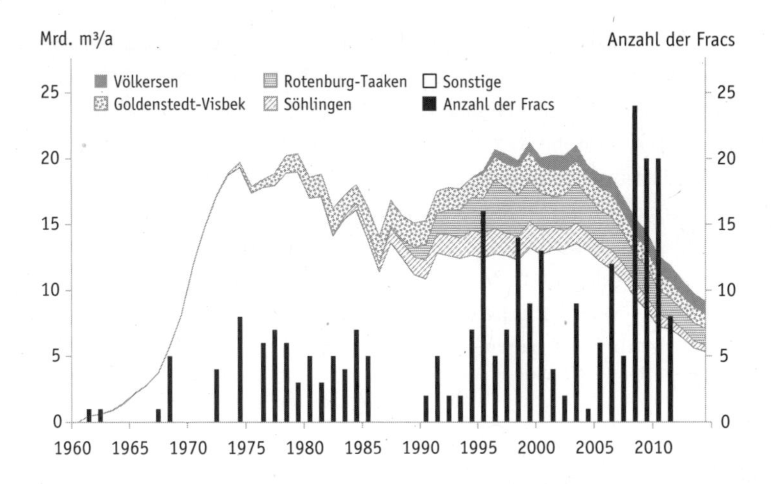

Abbildung 17: Erdgasförderung in Deutschland und Anzahl der in Deutschland durchgeführten Fracs (Quelle: eigene Zusammenstellung anhand veröffentlichter Daten des LBEG)

10 Prozent jährlich. In der Grafik ist mit schwarzen Balken ebenfalls eingetragen, wann und wie häufig gefrackt wurde. Dadurch wird deutlich, dass auch die Frackingaktivitäten im Tight-gas-Gestein einen merklichen Beitrag allenfalls über fünf bis zehn Jahre leisten konnten. Ab 2004 verstärkte sich jedoch der Förderrückgang. Inzwischen sind auch für etwa 80 Prozent der in Deutschland durchgeführten Fracs nähere Angaben über Zeit, Ort und eingesetzte Stoffmengen im Internet verfügbar.[95,96] Wie groß der Förderbeitrag der gefrackten Bohrungen in der deutschen Gasförderung ist, ist unsicher. Nach unterschiedlichen Veröffentlichungen liegt er zwischen 3 und 30 Prozent, wobei der Beitrag von Söhlingen und Rotenburg-Taaken allein auf 20 Prozent zu beziffern wäre.

Anhand der Grafik scheint es, als hätte die erste Welle von Bohrlochstimulierungen in den 1970er- und 1980er-Jahren keinen erkennbaren Einfluss auf die Gasförderung gezeigt, wohingegen die zweite Welle in den 1990er-Jahren nochmals für eine leichte Ausweitung sorgte. Auch wenn in Deutschland bereits seit Jahrzehnten gefrackt wird, so wird mit der Stimulation von Gas im Schiefergestein eine neue Dimension eröffnet. Aufgrund geringerer Durchlässigkeit des Gesteins muss mit höheren Drücken gearbeitet und im Mittel mehr Wasser je Frac eingepresst werden. Wie die Entwicklung in den USA zeigte, hat die hohe Anzahl an Bohrstellen zusammen mit dem Materialbedarf und dem dadurch erzeugten Schwerlastverkehr deutliche Auswirkungen auf Straßenbelastung, Landschaftsverbrauch und infrastrukturelle Erfordernisse. Die Erschließung eines Vorkommens in industriell relevantem Maßstab würde großflächige Umwandlungen von Natur- oder bäuerlicher Kulturlandschaft in Gebiete industrieller Prägung zur Folge haben.

Arbeitsmarkt und Steueraufkommen – die wirtschaftliche Bedeutung der »Fossilen«

Die Bundesländer erhalten eine Förderabgabe aus der Erschließung der Bodenschätze, die nach Bundesländern und Feldern unterschiedlich gestaffelt ist. Im Jahr 2014 betrug die Förderabgabe insgesamt 601 Millionen Euro, drei Viertel davon stammten aus der Erdgasförderung. Noch im Jahr 2008 waren die Einnahmen der Länder aus der Förderabgabe mit über 1,2 Milliarden Euro doppelt so hoch. Regional ist die Erdgasförderung fast ausschließlich (zu 95 Prozent) auf Niedersachsen und die Erdölförderung auf Schleswig-Holstein (55 Prozent), Niedersachsen (34 Prozent) und Rheinland-Pfalz (8 Prozent) konzentriert. In den anderen Bundesländern werden nur minimale Mengen gefördert.

Aus den geografisch unterschiedlichen Förderbeiträgen ergibt sich auch ein unterschiedlicher Stellenwert der Unternehmen in den einzelnen Bundesländern. Niedersachsen hatte bis 2014 mit einem Förderabgabesatz von 36 Prozent den höchsten, Bayern und Hamburg mit 5 Prozent den niedrigsten Abgabesatz. Mit dem Jahr 2015 wurde in Niedersachsen und Schleswig-Holstein die Höhe der Abgaben deutlich verändert: Während Schleswig-Holstein die Gebühren von 20 auf 40 Prozent verdoppelte, reduzierte Niedersachsen die Förderabgabe auf 30 Prozent. Darüber hinaus wird die Förderabgabe den technischen und geologischen Verhältnissen entsprechend differenziert: Mit einer Reduktion der Abgabe auf ein Viertel des vollen Satzes, also aktuell auf 7,5 Prozent, wird die Erschließung von Tight-gas-Vorkommen in Niedersachsen finanziell deutlich gegenüber der Erschließung konventioneller Gasfelder begünstigt. Bei diesem reduzierten Fördersatz rechnet sich die Förderung mittels Frackingmaßnahmen auch dann noch, wenn deren spezifische Kosten um fast 30 Prozent höher sind als bei einem Feld, das mit voller Förderabgabe belastet wird. Allein diese finanzielle Erleichterung der Erschließung mittels Frackings in Tight-gas-Formationen deutet schon auf die besonderen Schwierigkeiten hin. Vermutlich wäre deren Erschließung andernfalls finanziell unrentabel.

Einen weiteren Indikator für die gestiegenen Kosten bildet auch die Mitarbeiterzahl in den Firmen. Während die deutsche Ölförderung bis 2014 gegenüber 2004 um 30 Prozent und die Gasförderung um mehr als 50 Prozent zurückgegangen ist, nahm die Mitarbeiterzahl der im Wirtschaftsverband Erdöl- und Erdgasgewinnung vertretenen Unternehmen von 5 900 Mitarbeitern im Jahr 2004 auf über 10 000 im Jahr 2014 zu. Es gibt auch technische Gründe für die insgesamt gestiegenen Kosten. So muss heute zum Beispiel mehr Aufwand zur Entschwefelung des Gases betrieben werden: Fielen im Jahr 2004 im Durchschnitt etwa 50 Gramm Schwefel je Kubikmeter Erdgas an, so erhöhte sich dieser Anteil inzwischen um über 50 Prozent auf 77 Gramm pro Kubikmeter. Der Grund liegt darin, dass der Anteil an Sauergas (das reich an Schwefelwasserstoff ist) zugenommen hat.

Die direkte wirtschaftliche Bedeutung der deutschen Erdöl- und Erdgasförderung und der Einfluss auf den Arbeitsmarkt sind gering. Das zeigen unter anderem die oben genannten Mitarbeiterzahlen. Die finanzielle Bedeutung kann man auch aus dem Wert der Fördermengen abschätzen: Bei zirka 10 Milliarden Kubikmetern Jahresförderleistung und einem angenommenen Verkaufserlös von 23 Cent je Kubikmeter Erdgas – dies war im Jahr 2014 der durchschnittlich gezahlte Erdgasimportpreis – entspricht dies einem Umsatz aus der Förderung von 2,3 Milliarden Euro. Für Erdöl gilt, dass bei 2,44 Millionen Tonnen Jahresförderleistung und einem angenommenen Verkaufserlös von 555 Euro je Tonne – dies war der durchschnittliche

Erdölimportpreis im Jahr 2014 – dies einem Umsatz von 1,4 Milliarden Euro entspricht. In Summe lag im Jahr 2014 der Gesamtwert der heimischen Erdöl- und Erdgasförderung deutlich unter 4 Milliarden Euro.

Wie steht es um Reserven und Ressourcen?

Die konventionelle Erdgasförderung hat in Deutschland längst ihren Höhepunkt überschritten. Dies spiegelt sich auch in den Statistiken zu den Reserven. Abbildung 18 zeigt die Entwicklung der Erdgasreserven, wobei hier die sicheren und die wahrscheinlichen Reserven dargestellt sind. Wie im Grundlagenteil ausgeführt wurde, ergeben die sicheren und wahrscheinlichen Reserven eine Schätzung für die vermutlich insgesamt förderbaren Gasmengen. Der im letzten Abschnitt gezeigte Niedergang der Gasförderung spiegelt den starken Rückgang der Gasreserven.

Zunächst sorgte die Explorierung der Erdgasvorkommen in dichtem Gestein zwischen 1990 und 2000 nochmals für einen Anstieg der Reserven, der in einer Förderausweitung seine Parallele hatte. Doch zwischen 2002 und 2015 sind die ausgewiesenen Gasreserven um 80 Prozent beziehungsweise 290 Milliarden Kubikmeter gefallen. Da 180 Milliarden Kubikmeter in diesem Zeitraum gefördert wurden, gingen 110 Milliarden Kubikmeter durch Abwertungen der Reserven verloren. Das ist mehr, als der Beitrag der *wahrscheinlichen* Reserven im Jahr 2002 insgesamt war (die ja unsicherer als die sicheren Reserven sind). Somit waren im Jahr 2002 die wahrscheinlichen Reserven gegenüber der heutigen Erkenntnis um 100 Prozent überschätzt – selbst die *sicheren* Reserven zeigten sich bisher um 20 Milliarden Kubikmeter oder 10 Prozent weniger ergiebig, als 2002 angenommen wurde. Dieses Beispiel zeigt noch mal, wie unsicher auch Reserveangaben tatsächlich sind. Oft genug müssen die Zahlen nach anfänglicher Überschätzung wieder abgewertet werden.

Wesentlich größer noch als bei den Reserven ist die Unsicherheit bei Ressourcenabschätzungen. Im Jahr 2012 hat die Bundesanstalt für

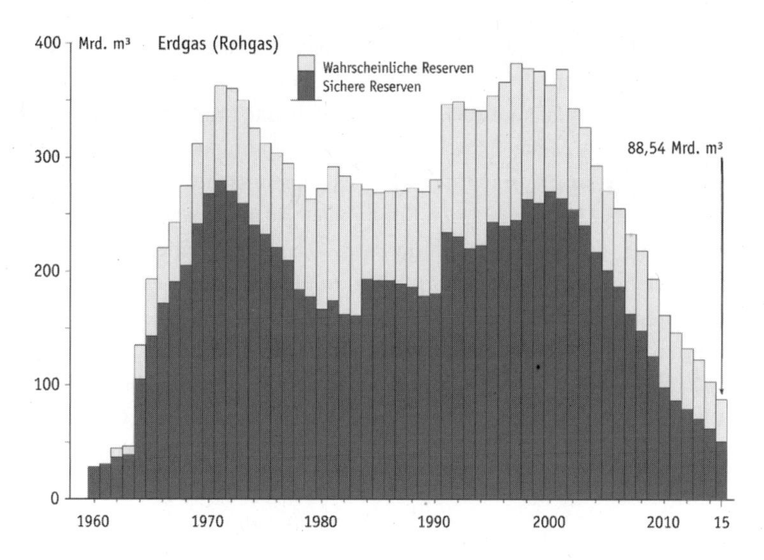

Abbildung 18: Entwicklung der Erdgasreserven in Deutschland (Quelle: LBEG[97])

Geowissenschaften und Rohstoffe (BGR) eine erste Abschätzung des möglichen Schiefergaspotenzials in Deutschland vorgestellt.[98] Ausgewiesene Schiefergasreserven gibt es heute noch nicht. Das ist darauf zurückzuführen, dass bisher noch kein Schiefergasvorkommen mit Bohrungen erschlossen und quantifiziert wurde. Wenn also die BGR-Ergebnisse in der Form zitiert werden, dass damit der Erdgasverbrauch für mindestens 20 Jahre rechnerisch abgedeckt werden kann, so stimmt das auch theoretisch nicht. Nur wenn diese Zahlen sich als richtig erweisen sollten, wenn all diese Vorkommen (ungeachtet etwaiger Einschränkungen) auch vollständig erschlossen und die einzelnen Bohrungen tatsächlich, wie in der Studie unterstellt, im Mittel 10 Prozent des im Gestein vermuteten Gases fördern würden – erst dann würde dieselbe Menge Erdgas bereitgestellt, die dem heutigen deutschen Gasverbrauch für 20 Jahre entspräche. Mit Sicherheit würde dieses Gas jedoch nicht in 20 Jahren, sondern wegen der erst aufzubauenden Förderinfrastruktur in sehr viel längeren Zeiträumen verfügbar werden – immer unterstellt, dass die Mengenangabe richtig wäre. Darauf wird im folgenden Text und im Förderszenario im Anhang (Seite 214) nochmals eingegangen.

Tatsächlich reicht die 2008 abgeteufte Bohrung Damme 3 noch nicht für eine seriöse Mengenabschätzung des Vorkommens. Die deutschen Schiefergasressourcen wurden auf Basis theoretischer Überlegungen auf 7000 bis 23000 Milliarden Kubikmeter *gas in place* geschätzt (eine Schätzung, die auch nicht förderbares Gas miteinschließt und deshalb den höchsten Wert ergibt). Wenn weiter angenommen wird, dass 10 Prozent dieser im Untergrund vermuteten Gasmenge auch gefördert werden können, ergibt sich daraus eine förderbare Menge zwischen 700 und 2300 Milliarden Kubikmetern, wobei der wahrscheinlichste Wert auf 1300 Milliarden Kubikmeter festgelegt wurde. Das Gros dieser Vorkommen wird in einer Tiefe von mehr als 3000 Metern vermutet.[99]

Diese Daten sind sehr »weich« und werden von der Behörde selbst als erste grobe Abschätzung zur Ermittlung der »Größenordnung des zu erwartenden Potenzials« bezeichnet.[100] *Wie* weich solche Angaben sind, mag man am Beispiel des Antrim Shale in den USA erkennen: Dort wurden in den letzten 30 Jahren nur etwa 2,5 Prozent des im Untergrund vermuteten beziehungsweise 9 Prozent des als technisch gewinnbar eingestuften Gases auch tatsächlich gefördert. Diese Unsicherheit verspricht wenig Rückhalt für eine Rhetorik, die Hoffnungen auf zwanzig Jahre Vollversorgung mit heimischem Gas nährt. Im Januar 2016 wurde in einer Aktualisierung der Studie das förderbare Potenzial in Tiefen von mehr als 1000 Meter auf 320 bis 2030 Milliarden Kubikmeter bestimmt, wobei 800 Milliarden am wahrscheinlichsten ist. Dies entspricht einer Abwertung um fast 40 Prozent.[101]

Eine Abschätzung der Möglichkeiten

Wie viel Gas ist nun aber künftig realistischerweise förderbar? Kann die einheimische Förderung unsere Abhängigkeit von Russland spürbar reduzieren? Wird sie einen Einfluss auf die Preise haben? Was bedeutet die Ressourcenabschätzung der BGR, wonach die deutsche

Erdgasversorgung der kommenden 20 Jahre fast vollständig mit heimischer Förderung bereitgestellt werden könne?

Wichtig bei derartigen Abschätzungen ist es, sich zu vergegenwärtigen, dass jede Ressourcen- oder Reserveangabe bestenfalls das *mögliche Potenzial* vorgibt. Die *tatsächliche Fördermenge* wird durch den technischen und finanziellen Aufwand zur Erschließung der Vorkommen eingeschränkt. Nur dort, wo auch gebohrt wird, kann Gas entnommen werden. Und diese Aktivitäten sind wiederum von den eingesetzten Finanzmitteln, von der Verfügbarkeit von technischen Anlagen und ausgebildetem Personal abhängig. All diese Faktoren limitieren den maximalen Rahmen der Förderausweitung – genauso wie die geologische Situation, also die Lage und Größe geeigneter Lagerstätten.

Somit sind Förderszenarien sehr stark von den Annahmen über die wesentlichen Parameter abhängig. Unterstellen wir für den Moment, dass die geschätzten 1300 Milliarden Kubikmeter tatsächlich vorhanden sind und mit vorhandener Technik gewonnen werden könnten – was würde dies für die Förderung bedeuten?

- Wenn im Mittel zwischen 50 und 100 Millionen Kubikmeter Gas pro Fördersonde gewonnen werden können (laut Angabe der Firma ExxonMobil im InfoDialog Fracking), wären zwischen 13 000 und 26 000 Bohrungen notwendig, um die hypothetischen 1300 Milliarden Kubikmeter zu erschließen.
- Wenn das Gas in einer Tiefe von 3 000 Metern liegt und dort im Mittel mit 2 000 Metern horizontaler Bohrung erschlossen werden kann, sind je Bohrung zirka 5 000 Bohrmeter notwendig.
- Setzt man jede Bohrung mit 5 000 Bohrmetern an, müssen für die Erschließung des Gases 65 bis 130 Millionen Bohrmeter abgeteuft werden.
- Wird in den kommenden Jahren die Bohraktivität in Deutschland mit zirka 50 000 Metern pro Jahr beibehalten, wären etwa 1500 bis 3 000 Jahre notwendig, um das Gas vollständig zu erschließen.
- Der jährliche Beitrag zur Förderung betrüge dann etwa 300 bis 870 Millionen Kubikmeter, was weniger als einem Prozent des jährlichen Gasverbrauchs entspräche.

Nun kann man einwenden, dass die Bohraktivität jederzeit wieder auf das Niveau wie vor 60 Jahren gesteigert werden könne – im Jahr der maximalen Bohraktivität in Deutschland, 1958, wurden schließlich fast 800 000 Bohrmeter abgeteuft. Aber selbst unter dieser extremen Annahme würde es immer noch mindestens 100 Jahre dauern, um dieses Gas zu fördern.

Eine derartige Renaissance ist freilich nicht zu erwarten. Denn erstens ist Deutschland heute wesentlich dichter besiedelt als im Jahr 1958 – die Nutzungskonkurrenz um die Landfläche ist wesentlich größer. Zweitens würde die Verkehrsdichte auf den Straßen durch solche Aktivitäten in einem Maße gesteigert, dass dies an vielen Stellen zu untragbaren Verhältnissen führen würde. Drittens wurden hier nur die notwendigen Bohrmeter zur Errichtung von Förderbohrungen berücksichtigt. Tatsächlich aber sind im Verlauf der Erschließung viele Explorationsbohrungen notwendig, die nicht in Förderbohrungen überführt werden können. Viertens würde die ausreichende Verfügbarkeit sowohl von Bohranlagen als auch von ausgebildetem Bohrpersonal einen längeren zeitlichen Vorlauf benötigen. Während dieser Zeit wären die Bohrungen deutlich überteuert, da Ausrüstung und Personal knapp wären. Schon heute besteht in Deutschland ein Engpass an Bohrkapazitäten, die sich die Kohlenwasserstoffindustrie und die Geothermie teilen müssen. Eine Steigerung um mehr als den Faktor 2 bis 3 innerhalb von zehn oder fünfzehn Jahren erscheint daher kaum vorstellbar – und selbst das würde nicht ausreichen, um einen nennenswerten Beitrag zur deutschen Gasversorgung zu erwirtschaften.

Umweltauswirkungen der Gasförderung

Was Bohr- und Förderstatistiken sagen

Im Kapitel über die USA wurden viele Umweltaspekte bereits besprochen. Es wurde auch gezeigt, dass sich dort bereits viele Störfälle ereignet haben, bei denen Kohlenwasserstoffe und Chemikalien in die Umwelt freigesetzt wurden. In den USA veröffentlichen die Behörden zumindest in einigen Bundesstaaten (zum Beispiel Norddakota und Pennsylvania) umfangreiche Statistiken über Störfälle und/oder Verstöße gegen bestehende Regularien. Wie oben dargestellt wurde, sind im Register von Norddakota seit dem Jahr 2000 mehr als 10 000 Störfälle identifiziert.

Auch in Deutschland werden Unfälle und Störfälle gemeldet und veröffentlicht.[102] Eine wesentliche Quelle für Informationen bilden die Pressemitteilungen des Landesamtes für Bergbau, Energie und Geologie (LBEG). Doch werden die Meldungen hier weder systematisch gegliedert und tabellarisch gesammelt, noch gibt es eine Auswertung über Art und Häufung von typischen Vorkommnissen. Doch nur eine solche Auswertung von Störfallstatistiken kann helfen, systematische Probleme zu identifizieren und Regularien für ihre Lösung zu erarbeiten. Hier herrscht ein großes Defizit in Deutschland. So wurden beispielsweise bis heute die mehr als 300 bekannten Fracs nicht systematisch erfasst. Es gibt weder eine vollständige Sammlung der eingesetzten Chemikalien noch systematische Untersuchungen im Umfeld dieser Bohrungen über Kontaminationen, Störfälle oder eine mögliche Häufung von Gesundheitsproblemen.

Zusätzliche Informationsquellen bilden Presseberichte. Auch manche Bürgerinitiativen haben begonnen, Störfälle in ihrer Umgebung zu dokumentieren. Das sind wichtige Voraussetzungen für eine Aufarbeitung. Nur wenn solche Vorkommnisse systematisch gesammelt werden, können sie für quantitative Analysen genutzt werden. Ansonsten bleibt der Diskurs auf dem Niveau »Wo kein Ankläger, da kein Richter«. Wo keine Dokumentation, da gibt es auch keinen Nachweis für einen Störfall.

An den Pressemitteilungen des LBEG fällt auf, dass von der Behörde in früheren Jahren nur extrem selten Störfälle berichtet wurden. So beginnt die Berichterstattung erst mit dem Jahr 2003. Bis zum Jahr 2010 wurden insgesamt nur vier Vorkommnisse gemeldet. Drei davon waren Erdbeben der Stärke 2,3 (2002 in Weyhe/Bremen), 4,5 (2004 in Rotenburg/Verden) und 3,8 (2005 in Syke). Darüber hinaus wurde im Jahr 2008 die Leckage einer Lagerstättenwasserleitung in Visselhövede (Landkreis Rotenburg) gemeldet. Zwischen 2011 und September 2015 wurden bisher fast 80 Störfälle – im Jahresmittel etwa 20 Störfälle – gemeldet. Der Verdacht liegt nahe, dass erst durch die zunehmende Sensibilisierung der Bevölkerung die Berichtspraxis intensiviert wurde. Von insgesamt 80 berichteten Störfällen sind mehr als die Hälfte (47) Leckagen von Öl-, vor allem aber von Lagerstättenwasserleitungen. Vierzehn Meldungen berichten über seismische Aktivität zwischen 1,9 bis 3,1 auf der Richter-Skala. Acht Verunreinigungen von Grundwasser und Boden werden berichtet, sechs Unfälle durch Unachtsamkeiten oder technisches Versagen – in einem aktuellen Fall Anfang September 2015 sind ein Todesopfer und drei verletzte Arbeiter zu beklagen –, drei Feuermeldungen sowie je eine Verunreinigung mit BTEX-Chemikalien oder Kontamination mit radioaktiven Stoffen. Im Mittel wurde in Niedersachsen auf je 400 Tonnen Fördermenge (Öl und Gas) ein Störfall gemeldet. Dies ist etwa um den Faktor 2 bis 3 geringer als in Norddakota, liegt aber in derselben Größenordnung. Relevant sind Ausmaß und Häufigkeit von Störfällen. Trotzdem bleibt das Bild oft unvollständig: In der Regel wird ein Ereignis qualitativ beschrieben, und es wird, wenn möglich, eine Abschätzung der ausgetretenen Öl- oder Wassermenge angegeben. Was bei den Störfallmeldungen jedoch unberücksichtigt bleibt, sind Quantifizierungen von Immissionsbelastungen sowohl durch Leitungsleckagen als auch durch Abblasen, Abbrennen oder Verdunstung von Gasen und Flüssigkeiten. Ebenso wird zwar die Stärke von Erdbeben angegeben, aber eine Quantifizierung der Schäden findet nicht statt. Für derartige Quantifizierungen wäre ein umfassendes Monitoring von Luft, Wasser und Boden im Umfeld der Anlagen notwendig, wie es heute in Deutschland nur unzureichend durchgeführt wird. Das LBEG (Landesamt für Bergbau, Energie und Geologie) hat ansatzweise damit begonnen, im Umfeld von Bohrplätzen Bodenproben zu entnehmen, nachdem einige Schadensmeldungen bekannt wurden.

Bericht aus der Provinz: Gasland Rotenburg

Der zwischen Bremen und Hamburg gelegene Landkreis Rotenburg an der Wümme gehört neben Nienburg und Verden in Deutschland zu den am dichtesten mit Erdgasbohrungen versehenen Gegenden. Die Fläche des Kreises beträgt 2 070 Quadratkilometer, dies entspricht einer Einwohnerdichte von 78 Einwohnern je Quadratkilometer. Die zwei Feldkomplexe »Rotenburg-Taaken« sowie »Söhlingen« trugen im Jahr 2014 mit 1,73 Milliarden Kubikmeter aus 48 Bohrungen fast 20 Prozent zur deutschen Erdgasförderung bei. In beiden Feldern wird per Fracking sogenanntes *tight gas* oder Gas aus dichtem Gestein gefördert. Bisher wurden im Landkreis fast 70 Fracs durchgeführt. Im Mittel findet sich alle 43 Quadratkilometer eine Bohrung, damit beträgt der mittlere Abstand der Bohrplätze zirka 6 bis 7 Kilometer. Tatsächlich liegen im Bereich der Gasfelder die einzelnen Bohrplätze allerdings nur 2 oder 3 Kilometer voneinander entfernt. Darüber hinaus gibt es noch sechs Versenkbohrungen, in denen Reinigungs- und Lagerstättenwasser, Frac-Flüssigkeiten und Rückstände bis in eine Tiefe von 750 bis 1 800 Metern im sogenannten Kalkarenit verpresst werden. In Summe wurden im Landkreis mittlerweile fast 4 Millionen Kubikmeter Lagerstättenwasser versenkt. Um die Größenordnung darzustellen: Diese Menge entspricht in etwa der Jahresabwassererzeugung von 60 000 Haushalten des Landkreises

Rotenburg. Solche Haushaltsabwässer können nach einer Aufbereitung wieder mit dem Oberflächenwasser vermischt werden, das versenkte Lagerstättenwasser enthält jedoch teilweise auch Rückstände von Frac-Fluiden, Quecksilber oder andere Schadstoffe. Es wird per Leitung und Tankwagen von den umliegenden Bohrungen eingesammelt und ungereinigt verpresst.

Auf dem Nachbargrundstück des Landwirtes Andreas Rathjens in Großmeckelsen wurde bereits 1971 die erste Bohrung im Landkreis Völkensen Nord Z1 abgeteuft. Im Jahr 1971 wurde auch die ganze Gemarkung zum Wasserschutzgebiet erklärt. Rathjens verweist darauf, dass dessen ungeachtet in unmittelbarer Nähe zur Bohrung eine Sandgrube für die Ablagerung des anfallenden Bohrschlamms ausgehoben wurde – innerhalb des Wasserschutzgebietes, ohne Bodenplatte und durch keine schützende Folie gegen das Grundwasser abgedichtet. »Wenn ich für die Tierexkremente eine Güllegrube anlege, dann muss ich eine für die Wasserbehörde jederzeit zugängliche Leckerkennungsdrainage mit Vollschacht, eine Schutzfolie und ein Fundament anlegen«, erklärt er. Doch für Abfälle aus der Erdgasindustrie scheint das nicht zu gelten.

Hans-Joachim Euhus hat seit 35 Jahren direkte Erfahrungen mit der Gaswirtschaft. Die Versenkbohrung Wittdorf Z1 wurde auf seinem Grundstück abgeteuft. Zunächst war das eine Förderbohrung, doch die Gasausbeute war zu gering – so wurde der Platz zur Versenkbohrung umgewidmet.

Beide gehören zu den großen Kritikern der heimischen Gasförderung. Schon mit der Vertragsunterzeichnung begannen die Probleme – er habe keine andere Wahl, ansonsten werde er enteignet werden, zitiert Euhus seine damaligen Gesprächspartner. Seit dieser Zeit hat es immer wieder Störfälle gegeben. Viele davon seien kaum bekannt geworden. Oft genug habe er in der Nähe der Anlage gestanden, wenn wieder ein Tankwagen mit Lagerstättenwasser angeliefert wurde. Einmal brannten die Aktivkohlefilter, die dort konzentrierten Schadstoffe wurden in die Luft freigesetzt. Oft lag ein unangenehmer Geruch in der Luft. Nach einem amtlich bekannt gewordenen Störfall wurde eine Bodenanalyse durchführt. An zwei Stellen wurde eine erhöhte Quecksilberkonzentration gemessen.

Rathjens erzählt über das Erdbeben im Oktober 2004. Es hatte eine Stärke von 4,5 auf der Richter-Skala. In den nachfolgenden Jahren seien Risse quer durch seine Stallungen aufgetreten, doch da damals noch kein Zusammenhang zwischen Bohraktivitäten und Erdbeben anerkannt war, habe er auch keine Entschädigung erhalten. Einigen Kollegen in Holland (deren Höfe im Einzugsgebiet des Gasfeldes bei Groningen liegen) habe man Ställe schon abgerissen, wenn die Güllekanäle Risse zeigten. Dort sind die Beben inzwischen als akutes Risiko von den Behörden anerkannt, die Landwirte erhalten Entschädigungen. Rathjens hat es sich zur Aufgabe gemacht, die Bohraktivitäten im Landkreis zeitnah zu beobachten. Inzwischen kennt er jeden Bohrplatz, führt Gäste aus der Umweltbewegung, aber auch aus Parteien und Ministerien zu den Plätzen, weist auf Schlampereien und veraltete Konstruktionen hin, die eine Freisetzung von kontaminiertem Wasser in die Umgebung ermöglichen.

»Es sind nicht nur die großen Ereignisse. Die Summe der ständigen kleinen Störfälle wie das Überlaufen der Abwassersammelbecken ins Grundwasser oder Luftverunreinigungen aus den Gasreinigungsanlagen – oder eben auch mal der Abbrand von Kohlefiltern – sind es, die uns das Leben schwer machen. Es ist zeitraubend, dies alles zu dokumentieren und öffentlich zu machen. Auch schafft man sich damit nicht nur Freunde. In Rotenburg werde ich oft kritisch angesprochen. Das hat sich allerdings etwas geändert, seit neben der Nachbargemeinde Bothel jetzt auch in Rotenburg Auffälligkeiten in der Krebsstatistik amtlich festgestellt wurden.« Sagt Rathjens. Aber Bevölkerung und Behörden im Landkreis sind durchaus gespalten. Den Einnahmen der Gemeindekassen aus der Förderabgabe, die zum Teil den Kommunen zugutekommt, stehen die Beschwerden der in der Umgebung von Bohrungen ansässigen Bevölkerung gegenüber.

Was bisher geschah: konkrete Vorkommnisse

Die in diesem Abschnitt aufgeführten Ereignisse sind nicht notwendigerweise auf Frackingaktivitäten zurückzuführen. Sie zeigen jedoch, dass bereits heute teilweise gravierende Probleme bei der Erdgasförderung auftreten. Den Anwohnern im Umfeld von Bohranlagen sind derartige Vorkommnisse sehr wohl bekannt, überregional wird darüber jedoch kaum berichtet. Auch wird deutlich, dass nicht jedes Ereignis notwendigerweise an die Spezifika des Frackings gebunden ist, auch wenn in den betroffenen Regionen in Niedersachsen die meisten gefrackten Bohrungen vorhanden sind. Man kann sich jedoch vorstellen, wie sich die Situation entwickeln wird, wenn künftig auch im Schiefergestein und mit im Vergleich zu heute erhöhter Aktivität neue Bohrungen abgeteuft und gefrackt werden.

Abfallentsorgung – Bohrschlammgruben und Versenkbohrungen

Eine wesentliche Ursache für Austritte und Kontaminationen sind der Transport sowie die Umfüllung, Versenkung oder Lagerung von Abfällen aus der Bohrung. Ein Teil dieser Abfälle fällt direkt während der Bohrphase an. Das sogenannte Bohrklein wird mit der Bohrspülung aus der Bohrung nach oben gespült und muss als Bohrschlamm entsorgt werden. Bis zur Novellierung des Bergrechtes im Jahr 1980 gab es keine Regelungen zum Umgang mit Bohrschlamm. Normalerweise wurde er in direkt neben der Bohrung gegrabenen Gruben deponiert. Erst in den 1980er-Jahren wurde der Schlamm gesammelt und in eigens angelegten Bohrschlammgruben gelagert. Diese waren vorübergehende Einrichtungen, die in der Regel bis zum Ende des Betriebes wieder zurückgebaut werden sollten. Viele dieser Gruben sind noch als Altlasten vorhanden. Heute dürfen Bohrschlämme nicht mehr deponiert werden, sondern müssen außerhalb der Bergbaubetriebe nach dem Kreislaufwirtschaftsrecht entsorgt werden. Größere Bohrschlammgruben können dabei mehrere Hektar umfassen. Die genaue Anzahl dieser Deponien ist nicht bekannt. Das LBEG geht allein in Niedersachsen von ungefähr 500 Bohrschlammgruben aus. Heute kommen keine neuen mehr dazu. Die letzte aktive Schlammgrube Rühlermoor wurde zum 31. März 2015 außer Betrieb genommen.[103]

Erst im Jahr 2014 wurde von den Behörden eine Arbeitsgruppe eingerichtet, die sich mit der Erfassung der Bohrschlammgruben befasst. Die Überprüfung, gegebenenfalls Entsorgung und spätere Rekultivierung der Schlammgruben ist noch lange nicht abgeschlossen. Von den geschätzten 500 Bohrschlammgruben stehen etwa 40 unter behördlicher Aufsicht, von 100 Schlammgruben wurde zumindest die Lage erfasst.[104] Mengenmäßig relevanter ist die Entsorgung von Lagerstättenwasser und Frac-Fluiden, die während der frühen Förderphase nach oben gespült werden. Während Lagerstättenwasser teilweise über den gesamten Förderzeitraum anfällt, werden während der Entspannungsphase nach dem Frac-Vorgang vorwiegend Frac-Fluide gefördert. Deren Anteil am Lagerstättenwasser nimmt dann mit der Zeit deutlich ab.

An der Bohrung Damme 3 wurde die Zusammensetzung und Menge des rückgespülten Wassers ausführlich untersucht. So wurden innerhalb von 55 Tagen nach dem Frac-Vorgang etwa 25 Prozent der eingepressten Flüssigkeitsmenge wieder zurückgespült. Das Flow-Back-Wasser bestand zu etwa 70 Prozent aus Lagerstättenwasser und zu 30 Prozent aus dem eingepressten Frac-Fluid – Wasser und chemische Additive. Demnach verblieben über 90 Prozent der eingepressten Frac-Lösung im Untergrund.

Das zurückgespülte Wasser enthält aber nicht nur die Chemikalien, die während des Frac-Vorganges eingesetzt wurden, sondern auch Salze, Schwermetalle und teilweise auch radioaktive Substanzen, die aus der Lagerstätte selbst stammen. Beispielsweise lag in Damme 3 die Chloridkonzentration zwischen 40 000 und 88 000 Milligramm je Liter Flow-Back-Wasser. Eine (vom Grundeigentümer veranlasste) Analyse von Lagerstättenwasser, das im März 2013 in der Versenkbohrung Wittdorf Z1 verpresst werden sollte, ergab sogenannte BTEX-Chemikalien in einer Konzentration von 263 Milligramm pro Liter. Zur Erinnerung: BTEX ist die Abkürzung für die aromatischen Kohlenwasserstoffe Benzol, Toluol, Ethylbenzol und Xylol. Das sind leicht flüchtige

Chemikalien, wie sie in den USA oft in Frac-Flüssigkeiten vorkommen und teilweise auch in Deutschland verwendet wurden. Zusätzlich wird als Gleitmittel oft auch Butylglycol (2-Butoxyethanol; 2-BE) eingesetzt. Dies ist ein Lösungsmittel, wie es auch in Druckfarben und Lacken verwendet wird. Seine Toxizität wird als relativ gering eingestuft. Allerdings verwies die Endokrinologin Theodora Colborn insbesondere darauf, dass Tierversuche an Ratten nach intensiver Exposition mit 2-BE starke Hinweise auf eine Häufung von bösartigen Tumoren endokriner Organe lieferten. Ihre Aussage wurde im USA-Kapitel bereits zitiert.[105]

In Niedersachsen fallen jährlich etwa elf Millionen Kubikmeter Lagerstättenwasser aus der Kohlenwasserstoffförderung an, die irgendwie entsorgt werden müssen. Die gängige Methode ist es, dieses Wasser in Versenkbohrungen zu verpressen. Viele dieser Bohrungen erreichen in einer Tiefe von zirka 1000 Metern den sogenannten Kalkarenit, eine poröse Kalkstruktur, die in ihren Poren große Mengen Wasser aufnehmen kann. War man früher der Meinung, dass die Aufnahmekapazität dieser Strukturen fast unbegrenzt sei, so sind die Bergbehörden inzwischen vorsichtiger mit ihren Aussagen geworden. So sagte der damals zuständige Sprecher des Bergamtes Meppen, Bernd Söntgerath, auf einer Anhörung im Juni 2013, dass ein gewisses Risiko nicht ausgeschlossen werden könne, dass – durch seismische Aktivitäten ausgelöst – im Kalkarenit verpresstes Wasser in Grundwasserleiter gelangen könne. »Ob sich Wegsamkeiten öffnen, wissen wir nicht. Wir sind gerade dabei, die Vorgänge zu verstehen, die mit Erdgasförderung und dadurch ausgelösten Erdbeben zu tun haben«, wurde er in der Presse zitiert.[106]

Undichte Lagerstättenwasserleitungen – Benzol und Quecksilber

Zu den häufigsten Vorkommnissen gehören Leckagen aus Leitungen – direkt oder nachträglich über die eingetretene Verunreinigung erkannt. Hierbei sind insbesondere Vorkommnisse erwähnenswert, bei denen Rohöl oder sogenanntes Nassöl – Lagerstättenwasser mit zirka zehn Prozent Ölanteil – austritt. In letzter Zeit häufte sich nach solchen Vorkommnissen der Nachweis von Benzol oder Quecksilber im Boden. Benzol ist ein Kohlenwasserstoffderivat, Quecksilber ist in Deutschland oft Bestandteil des während der Förderung hochdrückenden Lagerstättenwassers und stammt aus der Lagerstätte selbst.

Ein neues Problem ergab sich mit der im Jahr 2011 entdeckten, vermutlich schon über viele Jahre andauernden Diffusion von Benzol aus im Boden verlegten Leitungen für Lagerstättenwasser. Im Jahr 2011 wurden zunächst im Erdgasfeld Söhlingen und später auch im Feld Völkersen im Umfeld von solchen Leitungen Bodenverunreinigungen mit Benzol bekannt. Beide Felder werden von unterschiedlichen Firmen erschlossen. Die Behörde ordnete eine Untersuchung weiterer Leitungen an. Es stellte sich heraus, dass dies keine Einzelfälle waren: Auch in anderen Feldern wurden Benzolverunreinigungen von Grundwasser und Boden nachgewiesen, so in den Erdölfeldern Nienhagen, in der Gemeinde Steyerfeld und anderen. Eine Bodenuntersuchung ergab dort einen BTEX-Gehalt von bis zu 20 900 Mikrogramm je Kilogramm Erdreich und einen Benzolgehalt von 9 000 Mikrogramm je Kilogramm.[107] Die Messungen im Gebiet Völkersen hatten im Grundwasser einen Benzolgehalt von 39 000 Mikrogramm/Liter[108] ergeben. Beide Male war damit der zulässige Grenzwert mehrtausendfach überschritten worden. Es stellte sich heraus, dass die von den Behörden genehmigten Kunststoffleitungen für Benzol durchlässig waren, es diffundierte durch die Leitungswände.[109] Diese Materialeigenschaften waren Experten eigentlich seit 1968 bekannt. Im Sommer 2012 wurde die Untersuchung abgeschlossen. Insgesamt wurden 23 Rohrleitungen mit einer Gesamtlänge von 44 Kilometern ausgetauscht, da sie für den Transport des benzolhaltigen Lagerstättenwassers ungeeignet waren.[110]

Exemplarisch für die Kommunikation zwischen betroffenen Anwohnern und Behörden sowie Bergämtern – und den Umgang miteinander – sollen die im Folgenden skizzierten Ereignisse stehen. Anwohner und Spaziergänger beobachten Anfang April 2014 Schadstoffaustritte beim Abfackeln an dem Bohrplatz Söhlingen Ost Z1 und schalten die Staatsanwaltschaft ein. Diese lässt von der zuständigen Bergbehörde Bodenproben nehmen, die von einem Labor untersucht werden – sie zeigen keine Auffälligkeiten.[111] Auch das verantwortliche Unternehmen betont, dass für die Anwohner keine Gefahr bestanden habe. Fast zeitgleich nehmen Vertreter des Naturschutzbundes Deutschland (NABU) im Umfeld mehrerer Bohrplätze, darunter auch der von den Abfackelarbeiten betroffene, Bodenproben und lassen diese von einem externen Labor untersuchen. Das Ergebnis zeigt um den Faktor 40 bis 60 erhöhte Quecksilberbelastungen im Umfeld von zwei Bohrplätzen. Die Veröffentlichung dieser Ergebnisse sorgt für eine heftige Diskussion in der Region. Die lokale Politik äußert sich positiv über das Vorgehen des NABU und die unabhängigen Messungen.

Anfang Juni wird deutlich, dass die Bergbaubehörde seit Jahren Kenntnis von erhöhten Quecksilberbelastungen im Umfeld von Erdgasbohrplätzen im Landkreis Rotenburg hat. Der Landkreis hingegen war laut Presseberichten zu keinem Zeitpunkt informiert worden.[112] Mitte Juni nimmt die Behörde dann eigene Bodenproben, nachdem man von ExxonMobil über erhöhte Quecksilberwerte im Umfeld der Bohrung Söhlingen Ost Z1 unterrichtet worden sei. Noch zwei Wochen früher hat ExxonMobil erhöhte Werte bestritten, die jetzt eingeräumt werden.[113] Im Sommer 2014 stellt die Landesbergbehörde an weiteren Bohrplätzen erhöhte Quecksilberwerte fest, so auch im Umfeld von Bohrplätzen im Erdgasfeld bei Völkersen.[114] Im Juli 2015 beauftragt die Bergbehörde Luftimmissionsmessungen in Söhlingen. Ende Juli startet die Behörde dann eine fast zwei Millionen Euro teure Messkampagne, während der an zunächst 200 der insgesamt 450 Bohrplätze in Niedersachsen systematisch der Boden auf Schadstoffe hin untersucht werden soll.[115] Auch im Umfeld von acht Versenkbohrungen soll gemessen werden.

Häufung von Krebsneuerkrankungen in Gemeinden des Landkreises Rotenburg

Dass die Behörde nach anfänglichem Zögern dann doch eine systematische Untersuchung der Umgebung von Bohrplätzen in ganz Niedersachsen beauftragte und die ersten Bodenproben in der Gemeinde Bothel, die von Bohrungen umgeben ist, genommen wurden, hat noch eine weitere Vorgeschichte:[116] Auf Verdachtsmomente aus den oben geschilderten Vorfällen gestützt, veranlasste der Landkreis Rotenburg am 13. Juni 2014 mit einer Anfrage beim Epidemiologischen Krebsregister Niedersachsen eine Sonderuntersuchung zur Krebshäufung in der Gemeinde Bothel. Im September 2014 wurden die Ergebnisse der Untersuchung bekannt: Im Vergleich zu den Neuerkrankungen im gesamten Regierungsbezirk Lüneburg liegt die Anzahl der Krebsneuerkrankungen in der Gemeinde Bothel im Beobachtungszeitraum 2003 bis 2012 bei den Männern bei 302 beobachteten Erkrankungen gegenüber 267 erwarteten Erkrankungen, bei den Frauen werden 231 Neuerkrankungen gegenüber 226 erwarteten Erkrankungen gezählt. Die Werte liegen bei Männern um 13 Prozent über dem altersspezifisch angepassten Durchschnittswert der Neuerkrankungen im Regierungsbezirk.

Die Aufschlüsselung in 15 Diagnosegruppen zeigt 41 tatsächliche gegenüber 21,3 erwarteten Neuerkrankungsfällen bei Leukämien und Lymphomen bei Männern. Aufgrund der geringen absoluten Fallzahlen ist eine ebenfalls beobachtete Verdoppelung der Neuerkrankungen endokriner Drüsen statistisch nicht signifikant – sie wäre im Rahmen der statistischen Schwankungen noch erklärbar. Die Neuerkrankungsfälle von Leukämien und Lymphomen bei Männern sind jedoch signifikant höher als in der Kontrollgruppe.[117] Damit wurde behördlich eine signifikante Erhöhung der Neuerkrankungsrate bestätigt. Allerdings ist damit keine Aussage über die möglichen Gründe verbunden. Diese muss über ergänzende Analysen ermittelt werden, wie sie von einer ministeriellen Arbeitsgruppe begonnen wurden.

Aufgerüttelt durch diese Untersuchungsergebnisse, reichte der Landkreis Rotenburg gemeinsam mit seinen Nachbarkreisen Velden und Heidekreis eine ergänzende Anfrage über die Häufung von Neuerkrankungen in Nachbargemeinden zu Bothel ein. Diese Untersuchung war ausschließlich auf neue Fälle von Leukämien und Lymphomen begrenzt. So zeigten sich auch in der Stadt Rotenburg statistisch signifikant, nämlich um zirka 30 Prozent, erhöhte Fallzahlen gegenüber der Kontrollgruppe.[118]

Stimulation von Erdbeben – auch in Deutschland?

Es ist lange bekannt und bestätigt, dass Kohlenwasserstoffbohrungen seismische Aktivitäten auslösen können. Insbesondere scheint die mit der Versenkung von Flüssigkeiten einhergehende lokale Druckerhöhung hier ein Auslöser für kleinere, manchmal jedoch auch für größere Erdbeben zu sein. In Norddeutschland hat die Landesbergbehörde die meisten der bisher identifizierten Erdbeben mit hoher Wahrscheinlichkeit den Aktivitäten der Erdgasindustrie zugeordnet. So ereignete sich die Mehrzahl der erfassten Beben in Förderregionen; in einigen Fällen konnte man das Epizentrum eindeutig einem konkreten Bohrplatz oder zumindest einem Ort innerhalb des gerade erschlossenen Gasfeldes zuordnen. Der folgende Auszug aus einer Pressemitteilung der Bergbehörde belegt diesen Zusammenhang:

> »Bei Syke (Landkreis Diepholz) ereignete sich am 1. Mai 2014 um 10.30 Uhr Ortszeit ein leichtes Erdbeben mit einer Lokalmagnitude von 3,1 (ML). Der Niedersächsische Erdbebendienst (NED) im Landesamt für Bergbau, Energie und Geologie (LBEG) registrierte das Erdbeben. Das Epizentrum (Ort des Erdbebens) liegt zwischen den Ortschaften Syke und Bassum. Es befindet sich im Bereich des Erdgasfeldes Klosterseelte-Kirchseelte-Ortholz bei Harpstedt. In dieser Region ereignete sich bereits am 15. Juli 2005 ein Erdbeben mit einer Lokalmagnitude von 3,8 (ML) sowie zwei Wochen später am 30. Juli 2005 ein Erdbeben mit einer Lokalmagnitude von 2,2 (ML). Ein Zusammenhang zwischen den seismischen Ereignissen und der Erdgasförderung wird vom NED im LBEG daher als wahrscheinlich eingestuft.«[119]

Bei den zehn seit Anfang des Jahres 2012 von der Bergbehörde registrierten Erdbeben lag die mittlere Stärke bei 2,4, wobei einige Beben eine Stärke bis 3,1 erreichten. Diese Erdbebenhäufung in Förderregionen (sogenannte induzierte Seismizität) wird über die Statistiken bestätigt und im Gutachten 2014 für das Bundesumweltministerium genannt, wenn auch dort die typische Stärke dieser Beben so gering eingestuft wird, dass keine Schäden hieraus zu erwarten seien.[120]

Radioaktivität

Als Nebenprodukt der Erdgasförderung fällt auch radioaktiver Abfall an. Da Uran in vielen Gesteinsformationen natürlich vorkommt, ist es nicht verwunderlich, dass seine Zerfallsprodukte in Spuren auch Begleitstoffe der Erdöl- und Erdgasförderung sind. In der Regel haben hier die Radiumisotope 226 und 228 den größten Anteil. Anreicherungen gibt es in Anlagenteilen, wenn deren Verkrustungen oder Ablagerungen entsprechende radioaktive Stoffe beinhalten. Dieses Phänomen ist wohlbekannt und wird – wie schon im USA-Teil gesagt – im Fachjargon als *NORM* (*normally occurring radioactive materials* – natürlich auftretende radioaktive Materialien) und *TENORM (technically enhanced normally occurring radioactive materials)* bezeichnet. Ab einer Entsorgungsmenge von 2000 Tonnen kontaminierten Materials jährlich ist der radioaktive Abfall meldepflichtig. Laut Behördenauskunft aus dem Jahr 2010 fallen in der Regel unter 1000 Tonnen jährlich aus der gesamten Kohlenwasserstoffindustrie an, den größten Anteil hieran haben mit 20 bis 400 Tonnen Ablagerungen in Anlagenteilen und bis zu 250 Tonnen jährlich Bohrschlämme.[121]

Aus Bodenproben zeigt sich, dass im süddeutschen Molassebecken die Radioaktivität im Untergrund ebenso wie der Salzgehalt (Salinität) sehr gering ist und im Grundwasser meist weniger als ein Becquerel pro Liter beträgt. In Norddeutschland und im Oberrheingraben liegen Radioaktivität und Salinität um bis zu zwei Größenordnungen höher.[122]

Umweltstudien und die Bewertung von Risiken

In einer Reaktion auf den wachsenden öffentlichen Widerstand gegen neue Bohrungen im Jahr 2010 initiierte ExxonMobil in Deutschland die schon erwähnte erste größere Untersuchung zu den Risiken und anderen Auswirkungen von Fracking in Deutschland. In mehreren öffentlichen Veranstaltungen wurden Fragen zur Bearbeitung gesammelt, die in gezielten Studien untersucht wurden. Die Ergebnisse wurden ein Jahr später, im April 2012, der Öffentlichkeit vorgestellt. Der ganze Prozess des »InfoDialog Fracking« und die Studien können im Internet eingesehen werden.[123]

Innerhalb dieser Zeit wurden elf wissenschaftliche Gutachten erarbeitet. Die Arbeiten beinhalten Analysen zur Toxikologie der beim Fracking eingesetzten Stoffe und zu deren potenziellen Auswirkungen auf das Grundwasser, eine Abschätzung geologisch und technisch bedingter Risiken, Status und Defizite bei der Abwasserbehandlung, potenzielle ökonomische Auswirkungen in Regionen mit großen Frackingaktivitäten sowie Aussagen zur Energie- und Klimabilanz. Auch wenn diese Arbeiten in sehr engem, durch die Industrie finanziertem Kontext und in zeitlicher Begrenzung erstellt wurden, so wurden dort doch wichtige Fragestellungen aufgegriffen und die Grundlagen für weiterführende Studien gelegt.

Unter den parallel und später von industrieunabhängiger Seite erstellten Gutachten sind vor allem drei Umweltstudien zu nennen:

- Das Land Nordrhein-Westfalen gab im Jahr 2011 eine Studie zu den Umweltrisiken, die aus der Erschließung unkonventioneller Lagerstätten im Bundesland entstehen könnten, in Auftrag. Die Arbeit wurde noch im Jahr 2011 veröffentlicht.[124]
- Das Umweltbundesamt vergab ebenfalls im Jahr 2011 eine Studie zur Beurteilung der Risiken und Gefahren, die mit der Erschließung unkonventioneller Lagerstätten in Deutschland entstehen. Das Gutachten wurde 2012 fertiggestellt.[125]
- Dieses Gutachten wurde durch ein weiteres Gutachten im Auftrag des Umweltbundesamtes ergänzt, das vertieft auf diese Aspekte einging. Dieses als UBA-II-Studie bekannte Gutachten wurde im September 2014 abgeschlossen.[126]

Diese Arbeiten bilden eine Basis für die seit 2011 angekündigte Anpassung der bestehenden Gesetze (vor allem des Berggesetzes und des Wasserhaushaltsgesetzes) an die aktuellen Erfordernisse. Wie nicht anders zu erwarten war, waren die Ergebnisse dieser Arbeiten heftig umstritten. Je nachdem, ob man mehr auf die erhofften wirtschaftlichen Chancen setzte oder mehr die befürchteten negativen Auswirkungen von Frackingaktivitäten vor Augen hatte, wurden die Ergebnisse entweder als wissenschaftliche Grundlage für Frackingverbote gesehen oder als zu kritisch und »industriefeindlich« gebrandmarkt. Für die einen gingen die Analysen zu weit und wurden als einschränkend empfunden, für die anderen gingen sie hingegen nicht weit genug. Diese Kontroverse zeigt sich beispielsweise schon allein daran, dass die Präsidentin des Umweltbundesamtes, Maria Krautzberger, im September 2014 bei der Vorstellung der UBA-II-Studie für ihre daraus gezogenen Schlussfolgerungen vom leitenden Studienautor bereits wieder kritisiert wurde, dass »dies so der Arbeit nicht zu entnehmen« sei. Sie hatte in der Studie genügend Informationen gefunden, die sie zu der Äußerung veranlassten, dass Fracking eine Risikotechnologie sei und bleibe.[127]

Ungeachtet dieser Diskussionen, die von den verschiedensten Seiten Stellungnahmen provozierten, liegt der Nutzen dieser Arbeiten vor allem in der systematischen Strukturierung der Thematik. Ausgehend von den technischen Anforderungen und den bisher bekannten geologischen Aspekten über die Erfassung der eingesetzten Stoffe und umweltrelevante Auswirkungen, bleibt es zum Beispiel das Verdienst der Arbeiten, auf einige grundsätzliche Defizite im Umgang der Gesellschaft und Behörden mit den Risiken hinzuweisen. Welche Schlussfolgerungen daraus zu ziehen sind, wird von unterschiedlichen Gruppen auch unterschiedlich gesehen, je nachdem, wie man die einzelnen Risiken im Verhältnis zum potenziellen Nutzen bewertet. Ähnlich wie vor 40 Jahren in der Kernenergiediskussion wird diese Frage nicht nur nach wissenschaftlichen Kriterien entschieden werden. Wissenschaft kann das vorhandene Wissen sammeln, zur Verfügung stellen und damit eine Entscheidungsgrundlage schaffen. Doch die Bewertung unterliegt anderen Kriterien, die sehr stark von der jeweiligen Interessenlage geprägt sind – es ist eine politische Bewertung. Diese Beurteilung wird dann noch erschwert, wenn die Datenlage Defizite aufweist und manche der Fragen heute und möglicherweise auch in Zukunft nicht zweifelsfrei beantwortet werden können. Inhaltlich steuerten diese Studien wichtige Erkenntnisse bei. Im Folgenden werden einige davon kurz hervorgehoben.

Als wichtiges Kriterium für toxikologische Risiken wurde ein Risikoquotient eingeführt. Dieser vergleicht die Konzentration eines Stoffes in der Frac-Flüssigkeit nicht mit dem gültigen Grenzwert, sondern mit sogenannten Beurteilungswerten. Der Beurteilungswert gibt hierbei die Konzentration an, unter der nach heutigem Wissen sicher mit keinen negativen Auswirkungen zu rechnen ist. Ist die Konzentration in der Frac-Flüssigkeit größer als der Beurteilungswert, muss grundsätzlich von einer Umweltgefährdung ausgegangen werden, solange kein »weitergehendes gegenteiliges Wissen« vorliegt.[128] Diese Bewertung geht weit über die übliche Beurteilung im Vergleich zu gesetzlich geregelten Grenzwerten hinaus.

Am Beispiel der Versenkung von Lagerstättenwasser wurde die heute gültige Praxis der Entsorgung von Lagerstättenwasser und Frac-Fluiden diskutiert. Hieraus wird deutlich, dass die Verpressung im Untergrund keineswegs dem Stand der Entsorgungstechnik entspricht und nur deshalb praktiziert werden kann, weil die ganze Wasserver- und -entsorgung beim Fracking nicht so wie andere Arten des Wasserverbrauchs vom Wasserhaushaltsgesetz erfasst wird. Ein Recycling und die Aufbereitung des Wassers sind technisch durchaus möglich, die Industrie sieht dies aus Kostengründen jedoch als derzeit nicht praktikabel an.[129] Im InfoDialog Fracking wurde auch in einem Szenario der stoffliche Materialverbrauch exemplarisch an einem Frackingareal von 200 Quadratkilometern durchgerechnet, unter der Voraussetzung, dass dieses weitgehend erschlossen würde. Im Anhang auf Seite 217 wird darauf ausführlicher eingegangen. In den Studien wurde erstmals auch ein weitgehender, wenn auch nicht vollständiger Überblick über bisher in Deutschland durchgeführte Frackingmaßnahmen und dabei verwendete Chemikalien gegeben. Erstmals wurde hier auch die Entsorgungskette konkret am Beispiel dreier Bohrungen, insbesondere der einzigen Bohrung im Schiefergestein, Damme 3, dargestellt.

Vor allem in der Studie für das Umweltministerium in Nordrhein-Westfalen wurde ausführlich auf raumplanerische Aspekte eingegangen. Hierbei zeigt sich, dass der »Raumwiderstand« – als solcher wird die bestehende Nutzungskonkurrenz zwischen mehreren Interessenlagen bezeichnet – bereits heute sehr hoch ist. Aus diesen Gründen sehen es die Gutachter als fast sicher an, dass mindestens 30 Prozent der Flächen, für die Aufsuchungsgenehmigungen erteilt wurden, nicht erschlossen werden können. Allein dadurch wird das sogenannte technische Potenzial, das für die Ressourcenabschätzung die Basis bildete, in NRW heruntergestuft werden. Man kann unterstellen, dass in anderen Regionen ähnliche Einschränkungen greifen werden.

In der NRW-Studie wurden auch in einem »10-Prozent-Szenario« die Stoffbilanzen und daraus ableitbare mögliche Auswirkungen abgeschätzt, falls zehn Prozent der Fläche Nordrhein-Westfalens mittels Frackings erschlossen würden. Darüber hinaus wurde anhand der bereits beschriebenen Risikoquotienten, konkret am Chemikalieneinsatz der Bohrung Damme 3 in Niedersachsen und der 1995 erfolgten Bohrung in einem Kohleflöz bei Natarp in Nordrhein-Westfalen, das Gefährdungspotenzial ermittelt. In Natarp wird es als mittel bis hoch und in Damme als hoch eingestuft. Diese Bewertung gründet darauf, dass im ermittelten Risikoquotienten die Fluidkonzentration einiger eingesetzter Chemikalien den Beurteilungswert um mehrere Größenordnungen übersteigt.[130]

Die UBA-I-Studie legte einen besonderen Schwerpunkt auf die rechtlichen Rahmenbedingungen und das Verhältnis zwischen Bergrecht und Wasserrecht. Neben einer ausführlichen Behandlung der Abwasserproblematik werden Kriterien für eine Risikobewertung ausführlich diskutiert. Die Studie zeigte auf, dass im bestehenden Gesetzesrahmen sowohl Bergrecht als auch Wasserrecht gelten und dass bei bisherigen Vorhaben mit Frackingaktivitäten ein Vollzugsdefizit in der Anwendung geltender Gesetze bestehe. Insbesondere sei bereits heute – entgegen der gängigen Praxis – in jedem Einzelfall eine Umweltverträglichkeitsvorprüfung durchzuführen, in der abzuklären sei, ob eine Umweltverträglichkeitsprüfung (UVP) mit Öffentlichkeitsbeteiligung durchgeführt werden müsse.

Die UBA-II-Studie fokussiert ihre Inhalte vor allem auf in der UBA-I-Studie benannte offene und zu klärende Fragestellungen und auf ein Konzept zum Grundwassermonitoring. Hier wird anhand von Literaturanalysen auch versucht, konkrete Risiken zu quantifizieren. Die Studie greift auch eine im Rahmen des InfoDialog Fracking erarbeitete Zusammenstellung von Einzelrisiken auf und versucht eine darüber hinausgehende Quantifizierung. Bemerkenswert bleibt dabei die große Unsicherheit in der Bewertung. So wird beispielsweise die Eintrittswahrscheinlichkeit für das größte Einzelrisiko, eine fehlerhafte Zementierung des Bohrlochs, im Bereich von »weniger als 1:10 000 bis 1:2« angegeben.[131] In etwa mit derselben Unsicherheit wird auch die Eintrittswahrscheinlichkeit von radioaktiven oder quecksilberhaltigen Ausfällungen bewertet. Ebenfalls relativ hoch wurde die Eintrittswahrscheinlichkeit für das Fundamentversagen von Landanlagen (1:1000 bis 1:2) – beispielsweise Undichtigkeiten in der Bodenplatte oder dem Bohrkeller eines Bohrplatzes –, das Eindringen von Stoffen aus Reservegruben in Oberflächen- und Grundwasser und das Versagen von unter Druck stehenden Anlagenteilen (jeweils von 1:1000 bis 1:10) bewertet.

Ein weiteres wichtiges Gutachten wurde auch vom Sachverständigenrat der Bundesregierung für Umweltfragen (SRU) vorgelegt. Dieses hatte insbesondere auf den hohen Erschließungsaufwand hingewiesen, dem ein vergleichsweise geringer Beitrag zur Erdgasversorgung gegenüberstehe. Angesichts der vielen Risiken und ungeklärten Sachfragen sei ein kommerzieller Einsatz der Technik nicht zu empfehlen. Der SRU wies auch darauf hin, dass diese Aktivitäten in deutlichem Gegensatz zur klimapolitischen Grundhaltung der Bundesregierung stünden, wonach bis zum Jahr 2050 ein weitgehender Ausstieg aus allen fossilen, CO_2 emittierenden Technologien vollzogen sein müsse.

Umgekehrt äußerten sich Vertreter von technikwissenschaftlichen Institutionen (zum Beispiel der deutschen Akademie für Technikwissenschaften – Acatech[132]) in eigenen Veröffentlichungen wiederum derart, dass die Risiken beherrschbar seien und der potenzielle Beitrag aus der Schiefergasförderung eine Erschließung rechtfertige. Insbesondere positionierten sich wichtige deutsche geowissenschaftliche Institute (BGR, GFZ, UFZ) in der Hannoveraner Erklärung vom 24./25. Juni 2013 ebenfalls in dem Sinne, dass die Technik keine Risikotechnologie darstelle und für die künftige energetische Entwicklung Deutschlands einen wichtigen Beitrag liefern könne.[133]

Im Rahmen sowohl des InfoDialog Fracking als auch der UBA-II-Studie, aber auch weiterer Arbeiten wie zum Beispiel der Stellungnahme des Sachverständigenrates für Umweltfragen der Bundesregierung (SRU)[134] wurden Mengenszenarien für die Abschätzung von Umweltbelastungen skizziert. Exemplarisch wurden im InfoDialog Fracking anhand von Daten, die von ExxonMobil zur Verfügung gestellt wurden, die Auswirkungen von Frackingaktivitäten in industriellem Maßstab für ein 200 Quadratkilometer umfassendes Areal hochgerechnet. Im Anhang auf Seite 217 werden Mengenanalysen eines Förderszenarios präsentiert. Die Fläche des »ExxonMobil-Szenarios« entspricht einem Quadrat von gut 14 Kilometer Seitenlänge; dieses Szenario ist Basis[135] der dortigen Betrachtung, die mit eigenen Abschätzungen und weiteren Hochrechnungen verknüpft ist, um die Daten besser abzusichern.

Die politische Diskussion

Defizitäre Rechtslage

Ein wichtiges Ergebnis der im vorigen Abschnitt angesprochenen Umweltstudien liegt vor allem darin, deutlich gemacht zu haben, dass das Bergrecht in seiner bestehenden Form und vor allem die Umsetzungspraxis den heutigen Risiken und Bedürfnissen nicht gerecht werden. In erster Linie geht es hier um die Tatsache, dass sowohl die Nutzung von Wasser für Frackingaktivitäten als auch die Entsorgung von Lagerstättenwasser mit oder ohne Frac-Fluide bisher nur unzureichend dem Wasserrecht unterliegen und somit die Wasserbehörden nicht a priori im notwendigen Umfang in Zulassungsverfahren eingebunden werden. Auch wenn es heute schon einen Anwendungsvorrang der Umweltverträglichkeitsrichtlinie vor der bergbauspezifischen Richtlinie »UVP-V Bergbau« (Umweltverträglichkeitsprüfung bergbaulicher Vorhaben) gibt, so besteht hier zumindest ein Vollzugsdefizit.[136]

De facto liegt die Entscheidungshoheit über einen Antrag zur Exploration oder später zur Förderung primär bei den Bergbehörden. Diese müssen zwar weitere betroffene Behörden, insbesondere Wasserämter, einbeziehen und mit diesen einvernehmlich entscheiden. Doch die Entscheidung, ob und in welchem Umfang weitere betroffene Behörden einzubinden sind, ist für die Öffentlichkeit intransparent. Was im Kapitel über die USA kritisiert wurde, nämlich dass die Umweltbehörde keinen Einfluss auf die Genehmigungsverfahren habe, das gilt in gewisser Weise auch in Deutschland. Erst durch die von den Bürgern erzwungene Diskussion wurde diese Schieflage auch vielen Politikern bewusst.

Ebenso besteht nach gültiger Rechtspraxis keine Verpflichtung zur Durchführung eines Planfeststellungsverfahrens mit Öffentlichkeitsbeteiligung, wie es im Rahmen des Gesetzes zur Umweltverträglichkeitsprüfung vorgeschrieben ist. Dieses wird zwar erwähnt, muss gemäß aktueller Gesetzeslage jedoch nur dann angewendet werden, wenn die zu erwartende tägliche Förderrate einer Bohrung 500 000 Kubikmeter Gas beziehungsweise 500 Tonnen Öl übersteigt.[137] Nordrhein-Westfalen war das erste Bundesland, das im Rahmen dieser Diskussionen bereits 2011 verkündet hat, künftig die Wasserbehörden gleichberechtigt in das Antragsverfahren einzubeziehen.

Zweitens wurde durch die öffentliche Diskussion erst der Fokus auf die Struktur des Bergrechts gelenkt. In ältester Version stammt es als sogenanntes Bergregal aus dem Mittelalter. Die Bodenschätze in Deutschland gehören dem Staat. Dieser kann Lizenzen vergeben, um diese Bodenschätze zu heben. In der Regel sind damit eine Abgabe an den Staat und Auflagen verbunden. Das ist grundsätzlich anders als in Nordamerika, wo alle Bodenschätze unter einem Grundstück dem Grundstückseigentümer gehören und dieser über ihre Verwendung selbst entscheiden kann. In Deutschland muss diese Einigung zwischen Staat und Förderfirma getroffen werden. Erst bei positivem Bescheid durch die Behörde muss die Firma eine Einigung mit dem Grundstücksbesitzer erzielen, auf dessen Grundstück die Förderanlagen errichtet werden sollen.

Primär ist das Bergrecht darauf ausgelegt, die Förderung von Bodenschätzen zu unterstützen. Daher wird die Entscheidungskompetenz an die überregionalen Bergämter verwiesen. Lokal ansässige Bürger oder Behörden und sogar Landratsämter und Landkreispolitiker haben wenig Einfluss auf die Erteilung einer Bergbauberechtigung und die nachfolgende Bohraktivität. Das ist angesichts der zunehmenden Nutzungskonkurrenz eine absolute und einseitige Begünstigung von Bergbauinteressen gegenüber allen anderen potenziellen Nutzungsinteressen, sei das Landwirtschaft, Tourismus oder Naturschutz – aber auch gegenüber weiteren um die Ressource Land konkurrierenden energietechnischen Akteuren wie Wind- und Solarparks oder Geothermie.

Regelungspaket Fracking – der Gesetzentwurf

Nach der Vorstellung der durch das Umweltbundesamt beauftragten Gutachten war es an der Politik, die neuen Anregungen aufzugreifen und das Bergrecht sowie das Wasserrecht den aktuellen Erfordernissen entsprechend anzupassen. Auch hier spannt sich der Bogen von der Erwartung der Industrie, die Chancen für die heimische Förderung zu nutzen und den Unternehmen die Erschließung der Vorkommen nicht durch Verbote und Einschränkungen zu erschweren, bis hin zur Forderung der Umweltverbände und Bürgerinitiativen, aber auch der Wasserwirtschaft oder des Brauereiwesens, diese Art der Förderung in Deutschland gänzlich zu verbieten.

Nach langer Verzögerung und nach Fertigstellung der UBA-II-Studie wurde von den Regierungsfraktionen das lange angekündigte Regelungspaket Fracking der Öffentlichkeit vorgelegt. Durch den neuen Rechtsrahmen soll der mehrjährige Stillstand beendet werden und ein neuer gesetzlicher Rahmen für Frackingaktivitäten geschaffen werden. Schon bald allerdings zeigten weitere Verzögerungen, dass es auch innerhalb der Regierungsparteien schwer war, eine einheitliche Position zu finden. Sollte das Regelungspaket ursprünglich *vor der Wahl* verabschiedet werden, dann *früh nach der Wahl*, dann *vor der Sommerpause* 2015, so zeichnet sich nun ab, dass erst im Jahr 2016 eine abschließende Lesung stattfinden wird.

Vereinfacht kann man die Diskussionslage so zuspitzen: Je näher am Bürger die Politiker agieren, also zum Beispiel als Gemeinde- und Kreispolitiker, desto stärker wächst die Unterstützung für ein Verbot. Je näher am Bundestag die Politiker orientiert sind, desto stärker wiegt das Argument, dass man heimisches Erdgas auch in Zukunft als wichtigen Energieträger brauchen werde, und desto eher ist man geneigt, den Vertretern der Erdgaswirtschaft entgegenzukommen.

Am 1. April 2015 hat die Bundesregierung das »Regelungspaket Fracking« beschlossen, das im Bundestag verabschiedet werden soll. In diesem ist ein Schutz besonders sensibler Gebiete vorgesehen. Dieses Regelungspaket besteht aus drei Teilen:[138]

- Entwurf eines Gesetzes zur Änderung wasser- und naturschutzrechtlicher Vorschriften zur Untersagung und zur Risikominimierung bei den Verfahren der Frackingtechnologie;
- Entwurf eines Gesetzes zur Ausdehnung der Bergschadenshaftung auf den Bohrlochbergbau und Kavernen;
- Verordnung zur Einführung von Umweltverträglichkeitsprüfungen und über bergbauliche Anforderungen beim Einsatz von Frackingtechnologie und Tiefbohrungen.

Die Gesetzentwürfe werden sowohl im Bundestag als auch im Bundesrat beraten. Tatsächlich haben die erste und zweite Lesung der Gesetzentwürfe in der ersten Jahreshälfte 2015 stattgefunden. Es steht Anfang 2016 noch die abschließende dritte Lesung mit Abstimmung aus. Der Verordnungsentwurf wird nur im Bundesrat beraten. Dessen Zustimmung ist erforderlich. Hier sollen im Folgenden noch die unterschiedlichen Positionen zu diesem Regelungspaket skizziert werden. Der Entwurf unterscheidet zwischen konventionellem Fracking, das in Sandstein- und Karbonatgestein bereits seit einigen Jahrzehnten durchgeführt wird, und unkonventionellem Fracking, das in Tongesteinen (Schiefergas) und in Kohleflözen angewandt wird. Kerninhalte des Regelungspaketes sind:

- Unkonventionelles Fracking nach Erdgas in Ton- und Kohleflözgestein soll oberhalb von 3 000 Meter Tiefe durch das Wasserhaushaltsgesetz grundsätzlich verboten werden. Dies wird damit begründet, dass hier in Deutschland noch keine Erfahrungen vorliegen. Im Umkehrschluss bedeutet dies, dass Fracking im Schiefergestein tiefer als 3 000 Meter grundsätzlich erlaubt sein soll.
- Um Erfahrungen zu sammeln, sollen jedoch wissenschaftlich begleitete Erprobungsmaßnahmen möglich sein – unter der Voraussetzung, dass hiervon keine Wassergefährdung ausgeht.
- Ab 2018 soll eine unabhängige Expertenkommission jährlich überprüfen, ob die Verfahren grundsätzlich unbedenklich sind. Ob daraus eine verwaltungsrechtlich bindende Erlaubnis für kommerzielle Zwecke erteilt wird, liegt in der Verantwortung der zuständigen Landesbehörden.

- Das als konventionell bezeichnete Fracking im Sand- und Karbonatgestein (sogenanntes *tight gas*) soll erlaubt sein, aber gewissen Einschränkungen unterliegen: Fracking wird in sensiblen Gebieten wie Wasserschutz- und Heilquellenschutzgebieten verboten. Die Länder können zusätzlich in Einzugsgebieten von Mineralwasservorkommen, Wasserentnahmestellen für Getränke oder Steinkohlebergbaugebieten Verbote erlassen. In Nationalparks und Naturschutzgebieten wird die Errichtung von Anlagen verboten. Bei allen Frackingvorhaben und bei allen Projekten zur Ablagerung von Lagerstättenwasser aus der Erdöl- und Erdgasförderung ist eine wasserrechtliche Erlaubnis erforderlich.
- Mit den geänderten bergbaulichen Vorschriften wird bei Vorhaben zur Erdöl- und Erdgasgewinnung, die Fracking involvieren, eine Umweltverträglichkeitsprüfung für die Bohrungen sowie für die Entsorgung von Lagerstättenwasser verpflichtend eingeführt. Zudem wird auch für kleinere konventionelle Vorhaben zur Erdöl- und Erdgasförderung und für alle Tiefbohrungen tiefer als 1000 Meter eine Pflicht zur Vorprüfung eingeführt. Hierbei wird geprüft, ob es Gründe gibt, die eine Umweltverträglichkeitsprüfung notwendig erscheinen lassen.
- Mit der Änderung der allgemeinen Bundesbergverordnung werden strengere Regeln für die Bohrlochintegrität – hinsichtlich einer möglichen Verursachung von Erdbeben und hinsichtlich des Monitorings von Emissionen – festgelegt.
- Ebenfalls sollen in der allgemeinen Bundesbergverordnung auch strengere Regeln für die Versenkung von Lagerstättenwasser festgelegt werden. So darf Lagerstättenwasser nur in tiefere Horizonte verpresst werden, in denen vorher Erdöl oder Erdgas lagerte. (Eine Verpressung in Kalkarenit ist also nicht mehr zulässig.) So kann von der zuständigen Behörde auch die Aufbereitung des Wassers nach dem Stand der Technik vorgeschrieben werden. Diese Regelungen der Wasserentsorgung gelten mit einer Übergangsfrist auch für ältere konventionelle Bohrungen ohne Frackingmaßnahmen. Zurückfließende Frac-Fluide dürfen nicht untertägig eingebracht werden.

Bei der Haftung für Bergschäden wird der für untertägigen Bergbau ohnehin gültige Haftungsgrundsatz auch für den Bohrlochbergbau inklusive Frackingmaßnahmen und Kavernen ausgedehnt. Damit wird die Beweislast bei einer Schadensmeldung grundsätzlich den Unternehmen auferlegt.

Die unterschiedlichen Positionen

Im Februar 2015 wurde der Entwurf des Regelungspakets in einer Anhörung mit Verbänden diskutiert. Etwa 50 Organisationen aus dem wissenschaftlich-akademischen Bereich, industriellen Fachverbänden, kommunalwirtschaftlichen Verbänden sowie kirchliche Vertretern und Umweltgruppierungen nahmen hierzu schriftlich Stellung.[139] Diese Stellungnahmen lassen sich bei Vernachlässigung von Detailunterschieden, wie nicht anders zu erwarten, in zwei Gruppen gliedern.

Die eine Gruppe betont die wichtige Funktion einer heimischen Erdgasförderung, die auch in Zukunft noch gebraucht werde. Als ein Argument wird vor allem auf die erhoffte preissenkende Wirkung des Ausbaus von Fracking auf die Gasförderung hingewiesen, die der ganzen Wirtschaft zugutekäme. Damit würde der Einstieg in Fracking auch einen positiven Effekt auf den Arbeitsmarkt zeigen. Dass dem so sein werde, wird teilweise mit Hinweis auf den Preisverfall von Erdgas in den USA seit der Ausweitung der Gasförderung durch Schiefergasaktivitäten begründet. Diese Argumente werden vor allem von den dem Bergbau nahestehenden Institutionen (Wirtschaftsvereinigung Erdöl- und Erdgasgewinnung, Verband bergbaulicher Unternehmen und bergbauverwandter Organisationen, Bergschulverein Bohrmeisterschule Celle, Vereinigung Rohstoffe und Bergbau e. V. und der Verband der Kali- und Salzindustrie) und den klassischen Industrieverbänden angeführt, wie dem Bundesverband der Industrie (BDI), dem Deutschen Industrie- und Handelskammertag (DIHK), dem Verband der Chemischen Industrie oder dem Verband der Industriellen Energie- und Kraftwirtschaft. Gerade die dem Bergbau nahestehenden Institutionen beklagen, dass potenzielle zusätzliche Auflagen eine weitere Erschwernis des heimischen Bergbaus bedeuteten; der Verband der Kali- und Salzindustrie nutzt die Stellungnahmen für die Forderung nach Reduzierung der Umweltauflagen (UVP-Pflichten) auch für seinen eigenen Industriezweig. Als einzige industrienahe Gruppierung nahm auch der TÜV Nord in diesem Sinne Stellung. Als nichtindustrielle Vereinigungen meldeten sich die Arbeitsgruppe Rohstoffpolitik des Wirtschaftsrats der CDU und die dem Bergbau nahestehende Akademie für Geowissenschaften und Geotechnologien in diesem Sinne zu Wort.

Fast alle weiteren Stellungnahmen stellten sich auf die Position, dass Fracking entweder ganz verboten werden sollte – oder wenn nicht, dass hier zumindest hohe Hürden zu setzen seien, die den Schutz von Grundwasser nach dem Vorsorgeprinzip garantierten. Dabei werden in allen Stellungnahmen von dieser Seite Nachbesserungen im Entwurf des Regelungspakets gefordert. Hier lautet die Argumentation im Wesentlichen, dass einerseits der Beitrag des Frackings vermutlich keinen großen Einfluss auf die Importabhängigkeit und auf die Preisgestaltung von Erdgas zeigen werde und dass der erhoffte Ertrag den hohen Flächen-, Wasser- und Materialverbrauch, die damit verbundenen Landschaftsbeeinträchtigungen und die Risiken in keiner Weise rechtfertige.

Neben einer ganzen Palette von Umweltorganisationen (vom BUND und Deutschen Naturschutzring bis zu Bürgerinitiativen und deren Dachorganisationen) folgen dieser Argumentation vor allem Verbände aus dem Bereich der Lebensmittel- und Getränkeherstellung (Brauereien und Mineralwasserabfüller), aus der Landwirtschaft, der privaten und öffentlichen Wasserwirtschaft und kommunale Verbände (Verband der kommunalen Unternehmen, Bundesvereinigung der kommunalen Spitzenverbände). Aber auch Interessengruppen aus dem Bereich der erneuerbaren Energie schließen sich im Wesentlichen diesen Forderungen an. Von weiteren unabhängigen Gruppierungen äußern neben einer Reihe von Bürgerinitiativen und Umweltschutzverbänden auch die evangelischen Kirchen entsprechende Bedenken.

Neben dieser allgemeinen Argumentation, die von den einzelnen Verbänden teilweise auch sehr differenziert geführt wird, fallen einige

Stellungnahmen mit besonderen Formulierungen auf: Die Gewerkschaft Nahrung-Genuss-Gaststätten beispielsweise weist auch darauf hin, dass allein der hohe Wasserbedarf für Frackingmaßnahmen ein Verbot schon rechtfertige, und begründet dies mit einem Zitat aus der UBA-II-Studie: »Der (…) Wasserbedarf bei der unkonventionellen Gasförderung (sowohl Schiefer- wie Tight-gas-Förderung) übersteigt in einigen Regionen Niedersachsens den vielfach schon heute als kritisch angesehenen Wasserbedarf für die landwirtschaftliche Beregnung so deutlich, dass an dieser Stelle eine hohe Wahrscheinlichkeit von Nutzungskonflikten zwischen Erdgasförderung und Landwirtschaft zu konstatieren ist. Dies, zumal mit fortschreitendem Klimawandel und zunehmend trockeneren Sommern auch die Notwendigkeit von landwirtschaftlicher Beregnung in heute noch weniger dürregefährdeten Regionen zunehmen wird.«

Der Verband Haus & Grund, der Eigentümer von Privatwohnungen vertritt, weist darauf hin, dass die große zeitliche Verzögerung zwischen einem potenziellen Schaden (zum Beispiel Grundwasserkontamination oder Gebäudeschädigung durch stimulierte seismische Aktivität) und Schadensursache im vorgeschlagenen Regelungspaket nicht ausreichend gewürdigt werde. Ebenfalls differenzierter äußerte die Gesellschaft deutscher Chemiker e.V. eine deutlich vom Verband der chemischen Industrie abweichende Stellungnahme. So wird verlangt, dass im vorgeschlagenen Expertengremium auch ein Vertreter aus der Wasser- und Umweltchemie aufzunehmen sei. Darüber hinaus wird hier, wie in vielen der kritischen Stellungnahmen, nochmals darauf hingewiesen, dass die Entsorgung sowohl des Lagerstättenwassers als auch des Flow-Back aus Frackingmaßnahmen immer noch ein ungelöstes Problem darstelle.

Auch wenn der BDI für sich in Anspruch nimmt, über 100 000 Unternehmen mit über acht Millionen Beschäftigten zu repräsentieren, liegt es auf der Hand, dass viele dieser repräsentierten Personen sich auch als Mitglieder von Organisationen zeigen lassen, die entgegengesetzte Statements abgegeben haben, wie zum Beispiel der evangelischen Kirche oder des Haus- und Grundbesitzerverbandes – der wiederum eine Million Hausbesitzer zu vertreten beansprucht, deren jährliches Investitionsvolumen der Hälfte des Umsatzes der gesamten Baubranche entspräche.

Diese Polarisierung der Diskussion spiegelt sich auch im politischen Bereich, wenn auch dort die Diskussion nicht oder kaum öffentlich ausgetragen wird. Während das Bundesministerium für Wirtschaft, Verkehr und Infrastruktur eher die Position vertritt, dass Fracking eine wichtige Technologie zur Erdgasgewinnung darstelle, so stehen im Umweltministerium eher die Bedenken und die Sorge um den Wasserschutz im Vordergrund.

Fracking weltweit – mehr als ein politisches Strohfeuer?

Zwischen Euphorie und Angst – politische Aspekte der Frackingtechnologie

Die Einflussnahme des US-Außenministeriums

Hillary Clinton war von 2009 bis 2014 unter Barack Obama US-Außenministerin. Ihr Wahlkampf war in großen Teilen von der amerikanischen Gasindustrie finanziert worden. Während ihrer Amtszeit wurde begonnen, die Erschließung von Schiefergas und *tight oil* weltweit als geostrategisches Element amerikanischer Außenpolitik einzusetzen. So versuchte das US-Außenministerium, in Europa und in anderen Teilen der Welt die jeweiligen Regierungen zu beeinflussen, sich für Investitionen in unkonventionelle Erdgasressourcen zu öffnen. Die »Hidden Agenda« hinter diesen Plänen war offensichtlich einerseits, US-Firmen neue Investitionsmöglichkeiten in diesen Ländern zu öffnen, andererseits aber gerade auch den osteuropäischen Ländern zu signalisieren, dass sie durch Fracking weitgehend von russischen Gasimporten unabhängig werden könnten.

Dass diese Strategie gezielt verfolgt wurde, wird in einem investigativen Bericht der Journalistin Mariah Blake detailliert nachvollzogen.[140] In diesem Bericht finden sich auch viele Quellenangaben zu den Zitaten und Behauptungen, die an dieser Stelle nur kurz referiert werden. Über US-Botschaften und mit Unterstützung von Ölkonzernen, insbesondere Chevron, wurden die Regierungen europäischer Staaten gezielt beeinflusst. Zu diesem Zweck wurde am 14. Oktober 2011 im US-Außenministerium das »Büro für Energieressourcen« mit mehr als 60 Mitarbeitern und einem Budget von mehreren Millionen Dollar eingerichtet. Eine der wesentlichen Grundlagen der Strategie war die Veröffentlichung einer Studie zu den weltweiten Schiefergaspotenzialen durch das US-Energieministerium im Jahr 2011.[141] In dieser Studie wurden großzügige Abschätzungen über die potenziellen Schiefergasressourcen in 14 Weltregionen und 32 Staaten dargestellt (siehe Tabelle 3). In Summe wurden dort die weltweit gewinnbaren Vorkommen mit 186 000 Milliarden Kubikmeter angegeben. Dies würde die weltweiten Gasreserven verdoppeln. Demnach würde dieses Gas weit über 50 Jahre hinaus den weltweiten Bedarf an Erdgas befriedigen können.

Aus den Angaben für das *gas in place*, also das im Untergrund vermutete Erdgas, wurde mit einem pauschalen Ausbeutefaktor von 25 Prozent die »technisch erschließbare Ressource« errechnet. Zur Einordnung dieses Faktors ist anzumerken, dass bisher im Barnett Shale in den USA ein Gewinnungsfaktor von zirka 28 Prozent und in Woodford von 23 Prozent realisiert wurde – aber nicht bezogen auf das *gas in place*, sondern auf den als technisch gewinnbar ausgewiesenen Ressourcenanteil (siehe S. 78)! In allen anderen Shales ist dieser Gewinnungsfaktor sogar deutlich niedriger: maximal 11 Prozent (Fayetteville Shale), meist aber zwischen 1,4 Prozent (Marcellus) und 9 Prozent (Antrim Shale), wie im Kapitel zu den USA bereits gezeigt wurde. Die deutsche geologische Behörde geht in ihrer Abschätzung der förderbaren Schiefergasvorkommen von einem Gewinnungsfaktor von 10 Prozent aus.[142] Im Jahr 2013 wurde die amerikanische Studie aktualisiert und auf zusätzliche Regionen erweitert.[143]

Für Polen hatte die EIA-Studie ein erschließbares Schiefergaspotenzial von 5 300 Milliarden Kubikmetern angegeben. Von der polnischen geologischen Behörde wurde diese Schätzung im März 2012 um mehr als den Faktor zehn auf 350 bis 750 Milliarden Kubikmeter nach unten korrigiert. Im Juli 2012 veröffentlichte dann der USGS *(United States Geological Survey)* eine Analyse, in der das wahrscheinlich gewinnbare Schiefergaspotenzial Polens nur noch mit knapp 40 Milliarden Kubikmetern, weniger als einem Hundertstel der anfangs vermuteten Menge, angegeben wurde.[144] Doch die EIA selbst beharrte in der Aktualisierung der Studie 2013 auf einem extrem überhöhten Wert – immerhin korrigierte sie ihn um zirka 30 Prozent nach unten. Durch diese Überhöhung wurde in Polen eine Frackingeuphorie erzeugt, die noch durch (von US-Botschaft und Ölfirmen organisierte) Konferenzen und Beratungstreffen mit hochrangigen polnischen Regierungsmitgliedern geschürt wurde. Wie weiter unten noch ausgeführt wird, zeigte sich dann in der Realität, dass die Schiefergasvorkommen Polens deutlich weniger interessant sind, als damals vermittelt wurde.

Auch in Bulgarien wurde man aktiv. Einem nach massiven Protesten der bulgarischen Bevölkerung im Januar 2012 verhängten Moratorium versuchte das US-Außenministerium in der Folge durch entsprechende von der Botschaft organisierte Informationsveranstaltungen zu begegnen. Nachdem auch in Rumänien der öffentliche Widerstand anstieg, wurden auch dort die Beratungstätigkeiten durch die Botschaft intensiviert, indem mehrere Treffen zwischen hochrangigen Regierungsmitgliedern der beiden Länder organisiert wurden, bei denen Hillary Clinton teilweise persönlich intervenierte. In Radiointerviews warben Mitarbeiter und Berater des US-Außenministeriums mit dem Argument, dass durch Fracking der Gaspreis in Rumänien um den Faktor fünf fallen könne. Einige Wochen danach wurde das drohende Moratorium – dem bis dahin eine Mehrheit vorhergesagt worden war – im rumänischen Parlament abgelehnt. Das bulgarische Moratorium wurde aufgeweicht, indem Ausnahmen zugelassen wurden. Wichtige Schlüsselfiguren bei dieser Strategie waren die von Clinton mandatierten ehemaligen Berater der Ölindustrie David Goldwyn und Richard Morningstar. Zwischen Januar und Oktober 2012 waren in Workshops Mitglieder der Regierungen von Litauen, Bulgarien, Rumänien, Polen und der Ukraine gezielt eingeladen und informiert worden. Diese Workshops waren gemäß den Recherchen von Mariah Blake alle von Chevron finanziert worden. In all diesen Ländern außer in Bulgarien erhielt Chevron später Aufsuchungslizenzen und Bohrerlaubnisse.

Im Jahr 2011 wurde der Europäischen Kommission eine mit Unterstützung der Gasindustrie veröffentlichte Studie vorgestellt, die zu dem Ergebnis kam, dass Europa mehr als 900 Milliarden Euro bei der Erreichung des Klimaschutzzieles für 2050 einsparen könne, wenn es

Region	Gasförderung 2014 (BP; BGR) Mrd. m³	Konv. Reserven 2014 (BP; BGR) Mrd. m³	Gewinnbare Schiefergasressourcen EIA 2011	Gewinnbare Schiefergasressourcen EIA 2013
Europa				
Bulgarien				480
Dänemark	4,6	34	65	900
Deutschland	7,7	42	226	480
Frankreich	0	0	5 000	3 900
Niederlande	55,8	800	480	740
Norwegen	108,8	1 900	2 350	0
Polen	4,2	99	5 290	4 190
Rumänien	11,2	110		1 440
Schweden	0	0	1 160	300
Türkei	0,5	6	425	
Ukraine	18,6	640	1 190	3 600
Großbritannien	36,6	240	570	740
Algerien	83,3	4 500	6 500	
Argentinien	35,4	330	21 900	
Australien				12 400
Bolivien	21,4	300	1 360	
Brasilien	20,0	460	740	
Chile	0,9	40	1 800	
China	134,5	3 450	36 000	31 500
Indien	31,7	1 430	1 780	2 700
Kanada	162,0	2 000	11 000	
Kolumbien	11,8	160	540	
Libyen	12,2	1 500	8 200	3 450
Marokko	0,1	1	310	
Mexiko	58,1	350	19 300	15 400
Pakistan	42,0	580	1 440	
Paraguay	0	0	1 750	3 000
Südafrika	1,3	8	13 700	
Tunesien	3,3	65	510	
Uruguay	0	0	590	
Venezuela	28,6	5 600	310	

Tabelle 3: Von der US-Energiebehörde als technisch gewinnbar eingestuftes Schiefergaspotenzial in Staaten außerhalb der USA (Quelle: US-EIA 2011 und 2013)

anstelle von erneuerbaren Energietechnologien in die Erschließung der Schiefergasvorkommen investieren würde.[145] Auch diese Studie war gemäß den Recherchen im Umfeld der amerikanischen Strategie erstellt worden.[146] Die Beeinflussung der Europäischen Kommission wurde gezielt über das Washingtoner Beratungsunternehmen Covington & Burling betrieben. Im Sommer 2013 wurden Kommissionsmitglieder zu Veranstaltungen eingeladen. Ein Erfolg dieser Beeinflussung war, dass die bereits angedachten strengen gesetzlichen Regelungen von Fracking im Januar lediglich in eine »Empfehlung« abgeschwächt wurden, wie nachfolgend noch ausgeführt wird.

Ein wesentliches Argument für Fracking zielte gerade in osteuropäischen Staaten auf die damit mögliche Unabhängigkeit von russischen Erdgaslieferungen. In diesem Zusammenhang kann nicht unerwähnt bleiben, dass der Sohn des US-Vizepräsidenten Joe Biden, Hunter Biden, im Juli 2014 maßgeblicher Berater einer in der Ukraine aktiven Firma wurde, die im Auftrag der ukrainischen Regierung über die Vergabe von Konzessionen und Bohrlizenzen entscheidet.[147]

Politische Entwicklung in der Europäischen Union

Die Europäische Union beobachtet die Diskussionen um die potenzielle Schiefergas- und Schieferölerschließung in den Mitgliedsstaaten seit 2010 aufmerksam. Dabei wird das Thema kontrovers diskutiert. Während der damalige Energiekommissar Günther Oettinger die Chance auf eine Verringerung der Gasimporte betonte, sah der Umweltausschuss des Europäischen Parlamentes die Situation wesentlich kritischer. Von diesem Ausschuss wurde auch eine erste Studie zur Beurteilung der umweltrelevanten Aspekte in Auftrag gegeben.[148] Kurz darauf veröffentlichte das Beratungsunternehmen McKinsey die oben erwähnte von der Gasindustrie beauftragte Studie, in der die Erschließung der unkonventionellen europäischen Gasressourcen als wichtiger Beitrag zur Energieversorgung von Europa dargestellt wurde, der wesentlich kostengünstiger sein werde als der weitere Ausbau der erneuerbaren Energien.[149] Doch auch Nichtregierungsorganisationen verfolgten die Debatte und brachten ihre Position ein. Insbesondere Friends of the Earth Europe engagiert sich mit eigenen Analysen, Recherchen, Publikationen und Seminaren[150] vehement gegen die Übermacht der den Öl- und Gasfirmen nahestehenden Lobbyisten.

Im November 2012 stimmte das EU-Parlament über ein Frackingmoratorium innerhalb der EU ab. Dieses Verbot wurde mit 391 Gegenstimmen bei 262 Jastimmen und 37 Enthaltungen vorerst abgewendet.[151] Die Parlamentarier forderten jedoch einen robusten gesetzlichen Rahmen, um mögliche Umweltauswirkungen von Bohraktivitäten durch entsprechende Auflagen weitgehend gering zu halten. Der Rahmen hierfür wurde am 8. Oktober 2013 beschlossen: Mit 332 Jastimmen bei 311 Gegenstimmen und 14 Enthaltungen wurde Andrea Zanoni, MdE, vom Parlament beauftragt, mit den Regierungen der Mitgliedsstaaten eine entsprechende Regulierung zu verhandeln. Ein wesentliches Ergebnis der Abstimmung war die Einführung einer grundsätzlich verpflichtenden Umweltverträglichkeitsprüfung unabhängig von der täglichen Fördermenge von Erdöl oder Erdgas. Auf Druck vor allem der Regierung Großbritanniens (bei Enthaltung von Frankreich und Deutschland) wurde diese Einführung einer obligatorischen UVP bei der Aufsuchung von Erdöl und Erdgas während der sogenannten Trilog-Verhandlungen (Verhandlungen zwischen Parlament, Rat und Kommission) jedoch wieder zurückgenommen. Somit liegt der Schwellenwert für eine verpflichtende Umweltverträglichkeitsprüfung weiterhin bei einem Fördervolumen einer einzelnen Bohrung von mehr als 500 Tonnen Erdöl beziehungsweise 500 000 Kubikmeter Erdgas pro Tag.

Am 22. Januar 2014 wurde dann aber dennoch eine Empfehlung an die Mitgliedsstaaten mit Mindestgrundsätzen für die Exploration und Förderung von Kohlenwasserstoffen (zum Beispiel Schiefergas) durch Hochvolumen-Hydrofracking verabschiedet.[152] Mit diesem Begriff werden solche Vorhaben definiert, bei denen während einer Frackingstufe mindestens 1000 Kubikmeter oder während des gesamten Frackingprozesses mindestens 10 000 Kubikmeter Wasser mit entsprechenden Begleitstoffen injiziert werden. Insbesondere wurde in dieser Empfehlung festgeschrieben, dass die Mitgliedsstaaten bis zum 28. Juli 2014 die in der Empfehlung dargelegten Mindestgrundsätze umsetzen müssen. Die Kommission solle jährlich über die zur Umsetzung der Empfehlung getroffenen Maßnahmen unterrichtet werden.

Inhaltlich lehnt sich diese Empfehlung (2014/70/EU) an die von der IEA vor drei Jahren formulierten »Goldenen Regeln für ein Goldenes Erdgaszeitalter« an. Sie modifiziert und ergänzt diese jedoch mit eigenen Sichtweisen.[153] Beispielsweise wird gefordert, dass vor der Bewilligung neuer Bohrvorhaben ausführliche Öffentlichkeitsbeteiligung und Umweltverträglichkeitsprüfungen (in Einklang mit 2001/42/EU und 2011/92/EU) durchzuführen sind. Weiter wird die Festsetzung von einzuhaltenden Mindestabständen zu Gebäuden, Wasserschutzgebieten und Siedlungen ebenso empfohlen wie ein vertikaler Mindestabstand der Frac-Situation zum Grundwasserleiter. Ebenso wird als wesentliches Element empfohlen, vor der Vergabe von Lizenzen für die Exploration und/oder Förderung von Kohlenwasserstoffen eine Strategische Umweltprüfung gemäß 2001/42/EU vorzunehmen. Weiter wird auch explizit die Einbindung der Öffentlichkeit in die Ausarbeitung strategischer Überlegungen gefordert (gemäß 2001/42/EU und 2011/92/EU). Daraus ergibt sich, dass auch für die Einzelvorhaben eine konkrete, dem Standort angemessene Risikobewertung vorgenommen wird. Eine weitere Empfehlung betrifft das Monitoring der wesentlichen Umweltparameter vor, während und nach entsprechenden Frackingaktivitäten.

Auch wenn die Empfehlungen der Kommission nicht juristisch bindend sind, so werden die Mitgliedsstaaten doch ersucht, sie umzusetzen. Bei Verstößen dagegen behält sich die Kommission weitere Schritte vor, die letztlich doch in eine gesetzliche Regelung münden könnten. Darüber hinaus wird explizit darauf hingewiesen, dass der Informationsaustausch zwischen den Mitgliedsstaaten, den betreffenden Industriezweigen und Nichtregierungsorganisationen, die sich für den Umweltschutz einsetzen, sichergestellt werden soll. Bis Anfang März 2015 hatten die meisten Mitgliedsstaaten zu dieser Empfehlung eine tabellarische Auskunft gegeben, die im Internet veröffentlicht ist.[154]

Die Kommission begann im Sommer 2015, die bisherige Umsetzungspraxis zu prüfen sowie Kommentare der verschiedenen Akteure erstellen zu lassen. Ursprünglich im August 2015 sollte die Kommission eine Entscheidung fällen, ob es notwendig werde, Gesetzgebungsverfahren für rechtlich verbindliche Vorgaben anzustoßen.[155] Die Europäische Kommission hat Anfang 2015 auch ein beratendes Gremium eingerichtet, das sich detailliert mit der Technologie und umweltrelevanten Auswirkungen des Frackings befassen soll. Im April 2015 hat die Nichtregierungsorganisation *Friends of the Earth* den Vorwurf erhoben, dass dieses Gremium von Lobbyisten der Frackingindustrie dominiert werde, und Ende Juni dann Klage gegen die Europäische Kommission beim Europäischen Ombudsman eingereicht. Dieser Klage wurde auch stattgegeben.

Erstmals griff die EU in die Entscheidung eines Mitgliedsstaates ein, als die Vergabepraxis von Lizenzen in Polen vor dem Europäischen Gerichtshof begutachtet wurde. Der Gerichtshof urteilte, dass Polen bei der Vergabe von Konzessionen für die Prospektion, Exploration und Gewinnung gegen EU-Recht verstoßen hatte, da nur in Polen registrierte Unternehmen bei der Beantragung einer entsprechenden Konzession zugelassen wurden.[156] In einem zweiten Fall mahnte die Kommission an, dass Polen bei der Vergabe einer Bohrerlaubnis mit mehr als 5 000 Meter Tiefe gegen das EU-Recht 2011/92/14 verstoßen habe. Dieses Verfahren war bis Anfang März 2015 noch nicht entschieden.[157] Die Europäische Kommission prüft derzeit, wie weit die rechtlichen Rahmenbedingungen und die Durchführungspraxis von Projekten zur Gasgewinnung in den Mitgliedsstaaten mit europäischen Richtlinien zum Umwelt- und Wasserschutz kompatibel sind.

Bilaterale Handelsabkommen – Bestandsschutz für Fracking?

Bisher fließen in diese Betrachtungen und Regelungen mögliche Konflikte mit transnationalen Verhandlungen zu Freihandelszonen noch kaum ein – insbesondere den Verhandlungen zum Transatlantischen

Freihandelsabkommen zwischen den USA und der Europäischen Union (TTIP) oder Kanada und der Europäischen Union (CETA). Die Befürchtungen kritischer Beobachter gehen dahin, dass in diesen Verträgen den Industrieunternehmen aus den Partnerländern einklagbare Bestandsschutzrechte in Bezug auf politische Rahmenbedingungen eingeräumt werden könnten. So wird befürchtet, dass gesetzliche Auflagen oder ein vollständiges Verbot von Frackingvorhaben dann für die Firmen beklagbar wären, da sie ihre geschäftlichen Planungen und Vorbereitungen beträfen. Diese Befürchtung hat einen realen Hintergrund. So klagte der Konzern Lone Pine gegen Kanada wegen eines Frackingmoratoriums, das die Provinz Quebec aus Umweltschutzgründen verhängt hat.[158] Im Extremfall könnte den Firmen dann ein entsprechender Schadenersatzanspruch zustehen, der von den Staaten zu begleichen wäre. Eine weitere Besorgnis betrifft den Aspekt, dass Verstöße gegen diese Verträge nicht nach europäischem Recht, sondern von internationalen Schiedsgerichten verhandelt würden. Die Umstände um die momentan laufenden Verhandlungen sind nicht gerade vertrauensbildend. Bis heute ist es selbst Abgeordneten des Bundestages nicht möglich, Einsicht in die vollständigen Vertragstexte zu erhalten. Ganz abgesehen davon ist der politische Einfluss auf ganz wenige direkt in die Vertragsverhandlungen involvierte Akteure beschränkt. Die Missachtung demokratischer Spielregeln im Umfeld dieser Verhandlungen ist so eklatant, dass selbst der Bundestagspräsident Norbert Lammert sich skeptisch äußert: »Ich halte es für ausgeschlossen, dass der Bundestag einen Handelsvertrag zwischen der EU und den USA ratifizieren wird, dessen Zustandekommen er weder begleiten noch in alternativen Optionen beeinflussen konnte«.[159]

Einzelstaatliche Betrachtungen: Potenziale & Kontroversen

Die europäische Situation

In Europa befinden sich fast alle Schiefergasvorhaben noch in der Antrags-, Bewilligungs- oder Erkundungsphase. Ähnlich wie in den USA geht auch in der EU die konventionelle Erdgasförderung seit 2001 zurück, wie Abbildung 19 zeigt.

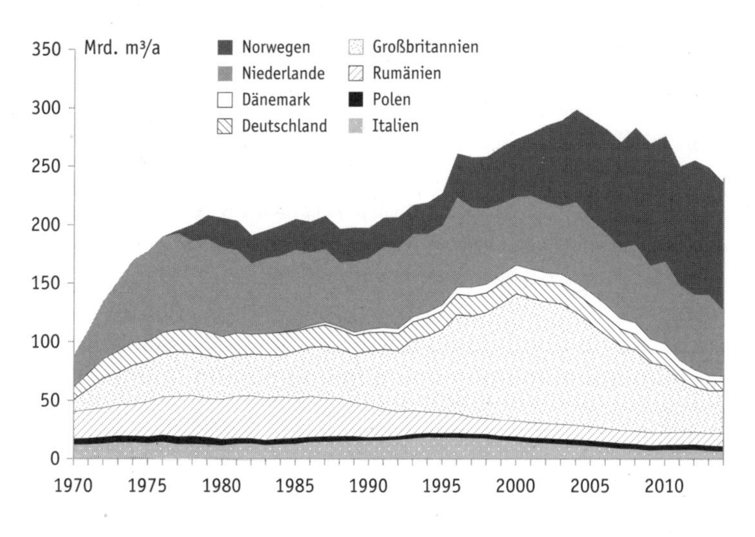

Abbildung 19: Erdgasförderung in der Europäischen Union und in Norwegen (BP 2015)

Frankreich

In Frankreich wurde Öl aus Schiefergestein bereits ab 1830 gefördert. Im Jahr 1951 wurde der Förderhöhepunkt mit 465 Barrel Tagesproduktion erreicht, 1960 wurde die Förderung ganz eingestellt.[160] Die ersten Genehmigungen zur Suche nach Schiefergas auf einer Gesamtfläche von 9762 Quadratkilometern wurden am 1. März 2010 erteilt. Die Genehmigungen wurden den Firmen Schuepbach Energy LLC, Total E&P France und Devon Energie Montélimar erteilt. Die Aufsuchungsgebiete liegen in den Départements Ardèche, Drôme, Vaucluse, Gard, Hérault, Aveyron und Lozère.[161]

Noch im Jahr 2010 wurde von dort investierenden Firmen publiziert, dass das Pariser Becken mit bis zu zehn Milliarden Fass Öl ein zehnmal so großes Förderpotenzial für Öl aus Schiefergestein enthalte wie die bis heute weltweit mit Abstand ergiebigste Formation Bakken in Norddakota.[162] Insbesondere die Ölförderung mittels Frackings wurde als aussichtsreich diskutiert. Die Firmen Toreador Energy France und Hess hatten eine Lizenz zur Exploration von Erdöl im Pariser Becken. Da hiervon auch die Champagne betroffen war, erregte dies heftige Diskussionen. Die Regierung beauftragte daraufhin Anfang 2011 das französische Energie- und Umweltministerium mit einer Studie, die Umweltverträglichkeit von Exploration und Förderung im Gebiet zu untersuchen. Die Industrie verpflichtete sich, alle Aktivitäten bis zum Vorliegen eines Zwischenberichtes einzufrieren und erst danach Pläne mit Frackingvorhaben abzustimmen.[163] Bereits im Juni wurde eine Gesetzesvorlage diskutiert und eingebracht, die ein striktes Verbot von Fracking in Frankreich vorsah. Damit sollten die bereits an Total, Vermilion Energy und Toreador vergebenen Erlaubnisse rückgängig gemacht werden. Zuwiderhandlungen sollten mit einem Jahr Gefängnis und 100000 Dollar Strafgeld geahndet werden.[164] Am 13. Juli 2011 wurde dann das Gesetz 2011-835 verabschiedet, in dem ein Verbot von Fracking in Frankreich festgeschrieben wurde.[165] Damit wurde Frankreich weltweit das erste Land, das ein Frackingverbot per Gesetz erließ. Trotz mehr als 60 Einsprüchen zog die Regierung die bereits erteilten Aufsuchungserlaubnisse zurück. Daraufhin klagten die Betroffenen. Doch in dem nachfolgenden Gerichtsverfahren wurde das Verbot im November 2013 vom Obersten Gerichtshof bestätigt.[166] Bis heute ist das Verbot umstritten. François Hollande, der Nachfolger von Staatspräsident Sarkozy, bekannte sich zum totalen Explorationsstopp mindestens bis zum Ende der Legislaturperiode im Jahr 2017.

Polen

Erste Aufsuchungslizenzen und Bohrkonzessionen wurden im Jahr 2010 unter anderem an Chevron, ExxonMobil, Talisman und Marathon Oil erteilt.[167] Schon besprochen wurde die Korrektur der Potenzialabschätzung der amerikanischen Energiebehörde nach unten – durch die polnischen Behörden um den Faktor zehn und durch die USGS um den Faktor 100. Bis zum Jahr 2013 wurden 111 Explorationslizenzen vergeben. Zum Jahresende waren 66 Bohrungen abgeteuft, wobei bei zwölf horizontalen Bohrungen gefrackt wurde.[168] Die meisten Bohrtests zeigten sehr geringe Förderraten, die weit unterhalb der in den USA üblicherweise erreichten Werte lagen. Zudem erwiesen sich die Bohrkosten als wesentlich höher als in vergleichbaren Schiefergasformationen in den USA.[169] Dies führte dazu, dass nach den ersten Bohrergebnissen die meisten internationalen Firmen enttäuscht abzogen.

Zum Jahresanfang 2013 stellten ExxonMobil, Marathon und Talisman ihre Aktivitäten ein und verließen Polen. Insgesamt hatten sie bis dahin bereits über 500 Millionen Dollar investiert. Als Gründe für den Abzug wurden neben den ungünstigen Testergebnissen unklare politische Regularien, ein Berggesetz, das polnische Firmen stark bevorzugte, sowie die mangelnde Kooperationsbereitschaft der geologischen Behörden genannt.[170] Wie bereits angesprochen wurde, bestätigte auch der Europäische Gerichtshof in einem Verfahren, dass das undurchsichtige Vorgehen der polnischen Behörden zur Vergabe von Aufsuchungserlaubnissen und Bohrlizenzen internationale Konkurrenten benachteilige.[171] Im Sommer 2014 kündigte die Europäische Kommission an, dass sie ein weiteres Verfahren gegen Polen einleiten werde, da es die Lizenz für eine Schiefergasbohrung tiefer als 5 000 Meter erteilt hatte, ohne vorab eine Umweltverträglichkeitsprüfung durchzuführen.[172]

Chevron und einige andere Firmen setzten zunächst ihre Explorationsaktivitäten und Fördertests fort. Ihre Planung lief auf eine kommerzielle Förderung ab dem Jahr 2015 hinaus. Tatsächlich nahm die erste erfolgreiche Bohrung der Firma San Leon in Polen die Förderung früh im Jahr 2014 auf, allerdings mit sehr geringer Förderrate von 1700 Kubikmetern pro Tag im ersten Monat nach der Förderaufnahme.[173] Im Jahr 2014 nahmen die Bürgerproteste insbesondere gegen die Firma Chevron zu. Im Januar 2015 besaß Chevron nur noch eine Bohrlizenz in Zwierzyniec für ein relativ kleines Areal, die bis Dezember 2015 verlängert wurde.[174] Kurz darauf kündigte Chevron seinen Rückzug aus Polen an.[175]

Die polnische Entwicklung macht besonders eindrücklich deutlich, wie anfangs – durch die überhöhte Darstellung der Förderpotenziale in der Studie der amerikanischen Energieagentur – gezielt »Appetit« geweckt wurde. Den Politikern wurde Hoffnung gemacht, einerseits über Lizenzen und Förderabgaben Einnahmen zu generieren und gleichzeitig über die steigende Gasförderung die Importabhängigkeit von Russland zu reduzieren. Ein weiterer Punkt war, dass die Firmen, mit Unterstützung der Behörden, die Interessen der Landbevölkerung missachteten. Diese reagierte mit Blockaden und erschwerte den Firmen die Arbeiten. Auch das waren Gründe, die zur Einstellung der Aktivitäten führten.

Bulgarien

Nachdem im Jahr 2011 die Regierung mit Chevron einen Fünfjahresvertrag mit der Erlaubnis zur Aufsuchung von Schiefergas im Nordosten des Landes unterzeichnet hatte, begann eine landesweite Protestkampagne mit einer Großdemonstration vor dem Parlament. Diese Demonstration mit über 10 000 Teilnehmern war in kürzester Zeit organisiert worden. Daraufhin sprach das Parlament mit der Mehrheit von 166 zu 6 Stimmen im Januar 2012 ein Frackingverbot aus. Bulgarien war so nach Frankreich das zweite europäische Land, das Fracking verbot, auch wenn Ausnahmen zugelassen wurden.[176]

Rumänien

Als Anfang 2012 bekannt wurde, dass die US-Firma Chevron Konzessionen zur Aufsuchung von Kohlenwasserstoffen in Schiefergestein von der Regierung zu erlangen suchte, gab es im März ähnliche Proteste wie zuvor im benachbarten Bulgarien mit der Forderung nach einem gesetzlichen Verbot. Im April 2012 wurde Chevron tatsächlich die Erlaubnis entzogen. Doch Ende Januar 2013 manifestierte die rumänische Regierung einen Kurswechsel, indem sie der Firma Erlaubnisse zur Aufsuchung von Schiefergasvorkommen im Landesosten, für die Region um Vama Veche, erteilte.[177] Die Hintergründe für diesen Meinungswandel des Parlaments wurden in einer investigativen Recherche deutlich gemacht, wie oben bereits skizziert wurde.[178]

Im Oktober 2013 fanden Proteste gegen die begonnenen Frackingaktivitäten der Firma Chevron statt. Diese steigerten sich Anfang Dezember so weit, dass die beauftragten Bohrfirmen an der Durchführung ihrer Arbeiten gehindert wurden. Als dann seismische Aktivitäten mit Beschädigungen an Wohngebäuden und verschmutzte Wasserbrunnen in der Region beobachtet wurden, nahmen die Proteste und Blockaden der Dorfbewohner weiter zu. Die Zusammenstöße mit der Polizei kulminierten ebenfalls.[179] Im Februar 2015 verließ Chevron schließlich Rumänien. Damit gab das Unternehmen das letzte verbliebene Schiefergasprojekt in Europa auf, auch wenn es in Polen noch eine kleine und in Rumänien noch vier Lizenzen zur Aufsuchung von Schiefergasvorkommen hält.[180] Obwohl noch einige andere Firmen dort aktive Konzessionen halten, bedeutet der Rückzug von Chevron jedenfalls eine starke Schwächung der Schiefergasaktivitäten in Rumänien.

Großbritannien

Auch in Großbritannien wurden Aufsuchungsgenehmigungen für Schiefergas vergeben. Im März 2010 begann die drei Jahre vorher gegründete britische Ölfirma Cuadrilla Resources über ihre Tochterfirma Bowland Resources mit der ersten Explorationsbohrung Preese

Hall 1, nachdem sie eine Bohrlizenz erhalten hatte. Im Jahr 2011 wurde ein kritischer Bericht in Großbritannien veröffentlicht, der insbesondere eine Umweltverträglichkeitsprüfung vor der Genehmigung neuer Bohrungen forderte.[181] Auf die Versicherung der Firma Cuadrilla vertrauend, dass die geplanten Bohrungen keine Probleme bereiten würden, genehmigte das UK Department of Energy and Climate Change ohne weitere Einschränkungen die Bohrungen. Im Jahr 2011 ereigneten sich zwei Erdbeben in der Region um die Bohrung Preese Hall 1. Cuadrilla räumte nach einer Untersuchung ein, dass mindestens eines dieser Beben seine Ursache in der Bohraktivität haben könne.[182]

Die erste Abschätzung von Cuadrilla über die im Bowland Shale in Südengland förderbare Gasmenge von 5 600 Milliarden Kubikmetern wurde von der Britischen Geologischen Behörde (British Geologic Survey) im Jahr 2013 mit einem Potenzial zwischen 23 000 bis 65 000 Milliarden Kubikmeter deutlich nach oben korrigiert.[183] Doch auch in Großbritannien gibt es heftigen Widerstand der Bevölkerung, der nach den Beben zunahm. So wurden von der Opposition in einem Gesetzentwurf weitreichende Einschränkungen von Bohraktivitäten, zum Beispiel in Naturschutzgebieten, erzwungen. Doch die am 9. Februar 2015 vom Parlament verabschiedeten Regularien verwarfen fast all diese Einschränkungen und erlaubten Fracking im Rahmen der bereits bestehenden Regularien.[184] Nur einige Tage vorher hatte sich Schottland für ein Frackingmoratorium ausgesprochen. Ebenso hatte das Regionalparlament in Wales für den Einsatz eines Moratoriums gestimmt.[185]

Die britische Regierung sieht die Erschließung der Schiefergasressourcen als einen wichtigen Teil der nationalen Energieversorgungsstrategie. Die Hoffnung ist, dass Investitionen im Bereich von über 30 Milliarden Pfund für mehr als 60 000 neue Arbeitsplätze sorgen könnten. Zumindest wirbt die Regierung mit solchen Zahlen für mehr Akzeptanz. Bisher gibt es jedoch nur sehr wenige Förderbohrungen. Die Industrie befindet sich noch in der Erkundungsphase, um ein besseres Verständnis des Untergrundes und der Lage lukrativer Gasshales zu erreichen. Die Halbierung des Gaspreises seit Dezember 2013 gibt jedoch auch in England kaum Anreize zur Förderung von Schiefergas.

Im August 2015 wurde die Vergabe von Aufsuchungserlaubnissen für 27 Gebiete mit einer Fläche von insgesamt 2700 Quadratkilometern ausgeschrieben. Die Firmen IGas, Cuadrilla und Ineos erwarben den größten Anteil der ausgeschriebenen Konzessionen.[186] In England sind etwa acht Prozent der Landfläche als besonders schützenswerte Regionen ausgewiesen, die sogenannten *Sites of Special Scientific Interest (SSSI)*. Oft handelt es sich hier um Vogelschutzgebiete oder Moorlandschaften. Innerhalb der 2700 Quadratkilometer Fläche, die zur Aufsuchung freigegeben wurden, liegen 53 dieser Schutzgebiete. Die britische Regierung nimmt hier eine klare Position zugunsten der Erschließung der Schiefergasvorkommen ein.[187]

Niederlande

In den Niederlanden liegt bei Groningen das größte europäische Erdgasfeld. Es wurde in den 1950er-Jahren entdeckt. Auf ihm gründet der Aufstieg der niederländischen Gasförderung in den 1960er-Jahren zur Drehscheibe der europäischen Gasversorgung. 1973 erreichte dort die Gasförderung den Höhepunkt. In der Zwischenzeit wurden viele kleine Felder auf dem Festland und im Meer erschlossen, doch Groningen bildet immer noch das Rückgrat der niederländischen Gasförderung. Inzwischen sind die Vorkommen allerdings stark erschöpft. Auf die vielen durch die Aktivitäten im Erdgasfeld bei Groningen initiierten Erdbeben reagierte die Regierung mit einer Drosselung der Gasförderung aus dem Feld, das bis 2013 immer noch deutlich mehr als 50 Prozent Förderanteil an der niederländischen Gasförderung hatte. Im Jahr 2014 ging damit die gesamte niederländische Förderung bereits um 18 Prozent zurück.[188] Für das Jahr 2015 geht die Regierung nochmals von einer Reduktion der Förderung in Groningen um 25 Prozent aus. Auf eine Prognose über einen längerfristigen Zeitraum hat sie sich entgegen früheren Berichten nicht eingelassen.[189] Zu unsicher ist die Zukunft des Gasfeldes. Doch dessen ungeachtet geht die Gasförderung auch in den kleinen Feldern zurück.

Grund für diese rapide Änderung der niederländischen Prognosen ist eben jene Häufung der durch die Gasförderung in Groningen verursachten Erdbeben. Diese ereigneten sich nicht nur in immer kürzeren Abständen, sondern haben auch an Stärke zugenommen. So wurden 2013 fast 30 Erdstöße registriert, wobei zwei Beben im Bereich von 3 bis 3,6 lagen. Als die Häufigkeit und Schäden in den letzten Jahren anstiegen, wurde der nationale Sicherheitsrat mit einer Untersuchung beauftragt. Er stellte erhebliche Mängel der Behörden fest und kommt zu dem Urteil, dass den Behörden die Milliardeneinnahmen offensichtlich wichtiger waren als die berechtigten Beschwerden der Anwohner. Bisher melden über 25 000 Bürger Schäden, mehr als 50 000 Wohnungen sind betroffen, 24 historische Kirchen sind beschädigt.[190]

Die niederländische Regierung ist bemüht, den Förderrückgang oder gar die drohende Einstellung der Förderung in Groningen durch Gasmengen aus anderen Gebieten zu ersetzen. Der Export des Erdgases brachte den Niederlanden in den vergangenen Jahren Milliardeneinnahmen, die in den Staatshaushalt eingingen. Auch für 2015 wurden zehn Milliarden Euro aus dem Erdgasexport einkalkuliert. Daher erfolgt die Drosselung der Erdgasförderung aus dem größten Feld nur sehr widerwillig. Insbesondere befasst man sich auch mit der potenziellen Erschließung der Schiefergasressourcen im Osten, nahe der deutschen Grenze.[191] Noch im Jahr 2015 will die niederländische Regierung entscheiden, ob und gegebenenfalls unter welchen Auflagen sie Frackingvorhaben künftig zulassen will. Damit kommen aber Konflikte mit dem benachbarten Nordrhein-Westfalen auf, an dessen Grenze die Schiefergaserschließung erfolgen soll.

Dänemark

Dänemark vergab im Jahr 2010 zwei Lizenzen zur Aufsuchung unkonventioneller Kohlenwasserstoffe. Zwischenzeitlich hat die Firma Total, einer der Lizenznehmer, seine Aktivitäten gestoppt. Etwa 40 Millionen Euro hatte Total bis dahin investiert. Jetzt wurden die Bohrungen eingestellt, da Schiefergas zwar gefunden wurde, die Vorkommen sich aber unter den aktuellen Bedingungen als wirtschaftlich nicht interessant herausstellten.[192] Neue Lizenzen wurden nicht vergeben. Es ist fast schon müßig zu erwähnen, dass auch in Dänemark um das Jahr 2000 die konventionelle Gasförderung ihren Höhepunkt erreicht hat und seitdem deutlich zurückgegangen ist.

Österreich

In Österreich zeigte die heimische Firma OMV Interesse an der Erschließung von Schiefergas im Wiener Becken. Der Konzern beabsichtigte, den Schwerpunkt der künftigen Schiefergasförderung ins Weinviertel zu legen. Zwei Bohrungen sollten bis 2019 auf zirka 6 000 Meter Tiefe abgeteuft werden, dabei sollte auch der Untergrund in der Region erkundet werden. Im Jahr 2019 sollte dann eine Entscheidung fallen, ob eine wirtschaftliche Förderung möglich sei. Die Explorationskosten wurden auf 130 Millionen Euro geschätzt, wovon etwa die Hälfte der Kosten nur auf die Bohrungen entfallen würde, 10 bis 15 Millionen Euro auf den frackingspezifischen Aufwand und der Rest auf den Aufbau von Gas- und Wasserleitungen und Aufbereitungsanlagen.[193] Den ersten regionalen Protesten hielt die OMV entgegen, dass man sich um ein besonders sauberes Frackingverfahren bemühen werde, das von der OMV als »Green Fracking« bezeichnet wurde.

In den Gemeinden Poysdorf und Herrenbaumgarten wurden der OMV aufgrund zahlreicher Proteste Bohrplätze innerhalb der Gemeindegebiete verwehrt.[194] Auch die Bundesregierung befasste sich mit dem Thema und erließ im Rahmen einer Novelle zur Umweltverträglichkeitsprüfung strengere Auflagen. Mittlerweile hat der Konzern nach eigenen Angaben seine Aktivitäten eingestellt und betont, dass das Projekt derzeit wirtschaftlich keinen Sinn mache und es keine weiteren Pläne zum Thema Schiefergas in Österreich gebe.[195]

Ukraine

Die Ukraine ist zwar kein EU-Mitgliedsstaat, aufgrund der aktuellen Fokussierung auf das Land im Spannungsfeld zwischen Russland, der EU und den USA kommt der Situation hier jedoch eine besondere Bedeutung zu. Auch hier setzte im Jahr 2010 das »Frackingfieber« ein.

Internationale Konzerne begannen sich für die Vorkommen zu interessieren, die US-Energiebehörde errechnete für die Ukraine als einen der potenziellen Kandidaten ihrer Politik ein technisch gewinnbares Förderpotenzial von 1190 Milliarden Kubikmetern, das in einer zweiten Studie im Jahr 2013 sogar noch auf 3600 Milliarden Kubikmeter höherbewertet wurde.[196]

Auch in der Ukraine wurde und wird die Fördermethode des Frackings kontrovers diskutiert. Insgesamt haben bisher etwa zwei Dutzend Firmen Interesse an der Erschließung von Erdgasvorkommen in der Ukraine mittels Frackings gezeigt. Am 1. September 2011 unterzeichneten Shell und Ukrgasvydobuvannia PJSC eine Joint-Venture-Vereinbarung auf Basis einer früheren Übereinkunft aus dem Jahre 2006. Darin wird die Erschließung von sechs über Lizenzen abgesicherten Gebieten mit einer Gesamtfläche von zirka 1300 Quadratkilometern vereinbart. Im Mai 2012 gewann Shell die Ausschreibung für ein »Production Sharing Agreement« gemeinsam mit der ukrainischen Firma Nadra Yuzovska LLC für die Entwicklung der Region Yuzovsky in der Ostukraine mit einer Gesamtfläche von 7800 Quadratkilometern. Anfang 2013 unterzeichneten die beiden Firmen die über einen Zeitraum von 50 Jahren angelegte Fördervereinbarung[197]. Nach Auswertung einer seismischen Vorerkundungsphase sind zunächst 15 Probebohrungen in dem Gebiet vorgesehen. Für die Erschließung des gesamten Feldes wurden zunächst etwa 1,6 Milliarden USD an Investitionen veranschlagt, die nach Schätzungen bis zur industriellen Förderung auf 30 Milliarden USD anwachsen würden.[198] Doch nach ersten Bohrungen bestätigte Shell, dass im Yuzovsky Shale der erhoffte Fortschritt nicht erreicht worden sei. Die Firma bestätigt, dass man das Land vorübergehend verlassen habe.[199] Während Shell offiziell die Krisensituation in der Ukraine und speziell in der Nachbarregion zur Bohrstelle verantwortlich machte, vermuten Beobachter, dass die bisherigen Erkundungsergebnisse wesentlich ernüchternder sein könnten als die Potenzialabschätzungen vermuten ließen.[200] Zwei weitere Explorationssonden von Shell in der Ostukraine wurden ebenfalls aufgegeben, nachdem keine ökonomisch sinnvolle Erschließung absehbar wurde.[201]

Eine weitere Lizenz hatte Chevron im Jahr 2012 in der Westukraine für ein Gasfeld bei Olesko (Olesko-Feld) erhalten. Im Vorfeld dieser Lizenzerteilung hatte es deutlich Kritik seitens der Umweltverbände gegeben, und das Regionalparlament in Lwiw (Lemberg) hatte sich gegen eine Erlaubnis ausgesprochen. Letztlich hatte jedoch das Kabinett eine Bewilligung an Chevron durchgesetzt.[202]

Weitere Staaten

Die US-Energiebehörde bescheinigte vielen Staaten ein beachtliches Schiefergaspotenzial. Diese Staaten sind in Tabelle 3 zusammengefasst. In vielen dieser potenziellen Förderregionen herrschen auch schwierige geologische, hydrogeologische, geografische und politische Bedingungen, die einer erfolgreichen und schnellen Erschließung der Vorkommen entgegenstehen. Größere kommerzielle Aktivitäten gibt es vor allem in Argentinien und Kanada. Auf diese beiden Staaten sowie auf Australien und China werden wir noch explizit eingehen.

Kanada

Kanada ist weltweit der fünftgrößte Gasproduzent. Bisher überwiegt die Erschließung von Kohleflözgas *(coalbed methane)* weit vor der Schiefergasförderung. Die Kohleflözgasressourcen liegen vor allem im Westen, im sogenannten *Horseshoe Canyon Main Play* sowie in *Mannville* in Alberta. Angaben über Kohleflözgasreserven sind nicht bekannt. Diese werden in den konventionellen Gasreserven mitberücksichtigt. Die als förderbar geschätzten kanadischen Ressourcen werden mit 1000 bis 3600 Milliarden Kubikmetern angegeben. Neunzig Prozent davon liegen in der Provinz Alberta. Die anfängliche Förderrate der einzelnen Sonden konnte von 2006 bis 2014 auf durchschnittlich 34000 Kubikmeter pro Tag verdoppelt werden. Allerdings geht die Förderung nach einigen Monaten mit 40 bis 60 Prozent p.a. zurück.[203]

Die gesamte kanadische Gasförderung stieg zwar in den letzten Jahren wieder an, lag 2014 jedoch mit 152 Milliarden Kubikmetern noch

15 Prozent unter der Förderung des Jahres 2005. Kanada hatte aufgrund der Ausweitung der US-Gasförderung die Exporte drastisch reduziert. Das Gas aus dem Marcellus Shale in den USA verdrängte das teurere kanadische Erdgas. Die Angaben über gewinnbare Schiefergasressourcen reichen von 3600 bis 9700 Milliarden Kubikmeter. Doch die tatsächliche Förderung leistet bisher nur einen kleinen Beitrag. In den Provinzen Quebec, New Brunswick und Neuschottland verbietet die regionale Politik die Erschließung der Schiefergasvorkommen durch Fracking.[204] Die Förderung von Öl in dichtem Gestein *(tight oil)* hat dagegen eine größere Bedeutung. Bis 2014 stieg der Beitrag auf 370 kb/Tag (370000 Fass), dies entspricht zirka 10 Prozent der gesamten Ölförderung. Allerdings sind zwei Drittel von dieser Schweröl, Bitumen aus dem Teersandabbau und NGL *(natural gas liquids)*, sodass bei den insgesamt hohen Erschließungskosten die Tight-oil-Gewinnung noch zu den günstigeren Fördermethoden in Kanada zählen dürfte.

Argentinien

In Argentinien geht die konventionelle Öl- und Gasförderung bereits seit Jahren zurück. Das hatte in der Vergangenheit mehrfach zu Auseinandersetzungen des Staates mit der spanischen Firma Repsol geführt, die damals das argentinische Ölgeschäft als Hauptanteilseigner der Firma YPF, die 90 bis 95 Prozent Anteil an der Kohlenwasserstoffförderung in Argentinien hatte, dominierte. Die argentinische Regierung mahnte die Firma, mehr Geld in die Erschließung der unkonventionellen Reserven des Landes zu investieren. Doch diese Investitionen blieben aus. Im November 2011 verkündete Repsol den Fund eines der weltgrößten Tight-oil-Vorkommen in der Provinz Neuquen. Bereits im Mai 2011 hatte die US-Energiebehörde EIA in ihrer Studie für Argentinien mit fast 22000 Milliarden Kubikmeter das weltweit zweitgrößte Schiefergaspotenzial (nach China) postuliert.

Im Jahr 2012 wurde Repsol durch den argentinischen Staat enteignet, der sich nun mehrheitlich an YPF beteiligte. Zwischen 2012 und 2017 plante der Staatskonzern, 37 Milliarden USD in die Erschließung der Tight-oil-Ressourcen zu investieren. Im Jahr 2012 wurden bereits fast 400 Millionen USD eingesetzt, die 2013 auf 1,1 Milliarden USD anstiegen. Im Jahr 2013 wurde auch ein Staatsfonds, der Argentinische Kohlenwasserstofffonds, für diesen Zweck eingerichtet und mit 2 Milliarden USD aufgefüllt. Zusätzlich holte man sich Chevron als Partner, der an manchen Konzessionen bis zu 100 Prozent Anteil hält. Bis zum Jahresende 2014 wurden 290 Fördersonden abgeteuft, die im Jahr 2014 etwa 6,2 Milliarden Kubikmeter Erdgas und täglich 7 Kilobarrel Erdöl förderten.[205] Dies entspricht etwa 15 Prozent der Gasfördermenge und 2 Prozent der Ölfördermenge Argentiniens.

Die Bohrkosten konnten in den vergangenen Jahren von 11 Millionen USD auf 7,6 Millionen USD pro Bohrung reduziert werden. Doch damit liegen sie noch deutlich über dem Verkaufsniveau.[206] Im Februar 2013 wurde eine Resolution verabschiedet, gemäß der die Einspeisevergütung mit 26,5 US-Cent pro Kubikmeter mehr als doppelt so hoch angesetzt wurde wie der Marktpreis zu jener Zeit. Auch im ersten Quartal 2015 lag die Vergütung für Schiefergas noch deutlich über dem Erdgaspreis von 16 US-Cent pro Kubikmeter.[207] Einen Tag bevor Chevron den Vertrag unterzeichnete, wurde ein Dekret verabschiedet, das ausländischen Firmen ein attraktives Investitionsklima mit stark reduzierten Steuersätzen zusichert.

In Argentinien dürfte nach dem Einbruch in den USA weltweit das aggressivste Programm zur Ausweitung der Schiefergas- und Tightoil-Förderung laufen. Hier wird sich vermutlich sehr bald zeigen, ob die Erwartungen in die großen Ressourcen gerechtfertigt sind und eine künftige längerfristige Ausweitung der Öl- und Gasförderung tatsächlich erfolgt. Auch wird sich sehr schnell erweisen, wie hoch der Umweltpreis hierfür sein wird.

Australien

Das australische Schiefergas- und Tight-gas-Potenzial wird mit 12 000 bis 28 000 Milliarden Kubikmetern als eines der weltweit größten eingeschätzt.[208] Dabei finden sich in allen großen Landesteilen Anteile. Wie in Europa ist auch hier die Haltung der Bevölkerung sehr gespalten.[209] Die Gasindustrie propagiert die Erschließung der Ressourcen als

Basis der künftigen Gasversorgung über Hunderte von Jahren und als Arbeitgeber für viele tausend Jobs. Umweltverbände und grüne Politik, vor allem in den Northern Territories, versuchen, ein Frackingmoratorium durchzusetzen.

Im Oktober 2014 wurde die erste Förderbohrung für Schiefergas abgeteuft. Bisher hat dieses Gas keine wirtschaftliche Bedeutung. Das liegt auch daran, dass in Australien bereits seit Jahren Kohleflözgas in großem Stil gefördert wird. In Queensland liegt der Anteil von Kohleflözgas bei fast 90 Prozent. Bezogen auf ganz Australien lag im Jahr 2014 der Flözgasanteil bei 10 Prozent. Insgesamt gab es Ende 2014 mehr als 6 000 Bohrungen, 5 150 Fördersonden und 1 600 Explorationsbohrungen.[210] Zwischen 2011 und 2014 wurden diese Bohrungen mit 431 Fracs stimuliert. Von der Industrie wird immer wieder auf das große Potenzial von Schiefergas hingewiesen. Doch wirken in Australien die Kosten, die höher als in den USA sind, als hemmende Faktoren. Zudem ist der potenzielle Markt aufgrund der geringen Besiedlungsdichte und der großen Konkurrenz durch billigeres konventionelles Gas und Kohleflözgas kleiner.

China

Mit geschätzten förderfähigen Ressourcen von über 30 000 Milliarden Kubikmetern gilt China als der potenziell weltgrößte Standort für Schiefergasbohrungen. Wegen des gestiegenen Gasverbrauchs ist die Importabhängigkeit Chinas von null im Jahr 2006 auf fast 30 Prozent (58 Milliarden Kubikmeter) im Jahr 2014 angestiegen.[211] Die Gasversorgung hat in China einen Anteil von etwa fünf Prozent am gesamten Energieaufkommen, wobei der Anteil zulasten der Kohle deutlich gesteigert werden soll.

So hat China die Erschließung der großen Schiefergasressourcen propagiert. Gemäß dem 12. Fünfjahresplan 2011 sollte die Schiefergasförderung bis 2015 auf 6,5 Milliarden Kubikmeter und bis 2020 auf 60 bis 100 Milliarden Kubikmeter ausgebaut werden.[212] Doch die Realität bleibt weit hinter den Erwartungen zurück. Die ersten Aufsuchungslizenzen wurden im Juni 2011 versteigert. Sechs Firmen bewarben sich um vier Blöcke. Tatsächlich wurden nur zwei Blöcke in Chongqing an die chinesischen Firmen Sinopec und Hunan CBM vergeben. Die anderen beiden Blöcke wurden annulliert. Eine zweite Ausschreibung für die Vergabe von Lizenzen wurde im Dezember 2012 durchgeführt. Mehr als 80 Firmen bewarben sich mit über 150 Angeboten um die Vergabe von Lizenzen in 20 Blöcken. Tatsächlich erhielten 19 Firmen Lizenzen in 19 Blöcken, wobei kein einziger Interessent über die für die Schiefergaserschließung notwendigen technischen Kenntnisse verfügte. Eine dritte Ausschreibungsrunde war ursprünglich für das Jahr 2013 geplant. Doch aufgrund der technischen Schwierigkeiten bei der Erschließung der bereits vergebenen Blöcke wurde diese Ausschreibungsrunde auf einen unbestimmten Termin vertagt.[213]

Im Jahr 2014 wurden etwa 1,5 Milliarden Kubikmeter Schiefergas gefördert. Dies entspricht einem Anteil von 0,8 Prozent am Gasverbrauch in China. Die Firma CNPC erwähnt im Bericht für das dritte Quartal 2015, dass bis zum August 2015 47 Fördersonden mit einer Förderleistung von 3,6 Millionen Kubikmetern pro Tag abgeteuft worden sind.[214] Die Gründe für die Verzögerungen liegen vor allem in der geografisch und geologisch schwierigen Lage der Vorkommen. Sie liegen in gebirgigen, kaum erschlossenen Felswüsten in einer Tiefe von 3 000 bis 5 000 Metern. Dies erschwert den Transport von Ausrüstungsteilen, aber auch den Abtransport des Gases aufgrund des fehlenden Leitungsnetzes deutlich. Darüber hinaus sind die Vorkommen oft feucht und mit Ton durchsetzt. Die dadurch erhöhte Verformbarkeit erschwert die Öffnung von Rissen mit den üblichen Methoden des Wassereinpressens und der Zugabe von Sand als Stützmittel. Dadurch erweisen sich die Bohrungen im Vergleich zu den USA als wesentlich teurer.

Darüber hinaus zeichnen sich für die Erschließung große ökologische Probleme ab. In den meisten der erhofften Fördergebiete ist Wasser auch heute schon Mangelware, um die andere Wirtschaftsakteure konkurrieren. Selbst in der wasserreichsten der Schiefergasregionen, Sichuan, erschwerte die Wasserknappheit die bisherigen Förderbedingungen: Dort liegt die Wasserverfügbarkeit pro Einwohner bei 3 000 Kubikmetern pro Jahr, einem Fünftel des Durchschnittswertes der USA.[215]

Shell hatte noch im Jahr 2013 avisiert, sich auch in China bei der Erschließung dieser Ressourcen zu engagieren. Tatsächlich geht dies aufgrund der chinesischen Regularien nur in Kooperation mit einer chinesischen Partnerfirma. Shell hat hier eine Vereinbarung mit der staatlichen chinesischen Ölfirma CNPC. Doch in den vergangenen beiden Jahren vermied Shell es, in den Jahres- oder Quartalsrapports über Fortschritte dieses Engagements zu berichten. Weitere internationale Partner der chinesischen Firmen CNPC und Sinopec sind ConocoPhillips und Chevron.[216] Inzwischen wurde der Zielwert der Produktion für das Jahr 2020 um mehr als 50 Prozent auf 30 Milliarden Kubikmeter reduziert.[217] Ähnlich wie in Australien ist auch in China die Kohleflözgasförderung wesentlich weiter entwickelt, auch wenn hier ähnliche Probleme bestehen.[218] So wird berichtet, dass die oberflächennahen Kohleflöze teilweise so kalt seien, dass die injizierten Flüssigkeiten zu einer gummiartigen Masse erstarrten. Teilweise seien die unterirdischen Kohleflöze auch durch Wassereinbrüche überflutet. Zudem scheint es Konfrontationen mit dem bestehenden Kohlebergbau zu geben. Manchmal würden die Bohrungen in Schachtanlagen eindringen und diese unbrauchbar machen.[219]

So lässt sich bei einem Blick auf die weltweiten Frackingpotenziale auf jeden Fall ein Schluss ziehen: Das Vorkommen allein versorgt ein Land noch nicht mit Gas. Viele Begleitumstände einer künftigen Förderung können stark einschränkend bis prohibitiv wirken. Eine Lagerstätte kann so abgelegen sein, dass weder die Anlieferung von Bohrgerät noch der Abtransport der gewonnenen Kohlenwasserstoffe ökonomisch sinnvoll sind. Deckschichten über den gas- oder ölführenden Schiefern können instabil sein. Es kann an Wasser und Sand fehlen – beides wird in sehr großen Mengen gebraucht. Es kann zu Konflikten mit Menschen kommen, die das Land, auf dem gebohrt werden soll, bereits nutzen. Natur- und Kulturschutzinteressen können tangiert werden. Die politischen Verhältnisse können für eine Förderfirma zu unsicher sein – wenn etwa Enteignungen befürchtet werden müssen, Phantasiesteuern verlangt werden oder wenn, bevor überhaupt Öl da ist, »geschmiert« werden muss. Das Lohnniveau kann zu hoch oder zu instabil sein. Volatile Weltmarktpreise für Gas und Öl können die solide Planung eines Fördervorhabens unmöglich machen.

In vielen Fällen treffen mehrere dieser Punkte zugleich zu. Die von allen diesen Bedenken unbeleckte Weltressourcenabschätzung durch die amerikanische Energiebehörde EIA muss einem unter diesen Umständen mindestens naiv vorkommen, und die Frage nach den dahinterstehenden Interessen wird noch drängender. In der folgenden Schlussbetrachtung wird deshalb auch versucht, die Zukunftsaussichten der Frackingtechnologie in einer Zusammenschau mit anderen Szenarien einer künftigen Energieversorgung zu sehen.

Schlussbetrachtung

Fracking – Energiewunder oder Umweltsünde?

Brückentechnologie Erdgas – einsturzgefährdet?

Fracking – in der Diskussion um die Technologie wird immer wieder darauf verwiesen, dass die Erdgasnutzung als Brückentechnologie unerlässlich sei und daher die Anhebung der heimischen Erdgasförderung mittels Frackings einen wichtigen Beitrag zum Klimaschutz darstelle. Auch wenn diese Argumentation oft genug wiederholt wird, wird sie davon nicht richtiger. Es ist absurd anzunehmen, dass man bis zum Jahr 2050, also in den kommenden 35 Jahren, die Energieversorgung dadurch weitgehend von CO_2-Emissionen befreien könne, dass man den Beitrag des Erdgases erhöht, anstatt es über mehrere Jahrzehnte auszuphasen. Es geht nicht darum, den einen fossilen Energieträger durch einen vielleicht etwas weniger CO_2 emittierenden anderen zu ersetzen. Damit ist nichts gewonnen. Es geht darum, die Emissionen auf beinahe null zurückzufahren.

Was in der Energiewende gebraucht wird und eine wichtige Funktion übernehmen wird, ist nicht fossiles Erdgas, sondern ein synthetisch erzeugtes Gas, dessen Sinn es ist, die Angebots- und Nachfrageschwankungen auszugleichen. Dieses Gas dient dazu, die Angebotsschwankungen von Sonne und Wind auszugleichen und an die Nachfrage anzupassen. Wird mehr Solar- und Windstrom erzeugt als gebraucht wird, kann über die Elektrolyse von Wasser unter Hinzufügung von Kohlenstoff aus atmosphärischem CO_2 Methangas künstlich erzeugt und wie Erdgas genutzt werden. Insofern ist es schon richtig, dass möglicherweise mehr Gaskraftwerke gebraucht werden – die allerdings nur kurze Nutzungszeiten haben werden. Im Jahresmittel muss der Anteil von Erdgas zurückgehen. Wenn in den kommenden 35 Jahren nennenswerte Mengen von synthetisch über Elektrolyse und Wasserstoff erzeugtem Gas – oder auch von flüssigen, nur eben synthetisch erzeugten Kraftstoffen – zur Verfügung stehen sollen, dann muss hier die entsprechende Infrastruktur aufgebaut werden. Und diese Energie werden wir auch für den Verkehrssektor dringend benötigen. Auch das wird schrittweise erfolgen und seine Zeit brauchen. Daher muss jede neue Investition in den Umbau der Strukturen gelenkt werden. Jede neue Investition in fossile Energieträger zementiert

Schiefergasförderung versus Windenergienutzung

Im Fayetteville Shale in Arkansas liegt (über 5 000 Bohrungen gemittelt) der kumulierte Gasertrag einer Bohrung bei 30 bis 35 Millionen Kubikmetern über die gesamte Lebensdauer, die zwischen 10 und 20 Jahren beträgt. In Deutschland hofft die Industrie auf einen Ertrag von 50 bis 100 Millionen Kubikmeter je Bohrung. Tatsächlich hängt dieser Ertrag natürlich von der Gashöffigkeit des Gesteins, vor allem aber von der Ausdehnung des horizontalen Bohrbereichs und der Anzahl der Fracs ab. Nehmen wir als Beispiel wie im Fayetteville Shale 40 Millionen Kubikmeter als Ertrag, dann entspricht das einer theoretischen Energiemenge von 350 Millionen Kilowattstunden. Wenn das Gas in einer Gasturbine mit 50 Prozent Wirkungsgrad verstromt wird, dann gewinnt man 175 Millionen kWh beziehungsweise 175 GWh Strom. Bei 10 bis 20 Jahren Förderdauer bis zur Erschöpfung der Bohrung errechnet sich daraus ein gemittelter jährlicher Stromertrag von 9,75 bis 17,5 GWh.
Zusätzlich muss bei dieser Rechnung noch die Gasturbine zur Verstromung berücksichtigt werden: Deren Leistungsabgabe aufgrund des Nachlassens der Gasförderung reduziert sich kontinuierlich: Im ersten Jahr werden etwa 50 bis 70 Prozent des Gesamtertrags erwirtschaftet, in den ersten 3 Jahren etwa 75 bis 90 Prozent und in den verbleibenden 7 bis 17 Jahren 10 bis 25 Prozent. Natürlich sind nachträgliche Frac-Maßnahmen zur Leistungserhöhung der Förder-

bohrung jederzeit möglich, allerdings steigen somit auch die Kosten deutlich an. Damit wäre eine Gasturbine über 10 bis 20 Jahre nur kontinuierlich zu betreiben, wenn durch die Zufuhr von Gas aus anderen Quellen der stetige Gasförderabfall ausgeglichen würde.
Eine moderne Windturbine mit 3 Megawatt (3 000 Kilowatt) Leistung erwirtschaftet im Binnenland bei entsprechender Auslegung 2 500 Volllaststunden. Damit liegt der jährliche Ertrag bei etwa 7,5 GWh. Bei einer Lebensdauer von 25 bis 30 Jahren liefert die Anlage insgesamt 190 bis 225 GWh. Über die Lebensdauer der Anlagen gemittelt, ist der Stromertrag einer Windkraftanlage also vergleichbar mit der erzeugten Strommenge einer gefrackten Bohrung inklusive Gasturbine. Liegt der Gasertrag pro Bohrung eher bei 70 Millionen Kubikmetern, dann entspräche das der Strommenge von zwei Windkraftanlagen mit je 3 MW Leistungsabgabe.
Die Investitionskosten einer 3-MW-Windkraftanlage liegen bei zirka 4 bis 5 Millionen Euro. In Deutschland dürften die Kosten einer Bohrung mit 3 000 Meter Tiefe, 2 000 Metern horizontaler Ausdehnung und zehn Fracs bei 15 Millionen Euro oder mehr liegen. Hinzu kommen die Kosten für Gasaufbereitung und Verstromung, die aufgrund des stetig nachlassenden Gasertrags hier nicht berücksichtigt werden. Auf diesem vereinfachten Level betrachtet, sind die Kosten von Strom aus einer gefrackten Gasbohrung vergleichbar hoch (wenn der Gasertrag einer Bohrung bei 70 Millionen Kubikmetern liegt) oder deutlich höher als bei einer Windkraftanlage mit ähnlichem Energieertrag.
Würde das Gas direkt zur Beheizung genutzt, so wären die 350 GWh als Wärme verfügbar. Eine Solaranlage mit 400 kWh pro Quadratmeter Wärmeertrag würde über 25 Jahre zirka 35 000 Quadratmeter Fläche zur Bereitstellung dieser Wärmemenge benötigen – das wäre in etwa die Fläche von vier oder fünf Bohrplätzen. Bei Systemkosten, die bei Großanlagen um die 500 Euro pro Quadratmeter liegen, würde die Investitionssumme bei etwa 17 Millionen Euro liegen. Damit könnten etwa 2 000 bis 3 000 Haushalte mit Wärme versorgt werden.
Natürlich sind das verkürzte Vergleiche. Dennoch zeigen sie, dass die Kosten regenerativer Energieerzeugung in vergleichbarer Höhe, möglicherweise sogar deutlich niedriger als von Schiefergasbohrungen liegen. Betriebswirtschaftliche Kosten allein bilden erst einmal kein Argument für die Bevorzugung einer Technologie.

deren Beitrag nochmals für einige Zeit und verschiebt diesen Umbau. So muss man dem Bild der Brückentechnologie ein anderes entgegensetzen: Eine Brücke ist teuer, zieht Verkehr an und kann auch einstürzen! Das Bild der »Brückentechnologie« ist im Kern der Versuch, in freundliche Begriffe verpackt, eine Berechtigung zu finden, den Umbau der Energiewirtschaft abzubremsen und seine Notwendigkeit in Frage zu stellen.

Klimapolitik vor dem Durchbruch?

In der Vergangenheit litt eine vorausschauende Klimapolitik oft darunter, dass der Einsatz fossiler Energieträger betriebswirtschaftlich günstiger war als der Umstieg auf kohlenstoffarme Energieträger – auch wenn es inzwischen Untersuchungen gibt, die belegen, dass volkswirtschaftlich die günstigste Strategie wäre, so schnell wie möglich die Kohlendioxidemissionen zu senken. In diese Richtung gehende Forderungen hatten immer mit großem Widerstand aus der etablierten Energie- und Automobilwirtschaft zu kämpfen. So versuchte die Politik, oft gegen großen Widerstand, über eine CO_2-Abgabe hier einen ökonomischen Hebel einzuführen. Die Idee war, alle großen Emittenten von Treibhausgasen zu verpflichten, Emissionszertifikate zu erwerben. Doch in der Realität ist dieses Vorhaben bisher gescheitert: Zu viele Zertifikate wurden auf den Markt gebracht, der Marktdruck war zu gering, und der Preis verfiel auf wenige Euro je Tonne CO_2.

Doch in den letzten Jahren hat es neue Entwicklungen gegeben, die nach vielen Jahren Stillstand wieder Anlass zur Hoffnung geben. Insbesondere in China, das etwa zur Hälfte zur weltweiten Kohleförderung (und zum Verbrauch) beiträgt, ist die Ausweitung ins Stocken geraten. Erstmals im Jahr 2014 wurde eine Stagnation oder ein leichter Rückgang des Kohleeinsatzes beobachtet. Das Jahr 2015 bringt einen signifikanten Rückgang, der bis September etwa 5 Prozent ausmacht. Auch in anderen Nationen ist der Kohleverbrauch zurückgegangen. [220] In den USA liegt die Kohleförderung auf dem niedrigsten Stand seit 30 Jahren. Der Verbrauch geht 2015 gegenüber dem Vorjahr vermutlich um 10 oder 11 Prozent zurück. Der Kohleanteil an der Stromerzeugung fiel von 50 Prozent im Jahr 2005 auf 36 Prozent im Jahr 2015. In Großbritannien, dem Mutterland der industriellen Kohleförderung, soll bis zum Jahresende 2015 die letzte Kohlemine geschlossen werden. Das letzte Kohlekraftwerk wird 2025 vom Netz genommen.[221] Weltweit liegt der Rückgang der Kohleförderung 2015 bei 2 bis 3 Prozent. Weitere energiewirtschaftliche Effekte kommen hier noch hinzu und wirken in dieselbe Richtung:

- Die Investitionen in fossile Energieträger sind erstmals mit großen Unsicherheiten bezüglich der Renditen behaftet. Der Ölpreiseinbruch, der Kohlepreisverfall und auch der niedrige Gaspreis lassen diese Investitionen als riskante Geldanlagen mit spekulativem Charakter erscheinen.
- In vielen Bereichen konkurrierende regenerative Energietechnologien sind ständig billiger geworden. Inzwischen können sie in einigen Bereichen bereits mit fossilen Energien konkurrieren.
- Zunehmend entziehen auch Investoren bewusst ihr Geld aus Fonds mit fossiler Beteiligung. Prominente Beispiele bilden der norwegische Pensionsfonds Global, in dem ein Teil der Einnahmen des norwegischen Staates aus der heimischen Öl- und Gasförderung angelegt wird, die Stadt Oslo, die als erste große Kommune angekündigt hat, aus ihren Geldanlagen Investitionen in fossile Bereiche zurückzuziehen, oder die Allianz-Versicherungsgruppe, die kurz vor der Weltklimakonferenz angekündigt hat, nicht mehr in fossile Energieträger zu investieren.
- Die Bank von England hat bereits mehrmals und zuletzt im Vorfeld zu den Klimaverhandlungen in Paris gewarnt, dass Investitionen in fossile Energieträger und Kraftwerke zunehmend als Fehlinvestitionen, sogenannte *stranded invests*, bewertet werden könnten.

Diese Entwicklungen machen Mut. Und so sind Klimawissenschaftler und Politiker erstmals seit vielen Jahren optimistisch, dass das bei den Weltklimaverhandlungen im Dezember 2015 in Paris verabschiedete Protokoll die großen Hoffnungen, die es hervorgerufen hat, erfüllt und die Weichen in eine Welt ohne fossile Energieträger eindeutig gestellt werden. Zum Zeitpunkt des Erscheinens dieses Buches ist die tatsächliche Entwicklung noch nicht absehbar, der Leser möge dies entsprechend seiner eigenen Einschätzung ergänzen.

Resümee

In diesem Buch wurden verschiedene Aspekte der Gewinnung von Erdöl und Erdgas diskutiert. Es wurde insbesondere deutlich, dass die Technik des Frackings einen konsequenten nächsten Schritt der fossilen Energiewirtschaft darstellt: Nachdem die leicht erreichbaren Vorräte deutlich weniger werden, versucht die Branche, mit gestiegenem Aufwand die verbleibenden Öl- und Gasvorräte zu erschließen. Nachdem die Förderung im tiefen Meer ebenfalls in fast allen Bereichen ihren Höhepunkt überschritten hat und zurückgeht, nachdem die günstigeren Abbaugebiete von Teersanden nahe dem Athabaska-Fluss in Alberta, Kanada, vergeben sind und die weitere Erschließung immer weiter steigende Kosten verspricht, wird in den USA (mit dem Startschuss um das Jahr 2005) massiv auf die Erschließung von Schiefergas und *light tight oil* (LTO) aus Tiefengesteinen gesetzt. Es geht vor allem darum, in der Öffentlichkeit den Eindruck zu erwecken, als wäre alles in Ordnung und als würde das fossile Zeitalter – wie ein evolutionärer Vorgang – mit neuen Techniken immer neue Vorkommen erschließen. Man stelle sich die Wirkung auf Verbraucher und Börse vor, wenn die Kohlenwasserstoffindustrie einräumte, dass eigentlich die »schöne« Zeit der Öl- und Gasförderung vorbei sei und es jetzt nur noch darum gehe, den Übergang in eine nichtfossile Energiezukunft zu meistern. Die Industrie ginge das Risiko ein, dass die Investoren sich weitgehend zurückzögen, dass die Verbraucher sich schneller nach Alternativen umsähen als unbedingt notwendig und dass die Politiker mit solchem Rückenwind die Klimaproblematik wesentlich offensiver angingen. Nichts wäre schlimmer für das Geschäft als Verbraucher, die noch schneller vom Öl weggingen als die zurückgehende Förderung sie zwingt – tatsächlich erleben wir seit Herbst 2014 eine solche Phase.

Daher lässt sich dieses Engagement im Fracking zuerst als Eingeständnis der Industrie interpretieren, dass die konventionellen Vorräte zur Neige gehen – ansonsten würde sie wesentlich lieber und gewinnbringender in diese investieren. Zweitens aber lässt sich das Engagement als verzweifelter Versuch deuten, das alte Geschäft mit den fossilen Energieträgern mit allen Mitteln noch für einige Jahre länger zu führen. Und drittens spiegelt es die Erwartung der Industrie, dass künftig die Preise wieder steigen werden und die teuren Fördermethoden doch noch Gewinne abwerfen.

In den vergangenen zehn Jahren wurden in den USA mit Fracking Erfolge gefeiert. Doch diese Erfolge wurden mit hohen Schulden erkauft. Der Einbruch des Gaspreises im Jahr 2008 in den USA und des Ölpreises im Herbst 2014 zeigen zunehmend, dass diese Investitionen spekulativen Charakter haben. Wie eine Analyse der amerikanischen Energieagentur EIA zeigt, lagen bei mehr als 90 untersuchten Firmen die Erlöse aus dem Öl- und Gasverkauf seit 2009 unter den Investitionsausgaben. Dividendenzahlungen mussten zunehmend über die Aufnahme von Krediten und den Verkauf von Bohrrechten finanziert werden. Im dritten Quartal 2015 häuften innerhalb von drei Monaten 20 Firmen mehr als 50 Milliarden Dollar Verluste an.

Die Erfolge in den USA wurden auch mit einem hohen sozialen und Umweltpreis erkauft. Kommunen im ländlichen Raum sind gespalten. Die großräumige und regional flächendeckende Erschließung der Vorkommen hat zu einer starken Polarisierung der Einwohner, je nach Interessenlage, beigetragen. Tatsächlich sind viele Störfälle dokumentiert. An vielen Orten konnte auch ein Zusammenhang zwischen Bohraktivität und Beeinträchtigung der Grundwasserqualität aufgezeigt werden. Potenzielle Gesundheitsauswirkungen, vor allem durch Frackingflüssigkeiten, sind in Einzelfällen belegt, wenn sie auch nicht in ihrer Signifikanz bewertet werden können – hierzu liegen zu wenige systematische Untersuchungen vor. So kann derzeit nur festgestellt werden, dass es Gesundheitsrisiken gibt. Insbesondere eine Übertragung auf Deutschland ist hier noch mit großer Unsicherheit behaftet.

Investoren haben in jüngster Zeit begonnen, Gelder aus Firmen der fossilen Energie- und Rohstoffwirtschaft abzuziehen. Neben dem

Preiszusammenbruch und der daraus resultierenden finanziellen Unsicherheit haben diese Rückzüge ihre Ursache auch darin, dass Investitionen in regenerative Energietechnologien zunehmend attraktiv werden. Deren Marktanteil wächst. Die klimapolitischen Notwendigkeiten erfordern den Übergang in eine postfossile Energiewirtschaft. Bis zum Jahr 2050 wird von den europäischen Staaten die Reduktion der klimarelevanten Emissionen um 80 bis 95 Prozent angestrebt. Auch ideelle De-Investment-Kampagnen von NGOs richten sich immer stärker gegen die fossilen Energien. Seit mehreren Jahrzehnten wächst der Beitrag der erneuerbaren Energien im zweistelligen Prozentbereich. Dem steht ein defensiver Verteidigungskampf der fossilen Energiewirtschaft um ihre Marktanteile gegenüber. Dieser wird gegen die klimapolitischen Notwendigkeiten geführt. Zudem zwingt die Endlichkeit fossiler Energieträger zu der Einsicht, dass der Übergang der weltweiten Energiewirtschaft von fossilen hin zu regenerativen Energien unausweichlich ist, stetig voranschreitet und Fahrt aufgenommen hat. Diesen Trend kann man über politische Maßnahmen beschleunigen oder verzögern, aber man kann ihn nicht aufhalten.

Vor diesem Hintergrund muss es als eine höchst fragwürdige Weichenstellung erscheinen, sich in der Erschließung der noch verbleibenden unkonventionellen Öl- und Gasvorkommen zu engagieren. Man würde auf ein Auslaufmodell setzen, das mit den großräumig notwendigen klimapolitischen Erfordernissen, aber auch mit der realen Entwicklung nichts zu tun hätte oder ihnen diametral entgegensteht. Gerade da die Transition unvermeidbar und notwendig ist, täten die Firmen gut daran, ihre Geschäftsmodelle mit diesen Erfordernissen kompatibel zu gestalten. Davon hängt ja auch ab, ob der Übergang harmonisch – durch das zeitgerechte Ablösen fossiler durch neu aufgebaute regenerative Energietechnologien – vonstatten gehen wird oder ob es zu wirtschaftlichen und politischen Verwerfungen kommt, wenn beispielsweise die Verfügbarkeit von Erdöl im Verkehrsbereich infrage steht oder in einer unsicheren Versorgungslage die Preise unberechenbar werden.

Aufgrund dieser Unsicherheit erscheint es kontraproduktiv, mit neuen Investitionen nochmals auf eine Fortführung der alten Strukturen zu setzen. Um auf die im Buchtitel formulierte Frage zurückzukommen: Letztlich ist Fracking weder ein Energiewunder noch a priori unter Umweltgesichtspunkten eine Todsünde. In der Tat hat es ja in den USA aufgrund der dort günstigen Randbedingungen zu einem deutlichen Aufschwung der Öl- und Gasförderung innerhalb der letzten zehn Jahre beigetragen. Doch diese Zeit kommt an ihr Ende. Es ist unwahrscheinlich, dass in fünf oder zehn Jahren die Förderung noch auf demselben Niveau wie heute liegen wird. Fracking hat der Energiewirtschaft einen Aufschub von einigen Jahren gegeben – aber es wird keinen langfristigen Beitrag leisten können.

Die Aktivitäten in den USA haben gezeigt, dass insbesondere unter zeitlichem und finanziellem Druck oft fahrlässig gearbeitet wird, dass es viele Verstöße gegen Umweltregularien gab und gibt und dass Störfälle – Leckagen, Brände, Arbeitsunfälle – keine Ausnahmefälle waren. Diese vielerorts in den USA beobachtbaren Begleiterscheinungen kann man durchaus als Umweltsünden bezeichnen. In Einzelfällen konnten auch gesundheitliche Schäden beobachtet werden. Wenige davon sind durch gerichtlich durchgesetzte Schadensansprüche auf ein justiziables Niveau erhoben. So ist eine belastbare Quantifizierung der Risiken heute noch nicht möglich – hierzu gibt es zu wenige epidemiologische Untersuchungen und empirische Studien. Bekannt ist die potenzielle Gefährlichkeit einiger der beim Fracking verwendeten Chemikalien, die sich in den teilweise sehr niedrigen Grenzwerten ausdrückt, mit denen sie in Wasser oder Luft vorkommen dürfen.

Allerdings kann von den amerikanischen Verhältnissen nicht darauf geschlossen werden, dass Fracking überall auf der Welt automatisch zu einer »Umweltsünde« wird. Wie bereits mehrmals angesprochen: Die Risiken können benannt werden, aber sie können nicht oder nur schlecht quantifiziert werden. Insbesondere ist eine Übertragbarkeit auf deutsche Verhältnisse schwierig. Hierzu fehlen zu viele Grunddaten und Vergleichszahlen. Aber eine »Bei uns kann das nicht passieren«-Einstellung wäre sicher blauäugig. Auch heute erleben wir in Deutschland bereits viele Störfälle und Fehlverhalten – man denke nur an die vielen Altlasten im Bergbau, an die über viele Jahre legale

Verwendung von Kunststoffleitungen für den Transport von Lagerstättenwasser, obwohl seit Jahrzehnten das Wissen vorhanden war, dass Benzol durch diese Leitungen nach außen diffundiert. Risiken bleiben – ob diese dann in »Umweltsünden« umschlagen, das wird man erst im großflächigen Experiment sehen.

Jedenfalls wiegt angesichts welcher Risiken auch immer, welcher möglichen Umweltschäden auch immer das Argument um so schwerer, dass es Alternativen *gibt*, dass Fracking als ein Versuch gesehen werden kann, die fossilen Energieszenarien noch weiter in die Zukunft zu perpetuieren, wo es doch das Gebot der Stunde sein müsste, mit aller konstruktiven Kraft und im Zusammenwirken aller Akteure den Umbau der Energiewirtschaft in regenerative Versorgungsstrukturen in Angriff zu nehmen. Es ist keineswegs klar, ob dieser Umbau rechtzeitig und ohne große Verwerfungen erfolgen wird – in den vergangenen Jahren wurde bereits viel Zeit verloren. Diese Versäumnisse müssen aufgeholt werden.

In Deutschland sind die Voraussetzungen dafür günstig, diesen letzten kleinen Schritt auf dem fossilen Weg einfach auszulassen. Die Voraussetzungen für eine Abkehr vom fossilen Weg werden überhaupt überall dort besser sein, wo man unvoreingenommen in die Zukunft blickt, wo es in der Wirtschaft weniger verfestigte Strukturen gibt und wo die Politik der Wirtschaft weniger verpflichtet ist. Wo viele jüngere Menschen wohnen, für die der Transport von Gütern oder Menschen nicht unbedingt immer mit dem gleichzeitigen Transport von Tonnen von Metall verbunden sein muss. Wo die Einsicht wächst, dass nicht jeder *benutzte* Gegenstand auch *besessen* werden muss. Wo man einsieht, dass man manches auch reparieren kann, statt es gleich neu zu kaufen. Wo den Menschen langsam klar wird, dass die großen Naturräume des Planeten etwas Kostbares sind, das wir im Begriff sind zu verlieren.

Anhang

Umrechnungen – Einheiten

In diesem Buch wimmelt es von Bezeichnungen und Maßeinheiten für Energieträger und die von ihnen erzeugten Energiemengen. Hier soll eine Handreichung gegeben werden, wie man diese Zahlen ineinander umrechnen kann, welche Größenordnungen sie abbilden und was sie bedeuten.

ÖL wird in Tonnen (t), Kilotonnen (kt), Megatonnen (Mt) oder Fass, englisch Barrel (Kilobarrel, kb, Megabarrel, Mb, Gigabarrel, Gb), gemessen. Eine Tonne entspricht 7,33 Barrel, wobei der exakte Wert vom Gewicht und damit der Ölqualität abhängt. Ein Fass enthält 159 Liter. Als Anhaltspunkt für den Weltbedarf an Öl mag dienen, dass der Welttagesverbrauch zurzeit bei etwa 85 Megabarrel liegt. Der Weltmarktpreis für ein Barrel Rohöl lag im Dezember 1998 bei 12 US-Dollar. Bis zum Sommer 2008 stieg er auf 140 US-Dollar, brach dann kurzfristig um mehr als 50 Prozent ein, um dann zwischen 2010 und 2014 um die 100-Dollar-Marke zu pendeln. Im Herbst 2014 fiel er auf 40 bis 50 US-Dollar und ein Jahr später auf unter 30 US-Dollar. Die Volatilität hat deutlich zugenommen.

GAS berechnet man in Kubikmetern (m^3), Kubikfuß (cft) oder Standardkubikfuß (scf). Damit ist die Gasmenge in einem Kubikfuß unter Standardbedingungen von Druck (1 Atmosphäre, atm) und Temperatur (25 °C) gemeint. Ein Kubikmeter enthält 35,3 Kubikfuß, oder umgekehrt, 1 000 Kubikfuß enthalten 28,3 Kubikmeter. Auch hier kürzt man große Einheiten ab in Mcf (1 000 scf), MMcf (Million scf) oder bcf (billion scf, Milliarden Kubikfuß) und Tcf (Terakubikfuß). Der weltweite Erdgasverbrauch im Jahr 2014 entspricht 3 400 Milliarden Kubikmeter. Ohne weitere Erklärung ist immer der unkomprimierte Zustand des Gases bei Umgebungsdruck gemeint.

Diese Benennungen tauchen hier im Buch und auch in der Literatur in Vorratsangaben oder Fördermengen auf, wobei diese Angaben unter extrem verschiedenen Voraussetzungen gemacht werden. Die deshalb sehr wichtigen Unterscheidungen zwischen *Ressourcen*, *möglichen*, *wahrscheinlichen* und *sicheren Reserven* werden im Grundlagenkapitel erklärt. Dort angesprochen wird auch der feine Qualitätsunterschied unterschiedlicher Sorten von Öl, aber auch von Gas. Dieser liegt zum Teil in der chemischen Zusammensetzung der Anteile und damit im Energieinhalt.

ENERGIE kann in verschiedenen Einheiten berechnet werden, die alle ineinander umrechenbar sind. Eine Grundeinheit ist die Wattsekunde – sehr viel gebräuchlicher allerdings als Kilowattstunde (kWh), die 3,6 Millionen Wattsekunden (oder Joule oder Newtonmeter) entspricht. Joule ist übrigens im wissenschaftlichen Bereich die Standardeinheit (sogenannte SI-Einheit). Ihre Vervielfachungen, jeweils mit dem Faktor 1000, heißen Kilojoule (kJ), Megajoule (MJ), Gigajoule (GJ), Terajoule (TJ) oder Petajoule (PJ). Strom wird oft noch in kWh oder ebenfalls in Tausenderschritten Megawattstunden (MWh), Gigawattstunden (GWh) oder Terawattstunden (TWh) angegeben. Weltweit betrug die Stromerzeugung im Jahr 2014 etwa 24 000 TWh.

Die grobe Umrechnung der verschiedenen Energieträger lautet: 1 Liter Erdöl oder 1 Kubikmeter Erdgas entsprechend 10 kWh. In der Kohlenwasserstoffindustrie ist es üblich, alle Energieträger nur in einer Einheit zu benennen. Dort ist es das Äquivalent von Erdöl, mit oe bezeichnet. Eine Tonne Erdöl entspricht 1 toe.

Aber Vorsicht: Unkonventionelles Erdöl hat oft ein anderes Gewicht als konventionelles Erdöl. Beispielsweise enthält ein Liter Flüssiggas etwa 30 Prozent weniger Energie als ein Liter Rohöl. Das wird erst dann deutlich, wenn man die Angaben, beispielsweise Mboe, vorliegen hat. Deswegen ist es eigentlich unsinnig, die weltweite Erdölförderung in Mb pro Tag zu veröffentlichen, dennoch ist es der gebräuchliche Standard.

Bei Erdgas gibt es ebenfalls Unterschiede. Für überschlägige Umrechnungen setzt man einen Kubikmeter Erdgas mit einem Liter Erdöl gleich. Dies entspricht einem Energieinhalt von 10 kWh. Hochwertiges Erdgas (sogenanntes H-Gas, zum Beispiel aus Russland) besteht bis zu 99 Prozent aus Methan, das auch den Heizwert dominiert. Hier entspricht 1 Kubikmeter bis zu 11 kWh. Gas mit deutlich geringerem Methananteil unter 87 Prozent (sogenanntes L-Gas, etwa aus den Niederlanden) enthält noch andere Kohlenwasserstoffgase, vor allem aber Stickstoff oder Kohlendioxid. Hier entspricht 1 Kubikmeter zwischen 8,2 und 8,9 kWh. Auch dies wird in Reserveangaben in der Regel nicht berücksichtigt. So kann es sein, dass eine Erdgasreserve von 1 Million Kubikmeter im Extremfall 0,5 Millionen Kubikmeter Methan enthält, der Rest sind Stickstoff oder Kohlendioxid. Auch dies schwächt die Qualität von Reserven- und Ressourcenangaben.

Rein theoretisch würden sich aus einem Liter Erdöl 10 Kilowattstunden Strom gewinnen lassen – entsprechend aus einem Kubikmeter Gas. Wenn da nicht die Physik wäre. In der Realität kommt es zu hohen Verlusten von weit über 50 Prozent, wenn zur Energiegewinnung ein Verbrennungsprozess eingesetzt wird (wie in Ottomotoren). Auch in Gaskraftwerken entstehen Verluste. In der Infobox auf Seite 181 f. wird die elektrische Energieausbeute aus einer Frackingbohrung mit der aus Windkraftwerken in Beziehung gesetzt.

Jetzt würde noch der entscheidende Umrechnungsfaktor **GELD** fehlen, der im Buch durchaus eine große Rolle spielt, hier allerdings wegen seiner Launenhaftigkeit ausgespart bleibt.

Gas- und Ölförderung der einzelnen Shales in den USA

Antrim Shale (Michigan)

Einer der ersten Shales, die mittels Stimulation erschlossen wurden, war der Antrim Shale in Michigan. Hier handelt es sich um ein oberflächennahes Vorkommen mit einer Tiefe zwischen 500 und 700 Metern. Die Schieferformation erstreckt sich in äußerst inhomogener Qualität über etwa 6 000 Quadratkilometer. Im Mittel wurde ein gewinnbarer Anteil von Methan (also dem Hauptbestandteil von Erdgas) von etwa 40 Millionen Kubikmetern je Quadratkilometer abgeschätzt, was bei homogener Verteilung über die gesamte Fläche einer Gesamtmenge von zirka 240 Milliarden Kubikmeter entspräche.

Das erste Gas aus dem Antrim Shale wurde bereits 1940 gefördert. Doch erst eine steuerliche Anreizregelung sorgte im Jahr 1986 für eine Ausweitung der Bohraktivitäten *(Non-Conventional Fuels Tax Incentive)*. Zwischen 1985 und 2013 wurden mehr als 15 000 Förderbohrungen abgeteuft. Der Durchschnittsertrag der einzelnen Bohrungen lag bei 1 000 Kubikmetern pro Tag – bei Bohrkosten um die 350 000 USD. In der Frühphase waren die Fördersonden oft nicht mit einer Zementierung abgedichtet. Typischerweise wurde jede Sonde mit Mehrfach-Fracs *(multi-stage)* erschlossen, wobei für die Fracs Stickstoffschaum, mit Sand vermischt, genutzt wurde. Bereits 1998 wurde das Fördermaximum mit einer Jahresförderung von 5,7 Milliarden Kubikmetern aus 9 382 Fördersonden erreicht. Der Förderbeitrag je Sonde lag bei 600 000 Kubikmetern pro Jahr. Die über die gesamte Fläche gemittelte Bohrdichte liegt bei 2 Bohrungen pro Quadratkilometer. Seit Überschreiten des Fördermaximums geht die Förderung trotz des weiteren Abteufens neuer Bohrungen mit 4 bis 5 Prozent pro Jahr zurück. Der Förderrückgang der einzelnen Sonden beträgt 9 Prozent im Jahr.

Aufgrund der Oberflächennähe und des rezenten Ursprungs des Methans in diesem Shale ist der CO_2-Anteil im Gas sehr hoch. Er stieg im Lauf der Förderung deutlich an und erreichte nach einigen Förderjahren in einzelnen Sonden mehr als 30 Prozent. Dies entspricht 330 Gramm CO_2 pro Kubikmeter. So wurden im Jahr 2008 bei einer Förderleistung von 3,3 Milliarden Kubikmetern etwa 1,1 Millionen Tonnen CO_2 in die Atmosphäre abgeblasen. Zwischen 1985 und 2014 wurden im Antrim Shale etwa 94 Milliarden Kubikmeter Erdgas gefördert.[222]

Barnett Shale (Texas)

Als im Jahr 2005 die Kohlenwasserstoffindustrie von den Regularien des Trinkwasserschutzes *(SWDA – Safe Drinking Water Act)* befreit wurde, begann eine neue Epoche der Schiefergaserschließung mittels Frackings. In diesen Jahren stützte sich der Boom vor allem auf die Erschließung des Barnett Shale in Texas. Bis zum Jahresende 2014 wurden auf einem Gebiet von 9 000 Quadratkilometern mehr als 17 000 Bohrungen abgeteuft, wobei im Jahr 2009 mit über 3 600 neuen Bohrungen die maximale Bohraktivität erreicht wurde. Dem folgte im Jahr 2012 das Fördermaximum mit einer Jahresförderleistung von fast 60 Milliarden Kubikmetern. Bis zum Jahresende 2014 ist die Förderung bereits um 15 Prozent und bis zur Jahresmitte 2015 nochmals um fast 10 Prozent gefallen. Im ersten Halbjahr 2015 wurden weniger als 130 neue Bohrgenehmigungen erteilt; das ist nur etwa ein Dreißigstel der Genehmigungen während der Boomjahre 2008/09. Lange vor dem aktuellen Ölpreisverfall wurden hier die Aktivitäten zurückgefahren, da die sogenannten *sweet spots,* also die besonders ertragreichen Regionen, weitgehend entleert waren.

Im Jahr der Maximalförderung betrug die Jahresförderleistung je Sonde 3,6 Millionen Kubikmeter; bis zum Jahresende 2014 ist sie auf unter 2,9 Millionen Kubikmeter je Sonde und bis zur Jahresmitte 2015 nochmals um 10 Prozent gefallen. Abbildung 20 zeigt die Erdgasförderung im Barnett Shale seit 1993 sowie gestrichelt die künftige Fördererwartung auf Basis einer eigenen Extrapolation.

Im Barnett Shale liegen die durchschnittlichen Bohrkosten etwa um den Faktor 10 höher als im Antrim Shale. Die Bohrungen sind al-

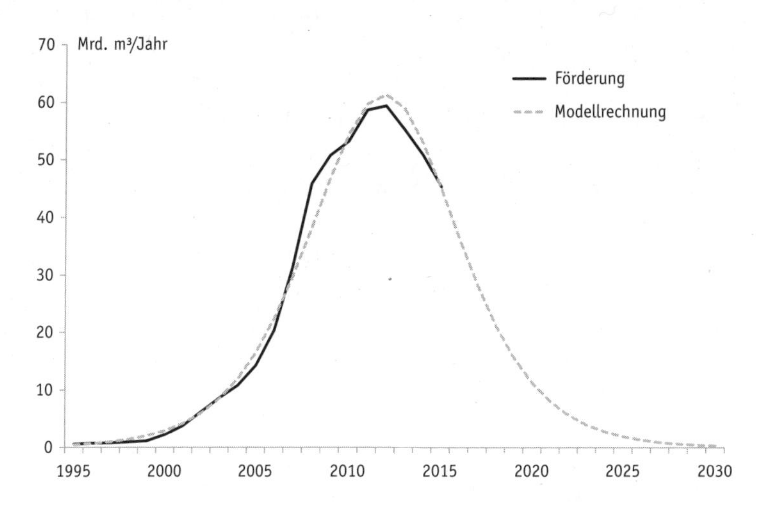

Abbildung 20: Erdgasförderung im Barnett Shale, einem der größten US-Shales, und Vergleich mit einer Simulationsrechnung (Datenquelle: Texas Railroad Commission 2015)

lerdings nicht direkt vergleichbar, da sie wesentlich komplexer als im Antrim Shale sind und deutlich höhere Gaserträge erbringen. Da die neueren Bohrungen daraufhin optimiert wurden, in möglichst kurzer Zeit Gas zu fördern, liegt die anfängliche Förderrate mit 60 000 bis 70 000 Kubikmetern pro Tag deutlich höher als im Antrim Shale. Der Preis dafür ist ein stärkerer monatlicher Förderabfall der Sonden. Lag dieser im Antrim Shale noch bei 9 Prozent jährlich, so liegt er im Barnett Shale nach einem Jahr bei 55 Prozent, nach zwei Jahren bei 70 Prozent und nach drei Jahren bei 80 Prozent. Dies entspricht einem monatlichen Förderrückgang zwischen 5 und 7 Prozent.

Seit Förderbeginn wurden bis zum Jahresende 2015 im Barnett Shale zirka 520 Milliarden Kubikmeter Erdgas gefördert. Wenn der Ertrag entsprechend der Modellrechnung in der Abbildung verläuft, dann werden insgesamt 660 Milliarden Kubikmeter entnommen werden. Dies wären etwa 50 Prozent der geschätzten ursprünglichen Gas*reserven* beziehungsweise 8 Prozent des *gas in place,* des vermutlich im Gestein insgesamt enthaltenen Erdgases.

Fayetteville Shale (Arkansas)

Ähnlich wie im Barnett Shale folgt auch im Fayetteville Shale die Förderung gut dem theoretisch zu erwartenden Muster. Jede Fördersonde erreicht zum Förderbeginn den höchsten Ertrag: die sogenannte Initiale Produktionsrate (IP). Diese geht mit abnehmendem Förderdruck mit mehreren Prozent je Monat zurück. Im nachfolgenden Beispiel wird eine anfängliche Förderleistung von 3,4 Millionen Kubikmetern pro Monat mit einem monatlichen Rückgang von sieben Prozent angenommen, wie er für Bohrungen im Fayetteville Shale typisch ist. Damit ergibt sich ein typischer, über die Jahre kumulierter Förderertrag der einzelnen Bohrungen von zirka 40 Millionen Kubikmeter je Bohrung.

In Abbildung 21 wird die typische Charakteristik dieser Bohrungen deutlich. In der Grafik wird ein Förderszenario dargestellt, bei dem jeden Monat eine neue Bohrung abgeteuft wird. Dabei ist angenommen, dass jede Bohrung ein identisches Förderprofil zeigt, mit einem Maximum im ersten Monat und einem Förderrückgang von monatlich 7 Prozent. Jede Fläche in dem Diagramm zeigt den Förderbeitrag einer Bohrung. Bei stetiger Erschließung neuer Sonden wird der Förderabfall der Summe der alten Bohrungen größer. Daher stagniert bei monatlich gleichbleibender Aktivität im Anschluss neuer Förderbohrungen die Förderung. Der Beitrag der neuen Bohrungen muss zunehmend den Förderrückgang der älteren Bohrungen ausgleichen. Bleiben neue Bohrungen aus, dann geht die Förderung rasch zurück.

Dieses Muster lässt sich auch in der Realität gut nachvollziehen. Abbildung 22 zeigt die monatliche Gasförderung im Fayetteville Shale in Arkansas. Die gestrichelte Linie zeigt jeweils zum Jahresbeginn den Förderbeitrag der alten, bereits erschlossenen Fördersonden. Dieser Kurve würde die Gesamtförderung folgen, wenn keine neuen Fördersonden angeschlossen würden. Auch dies trifft sich gut mit der oben gezeigten idealisierten Kurve. Sobald der Anschluss neuer Sonden ausbleibt, geht die Förderung rapide zurück.

Bis zum Jahresende 2014 wurden im Fayetteville Shale etwa 5800 Förderbohrungen abgeteuft. Daraus errechnet sich eine durchschnitt-

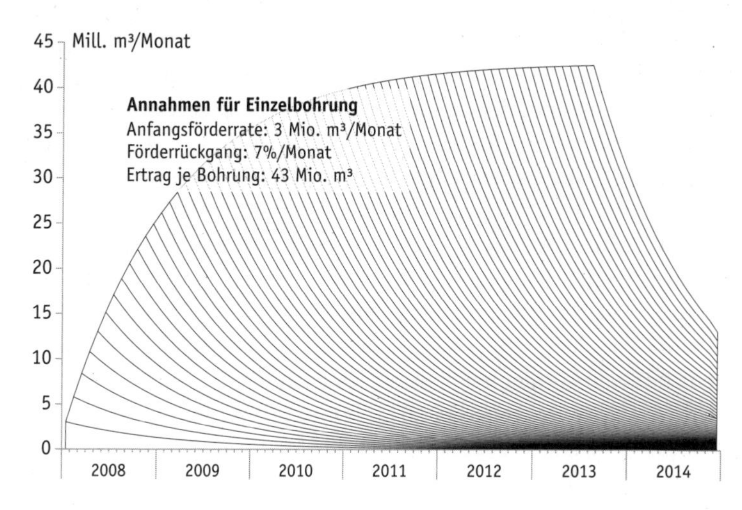

Abbildung 21: Theoretisches Förderprofil bei einer anfänglichen Förderrate von 3,4 Millionen Kubikmetern pro Monat (110 000 Kubikmeter pro Tag) und einem monatlichen Förderrückgang von 7 Prozent. Jede Teilfläche zeigt den Förderbeitrag einer Sonde. Die Summe zeigt die Entwicklung der regionalen Förderung bei Berücksichtigung des Förderrückgangs und des Anschlusses neuer Bohrungen.

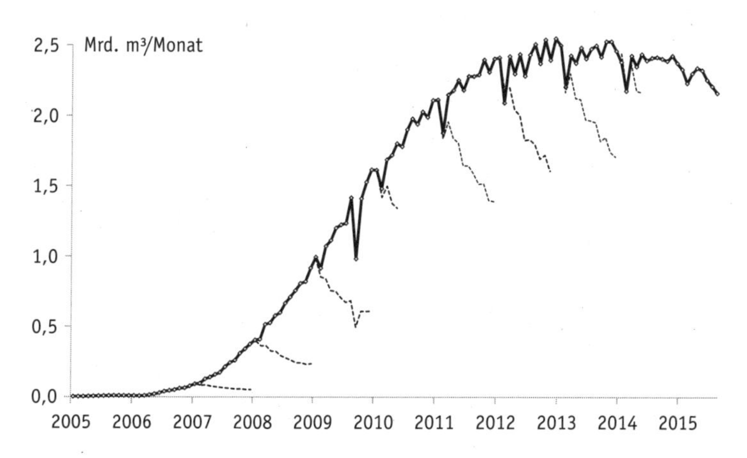

Abbildung 22: Förderprofil der Gasförderung im Fayetteville Shale in Arkansas (Datenquelle: AOGC 2015)

liche jährliche Förderleistung von 4,8 Millionen Kubikmetern je Sonde. Im Jahr 2012 lag diese noch bei fast 9 Millionen Kubikmetern je Sonde. Bis zum Jahresende 2014 wurden seit Förderbeginn insgesamt 160 Milliarden Kubikmeter gefördert.

Der Ertrag der einzelnen Sonden streut gewaltig, wie Abbildung 23 zeigt. Dort ist der Ertrag jeder einzelnen Bohrung in Abhängigkeit vom Förderbeginn aufgetragen. Nach den ersten zwei Förderjahren reicht die Streuung der kumulierten Gaserträge der Bohrungen von einem vernachlässigbaren Beitrag bis zu fast 50 Millionen Kubikmeter. Die Analyse der über 5 000 Fördersonden, die in den vergangenen 10 Jahren abgeteuft wurden, zeigt, dass nach 6 Jahren im Mittel der kumulierte Ertrag je Bohrung bei 40 Millionen Kubikmetern liegt, wobei einzelne Bohrungen durchaus bis zu 100 Millionen Kubikmeter Erdgas förderten. Das wird jedoch kompensiert durch viele Bohrungen, die wesentlich weniger als 40 Millionen Kubikmeter Ertrag erbringen. Offensichtlich steht relativ wenigen ertragreichen Bohrungen in den sogenannten *sweet spots* eine große Anzahl Bohrungen gegenüber, deren Bohrkosten weit über dem Erlös aus dem Gasverkauf liegen.

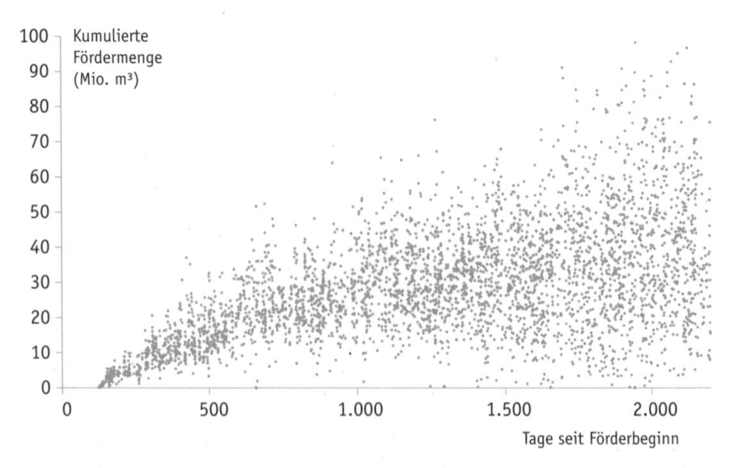

Abbildung 23: Gasfördermenge der einzelnen Bohrungen im Fayetteville Shale als Funktion des Alters der Bohrungen; die jüngsten in der Statistik erfassten Bohrungen sind 120 Tage alt. (Quelle: eigene Analyse mit Daten aus AOGC)

Haynesville Shale (Louisiana/Texas)

Fast zeitgleich mit der Erschließung des Fayetteville Shale konzentrierten sich die Investitionen ab 2008 auch auf den Haynesville Shale im Grenzbereich von Louisiana und Texas, wobei etwa 80 Prozent der Förderbeiträge hier aus Louisiana kommen. Hier wurden komplexe Bohrungen abgeteuft, die zwar mit 8 bis 10 Millionen US-Dollar wesentlich teurer als die Bohrungen im Barnett Shale oder Fayetteville Shale sind, aber auch eine drei- bis viermal so hohe anfängliche Förderrate aufweisen. Dafür ist der Förderrückgang mit 70 bis 80 Prozent im ersten Jahr auch erheblich größer. Abbildung 24 zeigt den Förderverlauf anhand zweier unterschiedlicher Datensätze der US-Bundesenergiebehörde. Einmal ist der Bezug nur auf den Haynesville Shale (in Texas und Louisiana) gelegt, das andere Mal wird ohne Definition oder nähere Erklärung auch die Förderung aus der Region einbezogen. Es bleibt unklar, wo die geografische Grenze gezogen wurde. Die Grafik *Haynesville Region* suggeriert, dass nach dem Förderabfall 2012 bis 2014 die Förderung stabilisiert wurde und jetzt wieder ansteigt.

Betrachtet man in diesem Zusammenhang die Daten der Energiebehörde des Bundesstaates Louisiana, so erhält man eine ganz andere Wahrnehmung – wie Abbildung 25 sie zeigt: Die Gasförderung in Louisiana geht seit 1972 zurück. Dieser Rückgang wurde durch die Offshore-Förderung im Golf von Mexiko bis zum Jahr 2000 vorläufig gebremst. Danach beschleunigte sich der Förderrückgang. Die in der Grafik dunkel gefüllte Fläche beinhaltet die gesamte Förderung aus dem Norden von Louisiana inklusive der Shalegasförderung aus dem Haynesville Shale. Hier wird erkennbar, dass bis 2011 nochmals ein Anstieg erfolgte. Danach ist die gesamte Förderung in Louisiana nochmals um 40 Prozent gefallen. Diese Einordnung zeigt die Kurzfristigkeit des Beitrages der Schiefergasförderung im Verhältnis zum langjährigen Trend.

Die schnelle Erschließung mit kostenintensiven Bohrungen ergab einen kurzfristigen schnellen Förderanstieg, dem ab 2012 ein fast ebenso schneller Förderrückgang folgte. Der typische Jahresertrag der ein-

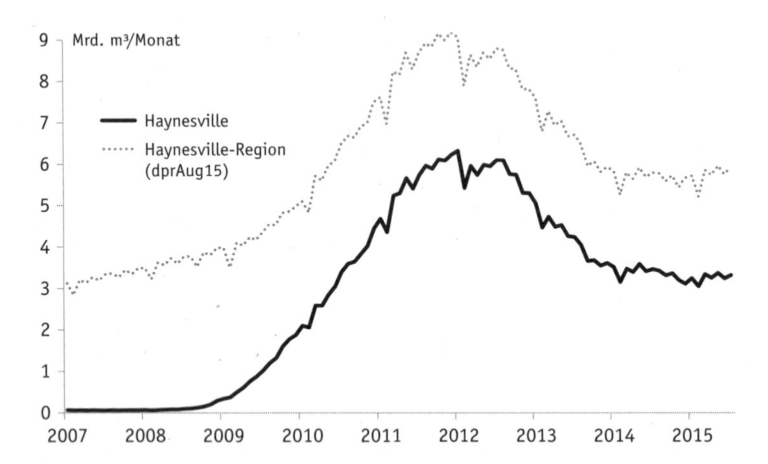

Abbildung 24: Unterschiedliche Angaben der US-Energiebehörde für die Gasförderung im Haynesville Shale, Louisiana/Texas[223]

zelnen Bohrungen liegt bei 1,5 bis 2 Millionen Kubikmetern je Sonde. Im Zeitraum 2007 bis 2014 wurden insgesamt 240 Milliarden Kubikmeter Erdgas aus dem Haynesville Shale entnommen.

Marcellus Shale

Marcellus ist mit 95 000 Quadratkilometer Ausdehnung die größte Shaleformation in den USA, die sich über die Bundesstaaten Ohio, West Virginia, Pennsylvania und New York erstreckt. In Ohio geht sie in den *Utica Shale* über. Der Fokus der Frackingaktivitäten liegt in West Virginia mit insgesamt 2 500 Bohrungen und in Pennsylvania. Dort waren 2014 mehr als 6 000 Fördersonden aktiv. Allerdings ist die Qualität der Formation geografisch sehr inhomogen. Nur in der Hälfte der Counties (Landkreise) in Pennsylvania lohnt es sich überhaupt zu bohren. Die Hauptaktivität ist auf sechs Counties mit besonders vielen *sweet spots* beschränkt. Dort wurden zwei Drittel aller Bohrungen abgeteuft.

Der durchschnittliche tägliche Fördererertrag in den zehn aktivsten Counties spannte sich im Jahr 2014 von 160 000 Kubikmetern pro Tag

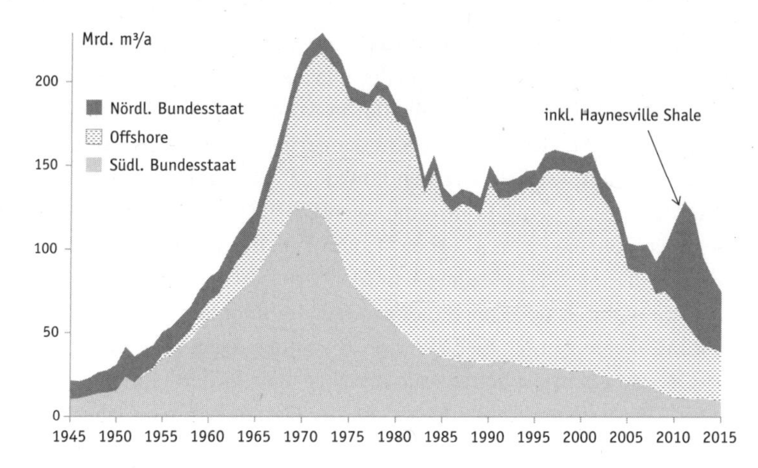

Abbildung 25: Die Gasförderung in Louisiana inklusive Shalegas- und Offshore-Gasförderung. Für 2015 wurden die Daten aus dem ersten Halbjahr hochgerechnet.[224]

und Bohrung (Wyoming – nicht mit dem Bundesstaat im Westen zu verwechseln – mit 174 Sonden) über 50 000 Kubikmeter pro Tag (Cameron mit 10 Sonden) bis zum anderen Ende der Skala: Dort lag er in den zehn am wenigsten ertragreichen Counties zwischen 12 000 Kubikmetern pro Tag (Armstrong mit 190 Sonden) und 1 800 Kubikmetern pro Tag (Warren mit 3 Sonden). In einigen Regionen kann man über die Jahre bereits einen deutlichen Ertragsabfall erkennen. Beispielsweise reduzierte sich im spezifisch ertragreichsten County Wyoming der Ertrag von 216 000 Kubikmeter pro Tag in der ersten Jahreshälfte 2012 auf oben genannte 160 000 Kubikmeter pro Tag in der zweiten Jahreshälfte 2014. In Bradford fiel der spezifische Ertrag von fast 100 000 Kubikmeter pro Tag zum Jahresanfang 2011 auf 70 000 Kubikmeter pro Tag zum Jahresende 2014. Diese Dynamik weist darauf hin, dass die *sweet spots* in diesen Regionen zur Neige gehen und neuere Bohrungen nicht mehr so ertragreich sind. Diesem natürlichen Förderrückgang versucht die Industrie mit optimierten Förderverfahren und längeren Horizontalbohrungen zu begegnen. In Susquehanna beispielsweise konnte der Ertrag mit 110 000 Kubikmeter pro Tag und Sonde seit 2012 konstant gehalten werden.

Mit fast 1 000 Fördersonden wurden im County Bradford die meisten Bohrungen abgeteuft, obwohl der spezifische mittlere Ertrag dieser Bohrungen weit hinter den Werten in Wyoming oder Susquehanna zurückbleibt. Der Grund liegt in der geringen Bevölkerungsdichte, die in Bradford weniger als einen Einwohner je Quadratkilometer beträgt und so zu wenig Konfrontationen führt. Umgekehrt zeigen die wenigen Bohrungen im Allegheny County mit durchschnittlich 60 000 Kubikmetern pro Tag ebenfalls sehr hohe Ertragswerte. Doch aufgrund der mit mehr als 600 Einwohner pro Quadratkilometer hohen Bevölkerungsdichte wurden hier weniger als 40 Bohrungen abgeteuft.

Die ertragreichste Sonde im Marcellus Shale förderte im Jahr 2014 etwa 230 Millionen Kubikmeter Gas. Der Gesamtertrag im Jahr 2014 betrug 112 Milliarden Kubikmeter. Bei 6 045 Sonden ist das ein Durchschnittsertrag von 18,5 Millionen Kubikmetern je Sonde. Der Ertrag von drei Viertel aller Sonden liegt unter dem mittleren Ertrag. Auch wenn die *sweet spots* im Marcellus Shale bereits einen Ertragsrückgang zeigen, so ist Marcellus doch mit Abstand der ergiebigste Shale, der auch 2014 noch einen Förderanstieg aufwies. Bis zum Jahresende 2014 wurden, über die Jahre kumuliert, 300 Milliarden Kubikmeter gefördert. Gemäß den Statistiken der US-Energiebehörde hat die Shalegasförderung in Marcellus und in den gesamten USA im Sommer 2015 ihr Maximum erreicht und geht seither zurück.

Bakken Shale (Norddakota)

Auch innerhalb von Bakken lässt sich das relevante Fördergebiet auf wenige Counties lokal eingrenzen. Hier wird kaum nach Erdgas, sondern vor allem nach LTO *(light tight oil)* gefrackt. Abbildung 26 zeigt die Ölförderung in Norddakota mit der Unterscheidung des Förderbeitrags der einzelnen Counties. Der wesentliche Beitrag kommt aus vier Counties (Dunn, McKenzie, Mountrail, Williams). Zum Jahresende 2014 erreichte dort die Förderung den Höhepunkt und geht seither zurück.

Die weitere Analyse macht deutlich, dass zwar in fast allen Counties Bohrsonden abgeteuft wurden, aber in den meisten Regionen der Ertrag sehr gering ist. Fast alle Bohrungen liegen in Gebieten mit einer

Bevölkerungsdichte um oder unter einem Einwohner je Quadratkilometer. Diese geringe Besiedlungsdichte ist auch der Grund, warum hier so intensiv gebohrt werden konnte. Wenn man die Daten lokal auflöst, so wurden in einigen Regionen die Bohrplätze in einem Abstand von weniger als 100 Metern und in den meisten Fällen in wenigen hundert Meter Abstand erschlossen.

Eagle Ford Shale (Texas)

Die regionale Gliederung der Ölförderung in Texas zeigt, dass sich der Förderanstieg seit 2010 auch hier nur auf ganz wenige Counties beschränkt. Diese liegen im Süden im Bereich des Eagle Ford Shale und im Westen im Bereich der Permian Formation. In vielen Regionen hat die Aktivität fast nicht zugenommen; in anderen ist zwar die Aktivität

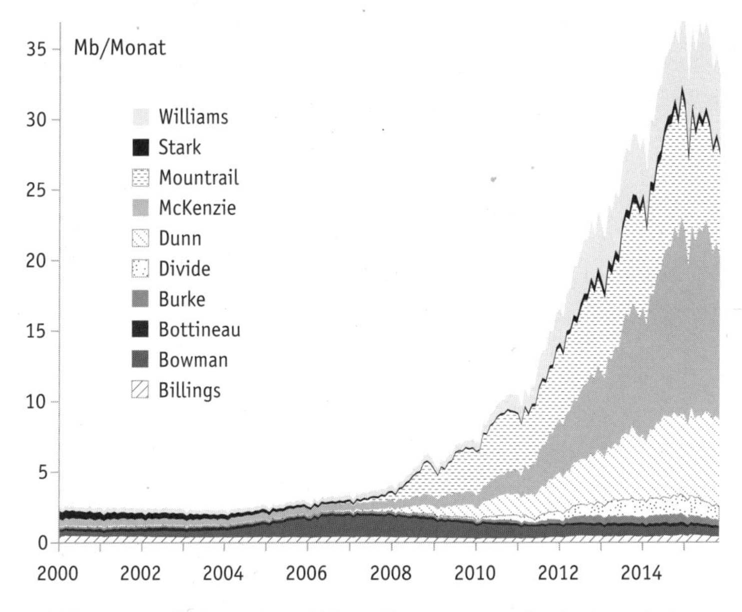

Abbildung 26: Erdölförderung in Norddakota. Eingetragen ist außer der Gesamtförderung der Beitrag aus den vier Counties, die mit Abstand den größten Beitrag zur Förderung aus dem Bakken Shale erbringen.[225]

deutlich angestiegen, aber der Erfolg blieb aus. Doch in den meisten Regionen mit steigender Bohraktivität haben die Auswirkungen auf die Wirtschaft und die Konflikte mit der Bevölkerung zugenommen, ungeachtet des Fördererfolges.

Die Schadensstatistiken von Norddakota

Norddakota bildet einen Schwerpunkt der Förderung von Erdöl mittels Frackings. Die staatliche Gesundheitsbehörde veröffentlicht in Kooperation mit der Öl- und Gasabteilung des *Department for Resources* die meldepflichtigen Vorfälle von Umweltbeeinträchtigungen durch die Öl- und Gasinfrastruktur. Diese Meldungen werden unter http://www.ndhealth.gov/ehs/spills/ regelmäßig veröffentlicht. Auch wenn diese Statistik sich vor allem auf Austritte und Leckagen von Erdöl, Salzwasser oder sonstigen Flüssigkeiten beschränkt – die Zahlenangaben also nicht exakt sein können, sondern eher einen Mindestwert markieren – und auch wenn sie etwa keine Informationen über Luft-, Wasser- oder Bodenbelastungen enthält, bietet sie doch ein ausführliches Register, das eine Vorstellung über die vielen Störfälle in der Kohlenwasserstoffindustrie vermittelt.

Von Januar 2000 bis heute wurden über 11 000 Vorkommnisse gemeldet, wobei die meisten Störfälle (mehr als 10 000) in den letzten zehn Jahren gemeldet wurden. Wurde bis 2005 im Mittel noch alle zwei Tage ein Störfall gemeldet, so stiegen die Meldungen in den letzten 12 Monaten bis Juli 2015 auf im Mittel fünf Störfallmeldungen täglich an. Eine Übersicht über die Zunahme, die parallel mit der Zunahme der Bohrintensität in Norddakota erfolgt, zeigt Abbildung 27. Hier sind auch die berichteten freigesetzten Flüssigkeitsmengen, unterteilt in Öl, Salzwasser und sonstige Flüssigkeiten, eingetragen.

Insgesamt wurden in diesem Zeitraum zirka 24 Millionen Liter Öl, 81 Millionen Liter Salzwasser und 35 Millionen Liter sonstige Flüssigkeiten durch Leckagen oder andere Vorfälle freigesetzt. Einige der Säulen in der Grafik passen nicht mehr ins Bild; sie übersteigen die Mengenachse nach oben. Sie betreffen neun Monate, in denen folgende Mengen freigesetzt wurden:

- Juli 2010: 3,2 Millionen Liter Öl, 19,6 Millionen Liter Salzwasser, 6,4 Millionen Liter Sonstige;
- Januar 2011: 170 000 Liter Öl, 330 000 Liter Salzwasser, 1,6 Millionen Liter Sonstige;

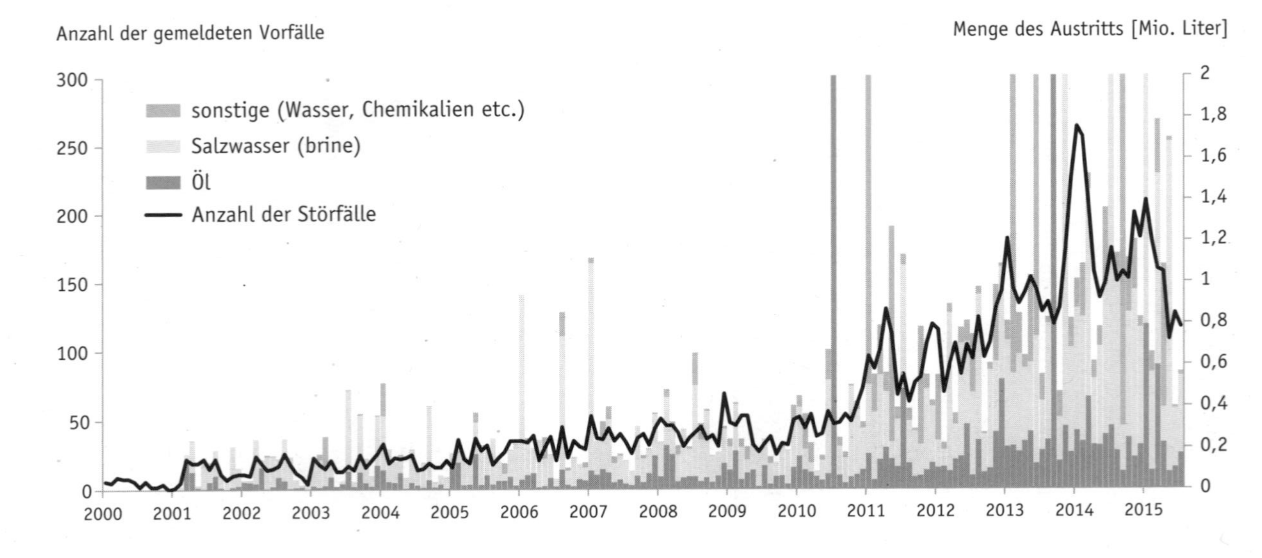

Abbildung 27: Anzahl der Störfälle von Anlagen der Kohlenwasserstoffindustrie und Angabe der jeweils mindestens ausgetretenen Mengen von Öl, Wasser, Frac-Fluiden oder Lagerstättenwasser (Quelle: eigene Analysen auf Basis von Behördenstatistiken[226])

- Februar 2013: 207000 Liter Öl, 347 000 Liter Salzwasser, 3,8 Millionen Liter Sonstige;
- Juni 2013: 122 000 Liter Öl, 612 000 Liter Salzwasser, 1,3 Millionen Liter Sonstige;
- September 2013: 3,3 Millionen Liter Öl, 260 000 Liter Salzwasser, 35 000 Liter Sonstige;
- November 2013: 300 000 Liter Öl, 3,8 Millionen Liter Salzwasser, 5,8 Millionen Liter Sonstige;
- Juli 2014: 300 000 Liter Öl, 4,6 Millionen Liter Salzwasser, 60 000 Liter Sonstige;
- September 2014: 84 000 Liter Öl, 217 000 Liter Salzwasser, 5 Millionen Liter Sonstige;
- Januar 2015: 790 000 Liter Öl, 11,6 Millionen Liter Salzwasser, 580 000 Liter Sonstige.

Für jeden Schadensfall werden in einem Kurzbericht betroffene Firmen, die zugehörige Anlage sowie Ursachen und ausgetretene Mengen getrennt ausgewiesen. Auf dieser Basis lässt sich eine umfassende Statistik erstellen. Eine Auswertung der Störfallmeldungen der vergangenen zwölf Monate (August 2014 bis Juli 2015) zeigt, dass in diesem Zeitraum 1 898 Schadensereignisse gemeldet wurden, dies entspricht täglich fünf bis sechs Meldungen.

In 256 Fällen wurden jeweils mehr als 1000 Liter Öl freigesetzt, in 374 Fällen mehr als 1 000 Liter Salzwasser. Unter »sonstigen Flüssigkeiten« werden frisches oder aufbereitetes beziehungsweise kontaminiertes Wasser, Chemikalien, Frac-Flüssigkeiten und Frackingwasser und Ähnliches zusammengefasst. Mit Abstand die größten Flüssigkeitsmengen betreffen hier Leckagen in der Wasserver- oder -entsorgung. Allerdings finden sich auch viele Meldungen über den Austritt von Frackingwasser. Beispielsweise wurden in 20 Fällen (~ 1,5 Ereignisse pro Monat) insgesamt 25 000 Liter unverdünnte Fracflüssigkeit freigesetzt. Einzelne Chemikalien (vor allem Methanol, Glykol, Dieselderivate und Salzsäure) sind hierbei noch nicht berücksichtigt. Gut die vierfache Menge wurde an mit Wasser bereits verdünnter Frac-Flüssigkeit (mit Bioziden, reibungsmindernden Chemikalien etc.) in 18 Vorkommnissen freigesetzt. Methanol, Glykol, Kondensate, Erdölderivate und Emulsionen wurden in über 40 Fällen mit insgesamt 60 000 Litern freigesetzt. Diese Liste ließe sich zum Beispiel mit Flow-back-Wasser, Produktionswasser und einigen weiteren Stoffen fortsetzen.

Zusätzlich unterscheidet die Statistik noch zwischen Vorkommnissen, die sich innerhalb der Anlagen oder Bohrplätze ereigneten, und solchen, die auch außerhalb Auswirkungen zeigten. Es zeigt sich, dass etwa dreimal so viele Vorkommnisse innerhalb der Anlagen (1 498 Fälle) wie außerhalb der Anlagen (500) gemeldet wurden. Allerdings wurden die ausgetretenen Flüssigkeiten nicht vollständig in die Umgebung freigesetzt. Es werden alle Vorfälle mit der ausgelaufenen Menge gemeldet. Darüber hinaus wird aber auch der Anteil, der während der Aufräumungsarbeiten wiedergewonnen wurde oder der durch entsprechende Auffangvorrichtungen gar nicht erst in die Umgebung gelangte, gemeldet. Eine Auswertung von 872 Vorkommnissen des letzten Jahres (100 Prozent aller Vorkommnisse *außerhalb* und 30 Prozent *innerhalb* der Anlagen) ergibt, dass 15 bis 30 Prozent des ausgetretenen Öls, 70 bis 90 Prozent des ausgetretenen Salzwassers und 30 bis 45 Prozent der sonstigen ausgetretenen Flüssigkeiten nicht aufgefangen, sondern direkt in die Umgebung freigesetzt wurden. Die erste Prozentzahl gibt jeweils die Verhältnisse innerhalb der Anlagen, die zweite Prozentzahl den Wert für die Vorkommnisse außerhalb der Produktionsanlagen wieder.

Die häufigsten Versagensursachen waren Leckagen an Leitungen oder Anlagenteilen. Bemerkenswert ist, dass immerhin etwa 7 bis 8 Prozent der Austritte auf Unachtsamkeiten beim Befüllen der Tankwagen oder der stationären Tanks zurückzuführen sind. Etwa 3 Prozent der Probleme waren durch ein Versagen der Bauteile verursacht, 8 bis 10 Prozent wurden durch Brände ausgelöst. Das war im Mittel alle 3 bis 11 Tage ein Brand (innerhalb oder außerhalb der Anlagen). Alle 60 Tage ereignete sich ein Blow-out.

Dass über diese Vorkommnisse hinaus oft noch die illegale Entsorgung von Bohrschlämmen oder ähnlichen Materialien erfolgt – hierüber gibt es keine offiziellen Statistiken –, das kann man allein schon daraus erahnen, dass sich die US-Umweltbehörde im Sommer 2014 genötigt sah, in Norddakota ein Regionalbüro zur Anzeige und Verfolgung von Umweltdelikten zu eröffnen. Hier können Bürger entsprechende Beschwerden einreichen und Beobachtungen melden, die dann durch die Behörde verfolgt werden.

Chemikalieneinsatzliste der Bohrung Damme 3

Die Bohrung Damme 3 ist die bisher einzige Bohrung in Deutschland, die im Tongestein gefrackt wurde, und zwar am 11., 15. und 18. November 2008 in 1131, 1308 und 1501 Meter Tiefe. Hierbei wurden insgesamt 12 095 Kubikmeter Wasser, 588 Tonnen keramische Stützmittel (Bauxit) sowie 12 683 Kilogramm Additive eingepresst. Der Druck in der Lagerstätte beträgt 110 bis 150 Bar. Im Detail kamen folgende Chemikalien zum Einsatz:

Funktion	Masse in kg	CAS-Nr.
Keramische Stützmittel	588 000	66402-68-4
Wasser	12 095 000	
Tonstabilisator	10 612	
Tetramethylammoniumchlorid	6 367	75-57-0
N. N. (nach Aussage von Exxon als nicht gefährlich eingestuft)	4 245	–
Wasser + Reibungsreduzierer	8 801	
Leichte wasserbehandelte Erdöldestillate	2 640	64742-47-8
Polymer	440	9036-19-5
N.N. (als nicht gefährlich eingestuft)	5 721	–
Biozid	460	
Magnesiumchlorid	23	7786-30-3
Magnesiumnitrat	46	10377-60-3
5-Chloro-2-Methyl-2H-Isothiazol-3-One und	46	55965-84-9
2-Methyl-2H-Isothiazol-3-One (3:1)	345	
N.N. (nach Aussage von Exxon als nicht gefährlich eingestuft)		–
Gesamtfluidmasse	12 683 000	

Tabelle 4: Eingesetzte Stoffe in der Bohrung Damme 3. Die CAS-Nr. gibt die eindeutige Zuordnung zur Beschreibung in einem Datensicherheitsblatt an.[227]

Anteilmäßig wurden insgesamt 0,16 Prozent Chemikalien eingesetzt, bezogen auf den gesamten Stoffeinsatz. ExxonMobil bezeichnet diese wie folgt:

	kg	Anteil am Gesamtfluid
Nicht gefährliche Chemikalien	10 311	0,09
Gefährliche Chemikalien	9 563	0,08
Giftige Chemikalien	6 413	0,05
Gesundheitsgefährdende Chemikalien	2 640	0,02
Ätzend wirkende Chemikalien	46	0,0004
Umweltgefährdende Chemikalien	6 413	0,05

Tabelle 5: Anteil gefährlicher und nicht gefährlicher Chemikalien in Damme 3.[228]

Förderszenario Deutschland

Für die folgende Rechnung wird angenommen, dass einzelne Förderbohrungen über ihre gesamte Nutzungsdauer je 57 Millionen Kubikmeter Edgas erbringen und der monatliche Förderrückgang 7 Prozent beträgt. Im ersten Monat liegt der Ertrag bei 4 Millionen Kubikmetern beziehungsweise 133 000 Kubikmetern pro Tag. (Diese Annahmen sind etwas günstiger als die Realität in den USA: im Fayetteville Shale mit 30 bis 35 Millionen Kubikmeter Gesamtertrag pro Bohrung.) Weiterhin ist unterstellt, dass jährlich 30 Bohrungen abgeteuft werden und die Gasförderung aufnehmen. Im Jahr 2014 gab es in Deutschland 32 aktive Bohrungen. Allerdings sind viele dieser Bohrungen bereits seit mehr als einem Jahr in der Erschließungsphase. Bei jeweils 3 000 Meter Tiefe (Teufe) und 2 000 Meter horizontaler Bohrstrecke beträgt die im Szenario angenommene jährliche Bohraktivität 150 000 Bohrmeter. In den letzten Jahren wurden jährlich in Deutschland zirka 50 000 Bohrmeter abgeteuft. Dieses Szenario setzt also eine wesentlich größere Bohraktivität voraus als in den letzten Jahren in Deutschland erkennbar war.

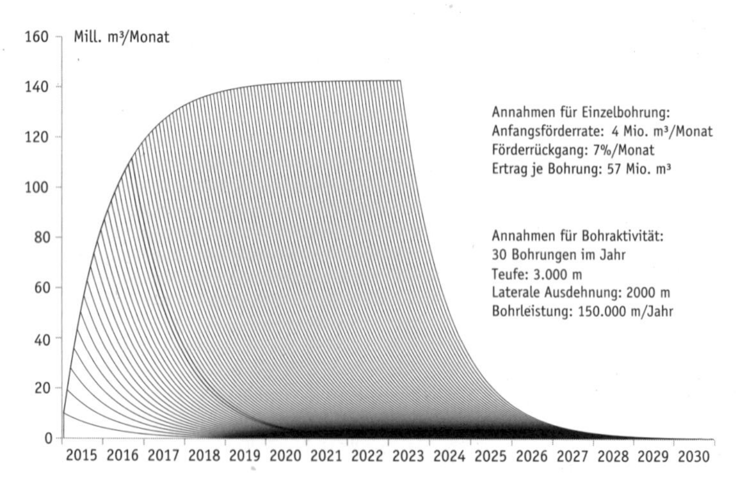

Abbildung 28: Szenario unter der Annahme, dass jährlich 30 neue Förderbohrungen erschlossen werden

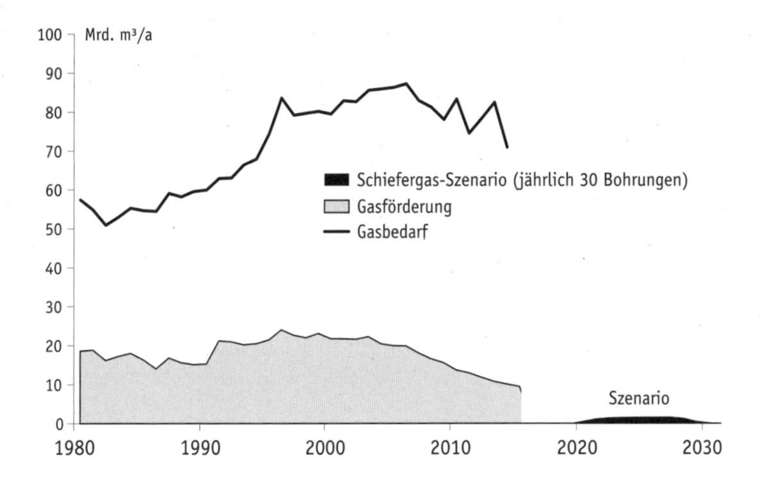

Abbildung 29: Gasförderung und Gasbedarf in Deutschland.[229] Ebenfalls eingezeichnet ist der in Abbildung 28 gezeigte mögliche Beitrag der Schiefergasförderung.

Mit diesen Annahmen ergibt sich bei gleichbleibender Aktivität von jährlich 30 neuen Bohrungen das in Abbildung 28 gezeigte Förderprofil. Die Ähnlichkeit zu Abbildung 21 ist kein Zufall.

Über die ersten vier Jahre zeigt sich noch ein Anstieg bis zu einem monatlichen Förderbeitrag von 140 Millionen Kubikmetern (>2 Milliarden Kubikmeter pro Jahr). Danach sind alle neuen Bohrungen dazu notwendig, den Förderrückgang der alten Bohrungen auszugleichen. Soll die Förderung weiter erhöht werden, so müssten zunehmend mehr Bohrungen abgeteuft werden, die auch den jährlichen finanziellen Aufwand nach oben treiben würden. In diesem Beispiel wurden nach acht Jahren keine neuen Bohrungen mehr abgeteuft. Dann geht die Förderung rapide zurück. Die Gasförderung über den gesamten Zeitraum beträgt 17 Milliarden Kubikmeter. Abbildung 29 zeigt, wie groß der Beitrag dieser Bohrungen zur Erdgasförderung und zum Erdgasverbrauch wären. Um auch nur annähernd einen Einfluss auf die Importabhängigkeit von Deutschland oder die Preisgestaltung auszuüben, müsste der Aufwand mindestens um den Faktor 10 gesteigert werden.

Natürlich ist das nur eine Szenariorechnung – der tatsächliche Beitrag wird davon abhängen, wie realitätsnah die Annahmen getroffen wurden. Dennoch macht sie deutlich, dass nur, wenn die Bohraktivität deutlich gegenüber heute gesteigert wird, ein nennenswerter Beitrag zur Erdgasversorgung Deutschlands möglich wird. Dann aber würden auch die im Text skizzierten Umwelteinwirkungen entsprechend zunehmen. Der Autor hält es unabhängig von potenziellen politischen Einschränkungen für wenig wahrscheinlich, dass in den kommenden 10 bis 15 Jahren ein deutlich über dieses Szenario hinausgehender Beitrag der Schiefergasförderung in Deutschland erreicht werden kann.

Mengenanalyse eines Förderszenarios

Die hier betrachtete Mengenanalyse wurde im Rahmen der Info-Dialog Fracking ausgearbeitet und bezieht sich auf eine Fläche von 200 Quadratkilometern. Auf dieser Fläche geht das Modell von 22 Bohrplätzen mit jeweils 14 Bohrungen aus. In Summe sollen mit den 308 Bohrungen 300 Milliarden Kubikmeter Erdgas erschlossen werden – unter der Annahme, dass jede Bohrung über die gesamte Nutzungsdauer im Mittel 100 Millionen Kubikmeter Erdgas erbringt. Die einzelnen Bohrplätze haben eine Fläche von jeweils 7 000 bis 10 000 Quadratmetern – etwas mehr als die Größe eines Fußballfeldes. Der Abstand voneinander beträgt zirka drei Kilometer. Als Zeitrahmen für die Anlage eines Bohrplatzes und die Einrichtung und Durchführung einer Erkundungsbohrung werden vier bis fünf Monate angenommen. In dieser Zeit werden in unregelmäßigem Abstand 480 bis 640 Lkw-Fahrten anfallen, das sind im Mittel etwa drei Fahrten täglich. Nach Auswertung der Explorationsergebnisse, die durchaus mehrere Monate und länger in Anspruch nehmen kann, wird der Bohrplatz entweder zurückgebaut – wenn die Explorationsergebnisse negativ bewertet werden – oder die Explorationsbohrung in eine Förderbohrung überführt. Dann wird der Bohrplatz, der vorab schon entsprechend ausgewählt und vorbereitet wurde, zu einem Clusterbohrplatz mit 14 Einzelbohrungen ausgebaut.

In dieser Phase werden je Bohrung zehn Frac-Maßnahmen unterstellt, die jeweils 1600 Kubikmeter Wasser sowie entsprechende Mengen an Stützmitteln (Sand) und Additiven benötigen. Der vollständige Ausbau eines Clusterbohrplatzes wird mit zirka einem Jahr veranschlagt. In dieser Zeit werden etwa 1000 Lkw-Fahrten für den Aufbau der Bohranlagen und die Versorgung mit entsprechenden Anlagenteilen benötigt. Für die Frac-Maßnahmen werden weitere 1000 Lkw-Fahrten benötigt. In Summe rechnet die Industrie für den vollständigen Ausbau eines Clusterbohrplatzes mit 2 000 bis 2 500 Lkw-Fahrten während eines Jahres – das sind an Werktagen im Mittel acht bis zehn täglich. Während Spitzenzeiten kann sich dieses Aufkommen durchaus verdoppeln. Eine weitere Verdoppelung ergibt sich dadurch, dass

Hin- und Rückfahrt getrennt gezählt werden müssen, da ja jeweils eine Straßennutzung vorliegt.

Das bereits beschriebene Förderszenario geht vom regelmäßigen Anschluss von 30 Bohrungen pro Jahr aus. Damit würde für einige Jahre ein jährlicher Förderbeitrag von 1,7 Milliarden Kubikmetern erreicht. Auf das ExxonMobil-Szenario übertragen, bedeutet dies den vollständigen Ausbau von jährlich zwei Clusterbohrplätzen. Damit wären die Lkw-Fahrten für das Areal von 200 Quadratkilometern mindestens zu verdoppeln, also 16 bis 20 tägliche einfache Fahrten mit einer Verdoppelung in Spitzenzeiten und nochmaliger Verdoppelung durch die Leerfahrten. Der Aufbau der 14 Bohrplätze würde etwa 7 Jahre benötigen. Da die Explorationsphase neuer Bohrplätze sich mit dem Ausbau der bereits in Erschließung befindlichen Plätze überlappen würde, wäre das tatsächliche Verkehrsaufkommen größer. Täglich 20 oder 40 Lkw-Fahrten mögen auf Bundesstraßen irrelevant sein. Die tatsächliche Belastung der Bevölkerung wird jedoch von den lokalen Gegebenheiten abhängen. Zu Spitzenzeiten eine Frequenz von 20 bis 40 Lkw-Fahrten im ländlichen Raum, mit engen Ortspassagen und eventuellen Kreuzungen von Fahrrad- oder Fußwegen, kann eine nicht hinnehmbare Störung bedeuten. Wenn man annimmt, dass wie in Damme 3 auch pro Frac etwa 200 Tonnen Sand als Stützmittel benötigt werden, dann beträgt der Jahresbedarf eines Clusterbohrplatzes während der Erschließungsphase 28 000 Tonnen. Bei 14 Tonnen Nutzlast je Ladung ergibt sich allein daraus schon ein Schwerlastverkehrsaufkommen von 2 000 Lkw-Ladungen.

In der UBA-II-Studie werden die Annahmen aus dem InfoDialog Fracking noch mit einem Förderszenario aus den USA verglichen. Dort wird für die Erschließung von zwölf Horizontalbohrungen mittels dreier mobiler Bohrtürme in einem Zeitraum von vier Monaten mit täglich 400 bis 800 Lkw-Fahrten über mindestens fünf Wochen ausgegangen. Hierbei ist zugrunde gelegt, dass das Wasser für die Fracs per Lkw angeliefert und das Gemisch aus Lagerstättenwasser und Frac-Fluid auch per Lkw entsorgt wird. Die reale Belastung wird vermutlich zwischen diesen beiden Extremen liegen. Für eine bessere Eingrenzung ist es deshalb wesentlich, bei einem konkret anstehenden Fördervorhaben ein realitätsnahes Szenario mit dem Zeitablauf des Schwerlastaufkommens auf konkreten Straßenführungen durchzurechnen.

Rechnet man mit 1600 Kubikmeter Wasseraufwand je Frac, so summiert sich das im Jahr der Erschließung eines Clusterbohrplatzes innerhalb des 200-Quadratkilometer-Szenarios auf 224000 Kubikmeter beziehungsweise für die Erschließung aller Bohrplätze auf 5 Millionen Kubikmeter über den Zeitraum von 7 Jahren. Zum Vergleich: Bei einem mittleren Pro-Kopf-Wasserverbrauch von 60 Kubikmetern pro Jahr (Landkreis Rotenburg) und einer Besiedlungsdichte von 78 Einwohnern liegt der jährliche Wasserverbrauch der Bevölkerung über das Areal von 200 Quadratkilometer bei zirka 1 Million Kubikmeter. Der Verbrauch für Frackingmaßnahmen würde also den jährlichen Wasserverbrauch fast verdoppeln. In manchen Regionen mag das überhaupt kein Problem darstellen, in anderen kann es jedoch deutliche ökologische Auswirkungen zeigen, insbesondere wenn man die zunehmenden Trockenperioden in Deutschland mit berücksichtigt.

In der UBA-II-Studie wird zusätzlich ein 260-Quadratkilometer-Szenario skizziert, das mit 864 Bohrungen erschlossen werden soll, die auf 144 Bohrplätze verteilt werden. Hierfür wird ein Frischwasserbedarf von 13 Millionen Kubikmetern und ein Stützmittelbedarf von 2,5 Millionen Kubikmetern errechnet. Hierbei wurde unterstellt, dass die Industrie den Sand- und Additivbedarf wesentlich reduzieren kann. Der Chemikalienbedarf wird mit ungefähr 140000 Tonnen angegeben. Wenn wie in Damme bis zu 75 Prozent des eingepressten Frac-Fluids in der Lagerstätte verbleiben, also nur 25 Prozent überhaupt für ein Recycling verfügbar wären, würde sich der Wasserbedarf selbst bei einer Recyclingrate von 75 Prozent – die heute keineswegs Realität ist – immer noch auf fast 12 Millionen Kubikmeter belaufen. Es muss damit gerechnet werden, dass mindestens über die ersten Monate etwa 11 Millionen Kubikmeter des Frac-Fluids in der Lagerstätte verbleiben.[230] Bei etwas anderen Annahmen wird im gleichen Szenario der Frischwasserbedarf bei bis zu 23 Millionen Kubikmeter gesehen. Entsprechend sind alle anderen Zahlen für den Bedarf an Verrohrungen für die Bohrungen, Zementierungen, Sandabbau, Chemikalieneinsatz, Lkw-Verkehrsaufkommen etc. anzupassen. Wie auch immer die reale Erschließung eines Schiefergasfeldes vorgenommen wird: Wenn man möglichst viel von dem im Untergrund vorhandenen Gas entnehmen will, dann muss man die Region in industrieller Größenordnung erschließen. Das bedeutet beispielsweise auf einer Fläche von 16 mal 16 Kilometern (256 Quadratkilometern) Tausende von Frac-Vorgängen, zehn oder mehr Millionen Kubikmeter Wasserverbrauch, wovon mindestens 20 Prozent wieder entsorgt werden müssen, Millionen Tonnen Sand mit entsprechenden Abbaugebieten und Transportwegen, 100 000 Tonnen oder mehr an Chemikalieneinsatz. Das gewonnene Gas muss in Leitungen gefasst werden, es muss getrocknet und aufbereitet werden, die Bohr- und Förderabfälle müssen entsorgt werden.

Unabhängig davon, ob man ein solches Szenario als Chance oder als Bedrohung empfindet, so bedeutet die Erschließung eines Fördergebiets, kurz gesagt, die Umwandlung der betreffenden Region in eine industriell geprägte Landschaft. Bei unter Kosten- und Zeitdruck wahrscheinlichen Fehlern werden die Störfälle gegenüber der heutigen Praxis deutlich zunehmen. Wenn man durch politische Restriktionen eine scharfe Überwachung erreicht, wird man diese Zunahme vielleicht begrenzen können. Aber es wäre naiv anzunehmen, dass hierdurch der Region prägende Veränderungen erspart bleiben würden.

Anmerkungen

[1] *Annual Report and Accounts 2003,* Royal Dutch Petroleum Company – N. V. Koninklijke Nederlandsche Petroleum Maatschappij (Shell),

[2] *At Shell, New Accounting and Rosier Outlook*, S. Labaton, J. Gerth, The New York Times, 12. März 2004

[3] BP Statistical Review of World Energy 2015

[4] *Energiestudie 2015,* Bundesanstalt für Geowissenschaften und Rohstoffe, Dezember 2015

[5] Ibd.

[6] *Quatar*, Simmons Oil Monthly, Integrated Oil Research, Simmons & Company International, April 24, 2006

[7] Siehe Endnote Nr. 4

[8] Siehe Endnote Nr. 4

[9] Eigene Analyse auf Basis der Förderdaten des Feldes Yates, Texas Railroad Commission

[10] *Marcellus Shale: Cementing and Well Casing Violations*, Steven Deane-Shinbrot, Kassandra Ruggles, Griffin Walker, Sheila Werth, Worcester Polytechnic Institute, 2012

[11] *Umweltauswirkungen von Fracking bei der Aufsuchung und Gewinnung von Erdgas aus unkonventionellen Lagerstätten*, (UBA II Studie), Riskom, 2014, siehe http://www.umweltbundesamt.de/publikationen/gutachten-2014-umweltauswirkungen-von-fracking-bei

[12] *OMV* fördert kein Schiefergas in Österreich, Handelsblatt vom 17.9.2012, siehe http://www.handelsblatt.com/unternehmen/industrie/plaene-gestoppt-omv-foerdert-kein-schiefergas-in-oesterreich/7143940.html

[13] *Forget fracking, microwave zaps could clean up the oil business*, New Scientist, 12. August 2015, siehe https://www.newscientist.com/article/mg22730340-400-forget-fracking-microwave-zaps-could-clean-up-the-oil-business

[14] eigene Grafik auf Basis der Analysen von http://www.slb.com/~/media/Files/dcs/industry_articles/201105_aogr_shale_baihly.ashx und http://bakerinstitute.org/media/files/event/927a7672/Engelder_Presentation_Secured.pdf und Berücksichtigung der Arp-Decline Kurve (http://ijcea.org/papers/266-P20001.pdf)

[15] *Fracking in unkonventionellen Erdgas-Lagerstätten in NRW*, G. Meiners et al. 2012 (NRW-Studie), siehe https://www.umwelt.nrw.de/fileadmin/redaktion/PDFs/umwelt/gutachten_fracking_nrw_2012.pdf

[16] *Umweltauswirkungen von Fracking bei der Aufsuchung und Gewinnung von Erdgas aus unkonventionellen Lagerstätten* (UBA-Studie), H.G. Meiners et al. 2012, siehe http://www.umweltbundesamt.de/publikationen/umweltauswirkungen-von-fracking-bei-aufsuchung

[17] Siehe Endnote Nr. 11

[18] *A public health review of high-volume hydraulic fracturing for shale gas development*, New York State Gesundheitsbehörde, siehe http://www.health.ny.gov/press/reports/

docs/high_volume_hydraulic_fracturing.pdf

[19] *The End of Cheap Oil*, Jean Laherrère, Colin C. Campbell, Scientific American, März 1998

[20] *USGS Reassesses Potential World Petroleum Resources: Oil Estimates Up, Gas Down*, Trudy Harlow, USGS Pressemitteilung vom 22. März 2000.

[21] *The Halliburton Loophole*, Editorial, New York Times, 3. November 2009

[22] *MEMORANDUM To: Members of the Subcommittee on Energy and Environment, Examining the Potential Impact of Hydraulic Fracturing*, H.A. Waxman, E.J. Markey, February 18, 2010 (Offener Brief des Vorsitzenden des Umweltausschusses im Repräsentantenhaus)

[23] *Buried Secrets: Is Natural Gas Drilling Endangering U.S. Water Supplies?*, Abraham Lustgarten, Pro Publica, 13. November 2008, siehe http://www.propublica.org/article/buried-secrets-is-natural-gas-drilling-endangering-us-water-supplies-1113

[24] *Why Today's Shale Era Is The Retirement Party For Oil Production*, Interview mit Arthur Berman: Adam Taggart, 7.2.2015, siehe http://www.peakprosperity.com/podcast/91722/arthur-berman-why-todays-shale-eraretirement-party-oil-production

[25] *Foreign investors play large role in US Shale Industry*, Today in Energy, US-EIA, 8. April 2013

[26] *US shale gas and tight oil industry performance*, The Oxford Institute for Energy Studies, März 2014

[27] *Peak Oil is real and the Majors face challenging times*, Jared Anderson, 18. Februar 2014, siehe http://breakingenergy.com/2014/02/18/peak-oil-is-real-and-the-majorsface-challenging-times/, und Kopiz 2014. *Global Oil Market Forecasting: Main Approaches and Key Drivers*, Steven Kopiz, Columbia University, 11.Februar 2014, Vortragsfolien siehe http://energypolicy.columbia.edu/events-calendar/global-oil-market-forecasting-mainapproaches-key-drivers

[28] *IHS: Worldwide upstream oil, gas M&A unconventional resource spending hits record $75B*, 2. April 2012, siehe http://www.ogfj.com/articles/2012/04/ihs.html

[29] *Shale and Wall Street – Was the Decline in Natural Gas Prices Orchestrated?*, Deborah Rogers, Energy Policy Forum, 15. Februar 2013, siehe http://shalebubble.org/wpcontent/uploads/2013/02/SWS-report-FINAL.pdf

[30] *Insiders sound an alarm amid a natural gas rush*, Ian Urbina, New York Times, 25.6.2011, siehe http://www.nytimes.com/2011/06/26/us/26gas.html; insbesondere die firmeninternen e-mails wurden unter http://www.nytimes.com/interactive/us/natural-gasdrilling-down-documents-4-intro.html

[31] *Existing FERC Jurisdictional LNG Import/Export Terminals*, FERC 2015. Federal Energy Regulatory Commission, siehe http://ferc.gov/industries/gas/indus-act/lng/exist-term.asp

[32] *The LNG Industry in 2013*, GIIGNL 2013. International group of Liquified Natural Gas Importers, see http://www.giignl.org/publications/lng-industry-2013

[33] *Global Upstream Performance Review 2012*, IHS Herold, siehe http://press.ihs.com/press-release/energy-power/worldwide-upstream-oil-and-gas-maunconventional-resource-spending-reache; *Global Upstream Performance Review* 2014, *For U.S. drillers, the days of easy money end*, Daniel Gilbert, Wall Street Journal, 2. Januar 2014, siehe http://www.wsj.com/articles/SB10001424052702304753504579282983108494214

[34] Siehe http://www.postcarbon.org/our-people/david-hughes/

[35] Siehe http://oilprice.com/contributors/arthur-berman/articles

[36] Drilling Productivity Report, U.S. Energy Information Administration, Feb. 2015, siehe http://www.eia.gov/petroleum/drilling/archive/dpr_feb15.pdf

[37] *U.S. Natural Gas Gross Withdrawals from Shale Gas*, Veröffentlichung der U.S. Energy Information Administration vom 27.2.2015, siehe http://www.eia.gov/dnav/ng/hist/ngm_epg0_fgs_nus_mmcfm.htm

[38] *EIA expects near-term decline in natural gas production in major shale regions*, U.S.-EIA: August 26, 2015: http://www.eia.gov/todayinenergy/detail.cfm?id=22672

[39] *The »Tight Oil Revolution« and the Misinterpretation of the Power of Technology*, S. Peters, W. Zittel, in *The Global Polities of Science and Technologie – Vol 2*, M. Mayer et al. (eds.), Springer-Verlag Berlin Heidelberg 2014, DOI 10.1007/978-3-642-55010-2_6

[40] Siehe Endnote Nr. 24

[41] *US cuts estimate for Marcellus Shale Gas reserve by 66 %*, Bloomberg; Ch. Buurma, 23. Januar 2012, siehe http://www.bloomberg.com/news/articles/2012-01-23/u-s-reduces-marcellus-shale-gas-reserve-estimate-by-66-on-revised-data

[42] *An overview of modern shale gas development in the United States*, J.D. Arthur, B. Langhus, D. Alleman, ALL Consulting, 2008, siehe http://www.lexisnexis.com/documents/pdf/20100210093849_large.pdf

[43] Shale Gas Proved Reserves as of Dec. 31 2013 vom 4. Dezember 2014, siehe http://www.eia.gov/dnav/ng/ng_enr_shalegas_a_EPG0_R5301_Bcf_a.htm

[44] Siehe Endnote Nr. 41

[45] *Crude Oil Production*, U.S. Energy Information Administration, siehe http://www.eia.gov/dnav/pet/pet_crd_crpdn_adc_mbbl_m.htm

[46] *U.S. officials cut estimate of recoverable Monterey Shale oil by 96 %* L. Sahagun, Los Angeles Times, 20. Mai 2014, siehe http://www.latimes.com/business/la-fi-oil-20140521-story.html

[47] *U.S. Crude Oil and Natural Gas Proved Reserves, 2013*, U.S. Energy Information Administration, siehe http://www.eia.gov/naturalgas/crudeoilreserves/pdf/uscrudeoil.pdf; und *Assessment of Undiscovered Oil Resources in the Bakken and Three Forks Formations, Williston Basin Province, Montana, North Dakota, and South Dakota*, 2013, Stephanie Gaswirth et al., USGS, 2013, siehe http://pubs.usgs.gov/fs/2013/3013/

[48] Ebd.

[49] Ebd.

[50] Dieses und die nachfolgenden Zitate stammen aus der schriftlichen Fassung der Aussage von Prof. Theo Colburn for dem US Untersuchungsausschuss am 25. Oktober 2007, siehe http://s3.amazonaws.com/propublica/assets/natural_gas/colburn_testimony_071025.pdf

[51] *The Endocrine Disruption Exchange*, siehe http://endocrinedisruption.org/

[52] Dieses Ereignis wird hier nach Presseberichten wiedergegeben. Insbesondere der Artikel *Buried Secrets: Is Natural Gas Drilling Endangering U.S. Water Supplies?* von Abraham Lustgarten, Pro Publica, 13. November 2008 ist hier Basis der Informationen, siehe Endnote Nr. 23

[53] Interview aus der Sendung und dem Typoskript *Fluch oder Segen? Wie der Fracking-Boom Texas verändert*, Wolfgang Kerler, Christine Bergmann, Bayerischer Rundfunk 2, 24. Juni 2015,

[54] Siehe Endnote Nr. 53

[55] Aussage eines in der relevanten Versicherungsbranche beschäftigten Mitarbeiters in einem persönlichen Gespräch am 5. August 2015

[56] *EPA opens environmental crimes office in North Dakota for bigger presence in oil patch*, Josh Wood, Associated Press, 22. August 2014, siehe http://finance.yahoo.com/news/epa-environmental-crimes-office-opens-194535230.html;_ylt=A7x9UnpZ011WyUsAUAyz4IlQ;_ylu=X3oDMTBydWpobjZlBHNlYwNzcgRwb3MDMQRjb2xvA2lyMgR2dGlkAw--

[57] *A Wellbore Integrity Study: Conventional and Unconventional Wells in Pennsylvania, 2000–2012*, A.R. Ingraffea et al., North American Wellbore Integrity Workshop Denver, CO 16. Oktober 2013, siehe http://ptrc.ca/+pub/document/ingraffea.pdf

[58] D. Kellinggray von BP Exploration veröffentlichte diese Angaben im Rahmen eines von der SPE organisierten Seminarvortrags im Februar 2007 zu Zementierungen *(Cementing – Planning for Success for the Life of Well).*

[59] *Cementing and Well Casing Violations*, siehe Endnote Nr. 10

[60] Zucker, *A Public Health Review of High Volume Hydraulic Fracturing for Shale Gas Development*, 14. Dezember 2014, siehe Endnote Nr. 20

[61] *Fracking – eine Zwischenbilanz*, Werner Zittel im Auftrag der Energy Watch Group, Mai 2015, siehe www.energywatchgroup.org

[62] *Internal Documents Reveal Extensive Industry Influence Over EPA's National Fracking Study*, Sharon Kelly, 2. März 2015, siehe http://www.desmogblog.com/2015/03/02/internal-documents-reveal-extensive-industryinfluence-over-epa-s-national-study-fracking

[63] *The EPA's Fracking Study Explained*, Wehnonah Hauter, Huffington Post 6. August 2015, siehe: http://www.huffingtonpost.com/wenonah-hauter/the-epas-fracking-study-e_b_7526476.html

[64] *Methane contamination of drinking water accompanying gas-well drilling and hydraulic fracturing*, Stephen G. Osborn, Avner Vengosh, Nathaniel

R. Warner, and Robert B. Jackson. PNAS (2011) PNAS. 108(20), 8172–8176., siehe http://www.pnas.org/content/108/20/8172.abstract

[65] *Methane Emissions from Modern Natural Gas Development*, Science Summary, PSE Healthy Energy, October 2014, siehe http://www.psehealthyenergy.org/data/Methane_Science_Summary_Oct20143.pdf

[66] *Shale Gas Plagued by Unusual Methane Leaks*, A. Nikiforuk, 6. Mai 2014, siehe http://thetyee.ca/News/2014/05/06/Shale-Gas-Methane-Leaks/

[67] *Methane Leaks in Natural Gas Supply Chain Far Exceed Estimates, Study Says*, John Schwartz, 8. August 2015, New York Times, siehe http://www.nytimes.com/2015/08/19/science/methane-leaks-in-natural-gas-supply-chain-far-exceed-estimates-study-says.html?&utm_medium=email&utm_source=nefoundation&utm_content=6+-+emissions+from+fracking+continue+to+be+r&utm_campaign=EC-wrong-turn-06-08-15&source=EC-wrong-turn-06-08-15&_r=0

[68] Calvin Tilman, ehemaliger Bürgermeister der Gemeinde Dish in Texas, auf einer Pressekonferenz am 27. Februar 2012 des Biomasseverbandes in Österreich zu Fracking in Wien, und http://ecowatch.com/2015/03/01/fighting-fracking-calvin-tillman/

[69] Texas: *Eine Kommission soll den Zusammenhang von Fracking und Erderschütterungen prüfen*; Es scheint den Hinweis zu geben, dass die dortige Frackingarbeit eine längst inaktiv geglaubte Verwerfungslinie wieder aktiviert haben soll, die quer durch den Großraum Dallas/Fort Worth verläuft. Nach einer Untersuchung der Southern Methodist University in Dallas gab es früher keine nennenswerten seismischen Aktivitäten in dieser Gegend, doch in diesem Jahr (2015) gab es bereits 23 Beben mit einer Stärke von über 2,5 (Quelle: VDI-Nachrichten, S. 17, 31.1.2015)

[70] Siehe Endnote Nr. 55

[71] Studie 30% höhere Fehlgeburtenrate in Umgebung von Fracking-Gebieten in Colorado (August 2015); siehe http://ehp.niehs.nih.gov/wp-content/uploads/122/4/ehp.1306722.pdf und http:/ec.europa.eu/environment/integration/research/newsalert/pdf/risk_heart_defects_babies_gas_colorado_382na2_en.pdf vom Juli 2014

[72] *Generic Environmental Impact Statement on the Oil, Gas and Solution Mining Regulatory Program (GEIS)*, GEIS 2009, siehe http://www.dec.ny.gov/energy/45912.html

[73] *Wyoming and Fracking*, siehe http://www.sourcewatch.org/index.php/Wyoming_and_fracking

[74] *Deutschlands Bodenschätze, Geologie-Erkundung-Lagerstätten-Gewinnung*, Heinrich Otto Buja: (2010)

[75] *Eingesetzte Materialien bei Frac-Behandlungen auf der Damme 3* – 2008, siehe http://newsroom.erdgassuche-in-deutschland.de/wp-content/uploads/damme_3_materialverbrauch.pdf

[76] *Gasbohrung: US-Konzern presste giftige Chemikalien in Niedersachsens Boden*, Stefan Schultz, Der Spiegel, 5. November 2010, siehe http://www.

spiegel.de/wirtschaft/unternehmen/gasbohrung-us-konzern-presste-giftige-chemikalien-in-nieder sachsens-boden-a-725697.html

[77] *Erdgas aus Deutschland – Schatzsuche im Schiefer*, Der Spiegel vom 12. April 2012, siehe http://www.spiegel.de/wirtschaft/unternehmen/erdgas-aus-deutschland-schatzsuche-im-schiefer-a-688088.html

[78] Antwort auf eine kleine Anfrage vom 10. Mai 2010: »Die Bundesregierung geht davon aus, dass bei Förderung, Transport und Verbrennung keine Unterschiede zum konventionellen Gas auftreten, da sich das Erdgas in seinen Eigenschaften nicht von Shale Gas unterscheidet.« (Jochen Hohmann, Staatssekretär, an den Präsidenten des Deutschen Bundestages, 25. Mai 2010)

[79] *Erdgas-Bohrungen: Gelsenwasser fordert Fracking-Stopp*, Thomas Meyer, 18. März 2011, siehe http://www.gastip.de/News/22735/Erdgas-Bohrungen-Gelsenwasser-fordert-Fracking-Stopp.html

[80] http://www.gegen-gasbohren.de/der-zusammenschluss-gegen-gasbohren-wie-alles-begann-und-wie-es-sich-entwickelte/

[81] http://www.erdgassuche-in-deutschland.de/dialog/info_und_dialogprozess/

[82] *Gutachten: Ökotoxikologische Beurteilung von beim hydraulischen Fracking eingesetzten Chemikalien*, Mechthild Schmitt-Jansen, Silke Aulhorn, Sonja Faetsch, Janet Riedl, Stefanie Rotter, Rolf Altenburger, Helmholtz-Zentrum für Umweltforschung – UFZ, Leipzig Halle, Februar 2012, siehe http://dialog-erdgasundfrac.de/gutachten/oekotoxikologie

[83] *Regierungspräsidium hat Genehmigung zum Fracking in Nordhessen abgelehnt*, 6. Juni 2013, Th. Neels, Pressestelle, Hessisches Ministerium für Umwelt, Energie, Landwirtschaft und Verbraucherschutz, siehe https://umweltministerium.hessen.de/presse/pressemitteilung/regierungspraesidium-hatgenehmigung-zum-fracking-nordhessen-abgelehnt

[84] *Fracking-Klage gegen das Land Hessen zurückgenommen*, M. Brüssel des Laskay, Pressemitteilung des Hessischen Ministeriums für Umwelt, Klimaschutz, Landwirtschaft und Verbraucherschutz vom 20. August 2014, siehe https://umweltministerium.hessen.de/presse/pressemitteilung/fracking-klage-gegen-das-landhessen-zurueckgenommen

[85] *Kein Fracking in Bayern*, Mitteilung der CSU vom 11. August 2014, siehe http://www.csu.de/aktuell/meldungen/august-2014/kein-fracking-in-bayern/

[86] *Grüne: Bundesregierung und CSU öffnen weiteres Tor für Fracking in Bayern*, Presseportal vom 16.11.2014, siehe http://www.presseportal.de/pm/43015/2881974/gruene-bundesregierung-und-csu-oeffnenweiteres-tor-fuer-fracking-in-bayern; Müller und Sebald 2014. Giftige Diskussion – Fracking in Bayern, F. Müller, Ch. Sebald, Süddeutsche Zeitung vom 24.3.2014, siehe http://www.

sueddeutsche.de/bayern/fracking-inbayern-giftige-diskussion-1.1921040

[87] *Vorschläge zur Änderung des Bergrechts 2011*, Bezirksregierung Arnsberg, übermittelt am 18.2.2011 an das Ministerium für Wirtschaft, Energie, Bauen, Wohnen und Verkehr des Landes Nordrhein-Westfalen sowie an das Ministerium für Inneres und Kommunales des Landes Nordrhein-Westfalen, siehe http://www.bezreg-arnsberg.nrw.de/themen/e/erdgasaufsuchung_gewinnung/vorschlag_bergrecht.pdf

[88] Siehe Endnote Nr. 15 (NRW-Gutachten)

[89] Siehe Endnote Nr. 16 (UBA I Studie)

[90] *Stellungnahme der Bundesanstalt für Geowissenschaften und Rohstoffe zum Gutachten des Umweltbundesamtes (UBA) »Umweltauswirkungen von Fracking bei der Aufsuchung und Gewinnung von Erdgas aus unkonventionellen Lagerstätten – Risikobewertung, Handlungsempfehlungen und Evaluierung bestehender rechtlicher Regelungen und Verwaltungsstrukturen«*, 18. Januar 2013, siehe http://www.bgr.bund.de/DE/Themen/Energie/Downloads/BGR-Stellungnahme-UBA2012.html

[91] *Fracking zur Schiefergasgewinnung, Stellungnahme des Sachverständigenrats für Umweltfragen (SRU)*, Mai 2013, siehe http://www.umweltrat.de/SharedDocs/Downloads/DE/04_Stellungnahmen/2012_2016/2013_05_AS_18_Fracking.pdf?__blob=publicationFile

[92] Siehe Endnote Nr. 17 (UBA II Studie)

[93] *Liste der Fracs in Niedersachsen*, LBEG, siehe http://www.lbeg.niedersachsen.de/portal/live.php?navigation_id=31702&article_id=110656&_psmand=4

[94] *Spielt ExxonMobil mit der Volksgesundheit? – Was weiß die Landesregierung über den Chemieunfall in Visselhövede?* und *Spielt ExxonMobil mit der Volksgesundheit (2)? – Ist das Bergrecht veraltet?*, Mündliche Anfragen des Abgeordneten Ralf Borngräber (SPD) – Drs. 16/3225 Nr. 18 und 16/3395 Nr. 31; Antwort der Landesregierung in der 96. und 102. Sitzung des Landtages der 16. Wahlperiode am 21. Januar und 17. März 2011, Niedersächsischer Landtag – 16. Wahlperiode Drucksache 16/3591, siehe http://www.landtag-niedersachsen.de/drucksachen_wp16_3501_4000/?page=9

[95] Siehe Endnote Nr. 11 (UBA I Studie) und Endnote Nr. 93 (Liste der Fracs)

[96] *Erdgasfelder im Landkreis Rotenburg/Wümme*, Zusammenstellung der Initiative »Frack-loses Gasbohren im LK Rotenburg/Wümme«, siehe http://frack-losesgasbohren.de/fracking-regional/

[97] *Erdöl und Erdgas in der Bundesrepublik Deutschland 2014*, Landesamt für Bergbau, Energie und Geologie, Hannover 2015

[98] *Abschätzung des Erdgaspotenzials aus dichten Tongesteinen (Schiefergas) in Deutschland*, Bundesanstalt für Geowissenschaften und Rohstoffe, Mai 2012, siehe http://www.bgr.bund.de/DE/Themen/Energie/Downloads/BGR_Schiefergaspotenzial_in_Deutschland_2012.pdf

[99] Siehe Endnote Nr. 98 (BGR), S. 26

[100] Zitat aus BGR-Webseite NiKo – Erdgas und Erdöl aus Tonsteinen, siehe http://www.bgr.bund.de/DE/Themen/Energie/Projekte/laufend/NIKO/NIKO_projektbeschreibung.html?nn=5788082

[101] *Schieferöl und Schiefergas in Deutschland, Potenziale und Umweltaspekte*, Bundeanstalt für Geo-wissenschaften und Rohstoffe, Hannover 2016

[102] *LBEG informiert – Leckage im Erdölfeld Georgsdorf*, Pressemitteilung der LBEG, siehe http://www.lbeg.niedersachsen.de/portal/live.php?navigation_id=564&article_id=108018&_psmand=4

[103] *Bohr- und Ölschlammgruben*, LBEG, siehe http://www.lbeg.niedersachsen.de/aktuelles/neuigkeiten/titel-129705.html

[104] Lage der Bohrschlammgruben, siehe http://memas02.lbeg.de/Cardomap3/?TH=SCHLAMMGRUBEN

[105] siehe Endnote Nr. 50

[106] *Bergamt will Fracking überprüfen*, Johannes Heeg, Weser-Kurier, 27. Juni 2013, siehe http://www.weser-kurier.de/region_artikel,-Bergamt-will-Fracking-ueberpruefen-_arid,603100.html (Zitat Söntgerath zu Erdbeben und Versenkbohrungen)

[107] *Erdölgasleitung in Steyerberg – LBEG fordert Untersuchungs- und Sanierungskonzept*, Pressemitteilung der LBEG vom 9. März, 2012, siehe http://www.lbeg.niedersachsen.de/aktuelles/pressemitteilungen/pressemitteilungen_2012/erdoelgasleitung-in-steyerberg---lbeg-fordert-untersuchungs--und-sanierungskonzept--103954.html

[108] *Benzol im Boden dank RWE DEA*, Frontal21, 5. Juni 2012, siehe www.youtube.com/watch?v=SO3-jneN_GI (NDR- Benzol im Grundwasser Juni 2012); sowie *Benzol-Verunreinigungen im Erdgasfeld Völkersen: Sachverständige führen mehr als 1000 Messungen durch*, LBEG, Pressemitteilung vom 23. Februar 2012, siehe http://www.lbeg.niedersachsen.de/aktuelles/pressemitteilungen/pressemitteilungen_2012/benzol-verunreinigungen-im-erdgasfeld-voelkersen-sachverstaendige-fuehren-mehr-als-1000-messungen-durch-103554.html

[109] *LBEG-Anordnung sorgt für Klarheit*, LBEG, Pressemitteilung vom 9. Januar 2012, siehe http://www.lbeg.niedersachsen.de/aktuelles/pressemitteilungen/pressemitteilungen_2012/lbeg-anordnung-sorgt-fuer-klarheit-102034.html (Undichte Kunststoffleitungen für Lagerstättenwasser)

[110] *Lagerstättenwasserleitungen – LBEG schließt Überprüfung von Eignungsnachweisen ab*, LBEG, Pressemitteilung vom 7. Mai 2012, siehe http://www.lbeg.niedersachsen.de/aktuelles/pressemitteilungen/pressemitteilungen_2012/titel-105643.html

[111] *Amt kennt Quecksilber-Problem seit Jahren*, Johannes Heeg, Wümme-Zeitung vom 5. Juni 2014, siehe http://www.weser-kurier.de/region/wuemme-zeitung_artikel,-Amt-kennt-Quecksilber-Problem-seit-Jahren-_arid,867229.html

[112] *Es gab keinen Säureregen*, Michael Krüger, Kreiszeitung vom 25. Februar 2015, siehe http://www.kreiszeitung.de/lokales/rotenburg/rotenburgort120515/staatsanwaltschaft-wird-

ermittlungen-nach-vorfaellen-soehlingen-einstellen-4766106.html

[113] *Bergamt nimmt Proben: Quecksilberfunde in Söhlingen*, Kreiszeitung vom 12. Juni 2014, siehe http://www.kreiszeitung.de/lokales/rotenburg/bothel-ort120353/lbeg-nimmt-weitere-untersuchungen-erdgassondenplatz-soehlingen-3627266.html

[114] *Erdgasförderung: Immissionsmessungen im Landkreis Rotenburg*, LBEG, Pressemitteilung vom 6. August 2015, siehe http://www.lbeg.niedersachsen.de/aktuelles/pressemitteilungen/titel-136066.html

[115] *Mögliche Bodenbelastungen im Umfeld von Erdgasförderplätzen: LBEG startet Untersuchungskampagne in Bothel*, LBEG, Pressemitteilung vom 23. Juli 2015, siehe http://www.lbeg.niedersachsen.de/aktuelles/presse mitteilungen/titel-135692.html

[116] *Untersuchungen im Umfeld von Erdgasförderplätzen*, LBEG vom 23. November 2015, siehe http://www.lbeg.niedersachsen.de/startseite/bergbau/schadstoff messungen/untersuchungen_im_umfeld_von_erdgasfoerderplaetzen/untersuchungen-im-umfeld-von-erdgasfoerderplaetzen-135742.html

[117] *Auswertung des EKN zur Häufigkeit von Krebsneuerkrankungen in der Samtgemeinde Bothel*, Epidemiologisches Krebsregister Niedersachsen, September 2014, siehe http://www.krebsregister-niedersachsen.de/index.php/sonderauswertungen/36-daten/sonderauswertungen/95-samtgemeindebothel

[118] *Auswertung des EKN zur Häufigkeit von Krebsneuerkrankungen in den Nachbargemeinden der Samtgemeinde Bothel*, Epidemiologisches Krebsregister Niedersachsen, Juni 2015, siehe http://www.krebsregister-niedersachsen.de/index.php/sonderauswertungen/36-daten/sonderauswertungen/111-nachbar gemeinden-der-samtgemeinde-bothel-landkreise-rotenburg-verden-heidekreis

[119] *Landkreis Diepholz – Erdgasförderung mögliche Ursache für Erdbeben*; Pressemitteilung vom 2. Mai 2014, siehe http://www.lbeg.niedersachsen.de/aktuelles/pressemitteilungen/titel-124217.html

[120] Siehe Endnote Nr. 11, AP 6 (UBA II Studie)

[121] *Kleine Anfrage zu radioaktiven Abfällen der Kohlenwasserstoffindustrie NORM*: KA 17/599; Antwort 17/844 vom 24. Februar 2010

[122] Siehe Endnote Nr. 11, (UBA II Studie, AP 3, Seite 18)

[123] InfoDialog Fracking, siehe http://dialog-erdgasundfrac.de/

[124] Siehe Endnote Nr. 15 (NRW Studie)

[125] Siehe Endnote Nr. 16 (UBA I Studie)

[126] Siehe Endnote Nr. 11 (UBA II Studie)

[127] *Umweltstudie Fracking: Hick-Hack um Gutachten-Interpretation*, IWR newsletter vom 5. September 2014 siehe http://www.iwr.de/news.php?id=27068

[128] Siehe Endnote Nr. 82 (Ökotoxikologisches Gutachten)

[129] *Gutachten Abwasserentsorgung und Stoffstrombilanz*, Karl-Heinz Rosenwinkel, Dirk Weichgrebe, Oliver Ols-

son, Institut für Siedlungswasserwirtschaft und Abfall (ISAH) der Leibniz Universität Hannover, 2012, siehe http://dialog-erdgasundfrac.de/gutachten/abwasserentsorgung-und-stoffstrombilanz

[130] Siehe Endnote Nr. 15 (NRW Studie)

[131] *Gutachten: Technische Sicherheit von Anlagen und Verfahren zur Erkundung und Förderung von Erdgas aus nichtkonventionellen Lagerstätten*, Hans-Joachim Uth, 15. Mai 2012, siehe http://dialog-erdgasundfrac.de/gutachten/technische-sicherheit

[132] *AcaTech Stellungnahme und Diskussion*, siehe http://www.acatech.de/fileadmin/user_upload/Baumstruktur_nach_Website/Acatech/root/de/Projekte/Laufende_Projekte/Hydraulic_Fracturing/Hydraulic-Fracturing-Bericht-aus-dem-Projekt.pdf

[133] *Hannover Erklärung von BGR, GFZ und UFZ* vom 24./25. Juni 2013, siehe http://www.bgr.bund.de/DE/Gemeinsames/Nachrichten/Veranstaltungen/2013/GZH-Veranst/Fracking/Downloads/Hannover-Erklaerung-Finalfassung.pdf;jsessionid=E2E26101B3FCEE544B0C27114AE3980A.1_cid284?__blob=publicationFile&v=3

[134] *Fracking zur Schiefergasgewinnung*, Stellungnahme des Sachverständigenrats für Umweltfragen (SRU), Mai 2013, siehe http://www.umweltrat.de/SharedDocs/Downloads/DE/04_Stellungnahmen/2012_2016/2013_05_AS_18_Fracking.pdf?__blob=publicationFile

[135] Siehe Endnote Nr. 134 (SRU Gutachten) und Endnote Nr. 11 (UBA II Studie)

[136] Siehe Endnote Nr. 16 (UBA I Studie, Kurzfassung)

[137] Siehe § 11 des Bundesberggesetzes

[138] *Struktur Regelungspaket Fracking*, Bundesministerium für Wirtschaft und Energie, siehe http://www.bmwi.de/DE/Themen/Industrie/Rohstoffe-und-Ressourcen/fracking,did=653918.html

[139] *Stellungnahmen zu den Gesetzentwürfen zum Regelungspaket Fracking*, Bundesministerium für Wirtschaft und Energie, Siehe http://www.bmwi.de/DE/Themen/Industrie/Rohstoffe-und-Ressourcen/Fracking/stellungnahmen.html?

[140] *How Hillary Clinton's State Department sold Fracking to the World*, Mariah Blake, 10. September 2014, Guardian, und September/Oktober-Ausgabe von Mother Jones; dieser Artikel wurde durch den Fonds für Investigativen Journalismus gefördert. Siehe http://www.theguardian.com/environment/2014/sep/10/how-hillary-clintons-statedepartment-sold-fracking-to-the-world

[141] *World Shale Gas Resources: An Initial Assessment of 14 Regions Outside the United States*, US Energy Information Administration, April 2011, siehe http://www.eia.gov/analysis/studies/worldshalegas/archive/2011/pdf/fullreport_2011.pdf

[142] Siehe Endnote Nr. 98, Seite 30

[143] *Technically Recoverable Shale Oil and Shale Gas Resources: An Assessment of 137 Shale Formations in 41 Countries Outside the United States*, U.S. Energy Information Administration, Juni 2013, Siehe http://www.eia.gov/

analysis/studies/worldshalegas/archive/2013/pdf/fullreport_2013.pdf

[144] *Potential for Technically Recoverable Unconventional Gas and Oil Resources in the Polish-Ukrainian Foredeep, Poland, 2012*, USGS, Juli 2012, siehe http://pubs.usgs.gov/fs/2012/3102/fs2012-3102.pdf

[145] *EU could meet carbon targets more cheaply with gas than renewables, say gas firms – Savings would be € 900 bn, gas producers tell European commission ahead of next month's energy policy road map*, T. Webb, Guardian, 13. Februar 2011, siehe http://www.theguardian.com/business/2011/feb/13/gas-firms-lobby-europe-on-emissions

[146] Siehe Endnote Nr. 140 (Artikel von Mariah Blake)

[147] *Ukrainian Employer of Joe Biden's Son Hires a D.C. Lobbyist*, Michael Scherer, Time, 7. Juli 2014, siehe http://time.com/2964493/ukraine-joe-biden-son-hunterburisma/ (Hunter Biden, siehe auch https://de.wikipedia.org/wiki/Hunter_Biden)

[148] *Auswirkungen der Gewinnung von Schiefergas und Schieferöl auf die Umwelt und die menschliche Gesundheit*, Generaldirektion Interne Politikbereiche, Fachabteilung A: Wirtschafts- und Wissenschaftspolitik, Europäisches Parlament, Juni 2011, IP/A/ENVI/ST/2011-07, siehe http://www.europarl.europa.eu/meetdocs/2009_2014/documents/envi/dv/shalegas_pe464425_/shalegas_pe464425_de.pdf

[149] Siehe Endnote Nr. 145 (Artikel von T. Webb)

[150] http://www.foeeurope.org/shale-gas/

[151] *Europe Votes to Tighten Rules on Drilling Methods*, James Kanter, The New York Times, 9. Oktober 2013, siehe http://www.nytimes.com/2013/10/10/business/energyenvironment/european-lawmakers-tighten-rules-on-fracking.html

[152] Empfehlung 2014/70/ der EU-Kommission mit Mindestgrundsätzen für die Exploration und Förderung von Kohlenwasserstoffen (z. B. Schiefergas) durch Hochvolumen-Hydrofracking, siehe http://eur-lex.europa.eu/legal-content/DE/TXT/PDF/?uri=CELEX:32014H0070&from=EN!

[153] *Golden Rules for a Golden Age of Gas*, Internationale Energieagentur, Paris, 29. Mai 2012, siehe http://www.worldenergyoutlook.org/goldenrules/

[154] Veröffentlichung der Stellungnahmen der Mitgliedsstaaten bzgl. der Situation von Frackingvorhaben, siehe https://ec.europa.eu/eusurvey/publication/ShalegasRec2014

[155] *Shale gas firms face binding law if they fail »scoreboard« test*, Euractiv vom 14. Januar 2014, siehe http://www.euractiv.com/energy/shale-gas-drills-face-binding-la-news-532729

[156] *Fracking: Rückschlag für Polens Schiefergas-Industrie*, Mitteilung von Euractiv am 15. Juli 2013 (update vom 7. März 2014), siehe http://www.euractiv.de/ressourcen-und-umwelt/artikel/fracking-rueckschlag-fuer-polensfracking-industrie-007773

[157] *Polish fracking law in breach of EU directive – European Commission says*, Shale Gas International vom 27. Februar 2015, siehe http://www.shalegas.international/2015/02/27/

polish-fracking-law-in-breach-of-eu-directiveeuropean-commission-says/

[158] *Der Unfreihandel*, Petra Pinzler rowohlt Verlag Hamburg 2015, S. 174

[159] Lammert droht mit Nein zu Freihandelsabkommen TTIP, VDI-Nachrichten vom 28. Oktober 2015, siehe https://de.nachrichten.yahoo.com/bundestagspr%C3%A4sident-lammert-droht-ttip-062803941.html

[160] *Schieferölförderung in Frankreich*, pers. Mitteilung, Jean Laherrère 2012

[161] *Frankreich startet Inspektion zu Schiefergas*, Myrina Meunier in »Wissenschaft Frankreich«, Nr. 198, 9. Februar 2011, Informationsblatt über die wissenschaftliche Aktualität in Frankreich, herausgegeben von der französischen Botschaft in Deutschland in Kooperation mit der französischen Botschaft in Österreich. Und *La France lance une inspection sur le gaz de schiste*, Enerzine, 7. Februar 2011, siehe http://www.enerzine.com/12/11314+la-france-lance-une-inspection-sur-le-gaz-deschiste+.html

[162] *Investing in the Paris Basin Shale Oil Play*, K. Schaefer, Internetveröffentlichung auf Resource Investors, siehe www.resourceinvestor.com/News/2010/9/Pages/Investing-in-the-Paris-Basin-Shale-Oil-Play.html

[163] *Toreador agrees interim way forward with French Government in Paris tight rock oil program*, Pressemitteilung vom 14. Februar 2011, Toreador Energy France, siehe http://www.businesswire.com/news/home/20110213005210/en/Toreador-Agrees-Interim-French-Government-Paris-Basin#.VQk3DWdZ2Uk

[164] *French Minister Says ›Scientific‹ Fracking Needs Strict Control*, Tara Patel, 1. Juni 2011, Bloomberg, siehe http://www.bloomberg.com/news/2011-06-01/french-minister-says-scientific-fracking-needs-strict-control.html

[165] *LOI n° 2011-835 du 13 juillet 2011 visant à interdire l'exploration et l'exploitation des mines d'hydrocarbures liquides ou gazeux par fracturation hydraulique et à abroger les permis exclusifs de recherches comportant des projets ayant recours à cette technique*, (Gesetz zum Verbot von Fracking), 13. Juli 2011, siehe http://www.legifrance.gouv.fr/affichTexte.do?cidTexte=JORFTEXT000024361355&categorieLien=id

[166] *France Upholds Ban on Hydraulic Fracturing*, D. Jolly, New York Times, 11. Oktober 2013, siehe http://www.nytimes.com/2013/10/12/business/international/franceupholds-fracking-ban.html

[167] *The uncertainty of future commercial shale gas availability*, HH. Rogner, R. Weijemars, Society of Petroleum Engineers, Vortrag auf der SPE/EAGE European Unconventional Conference and Exhibition, Wien, 25–27 Februar 2014, SPE 14UNCV-167710-MS, siehe http://www.iiasa.ac.at/publication/more_XP-14-003.php

[168] *Poland's shale gas revolution evaporates in face of environmental protests*, Arthur Neslen, The Guardian, 12. Januar 2015, siehe http://www.theguardian.com/environment/2015/

jan/12/polands-shale-gas-revolution-evaporates-in-face-of-environmental-protests

[169] Siehe Endnote Nr. 167 und Nr. 168

[170] Siehe Endnote Nr. 167

[171] *Fracking: Rückschlag für Polens Schiefergas-Industrie*, Mitteilung von Euractiv am 15. Juli 2013 (update vom 7. März 2014), siehe http://www.euractiv.de/ressourcen-und-umwelt/artikel/fracking-rueckschlag-fuer-polensfracking-industrie-007773

[172] *Poland on road to EU Court over shale gas defiance*, Mitteilung vom 30. Juli 2014, siehe http://www.euractiv.com/sections/energy/poland-road-eu-court-over-shale-gasdefiance-303798

[173] *Fracking-Unternehmen fördert in Polen erstes Schiefergas*, Wirtschaftswoche vom 23. Januar 2014, siehe http://green.wiwo.de/fracking-unternehmen-foerdert-in-polen-erstmals-erfolgreich-schiefergas/

[174] Siehe Endnote Nr. 172

[175] *UPDATE 1-Chevron to stop its shale gas exploration in Poland*, Christian Lowe, 31. Januar 2015, Reuters, siehe http://www.reuters.com/article/2015/01/31/chevron-poland-shaleidUSL6N0VA08820150131

[176] *Bulgaria's Ruling Party Adopts Temporary Ban on Shale Gas Exploration*, 16. Januar 2012, siehe http://www.novinite.com/newsletter/print.php?id=135777

[177] *Romania reverses course on shale gas*, Euractiv, 1. Februar 2013, siehe http://www.euractiv.com/energy/romania-turn-shale-gas-news-517514

[178] Siehe Endnote Nr. 140 (Artikel von Mariah Blake)

[179] *Romania – a Peasants' Revolt against fracking*, Jim Wickens, Paraic O'Brien, 18. Februar 2014, The Ecologist, http://www.theecologist.org/News/news_analysis/2288485/romania_a_peasants_revolt_against_fracking.html

[180] *US Chevron Quits Shale Gas Operations in Romania*, 22. Februar 2015, siehe http://www.novinite.com/articles/166718/US+Chevron+Quits+Shale+Gas+Operations+in+Romania

[181] *Shale gas: a provisional assessment of climate change and environmental impacts*, A research report by The Tyndall Centre University of Manchester, R. Wood, P. Gilbert, M. Sharmina, K. Anderson, A. Footitt, S. Glynn, F. Nicholls. Januar 2011, siehe http://www.tyndall.ac.uk/sites/default/files/coop_shale_gas_report_final_200111.pdf

[182] *UK: Cuadrilla Resources releases report on unusual seismic activity related to Lancashire shale gas drilling*, 2. November 2011, siehe http://www.energy-pedia.com/news/unitedkingdom/cuadrilla-resources-releases-report-on-unusual-seismic-activity-related-tolancashire-shale-gas-drilling

[183] *Bowland Shale Gas*, British Geological Survey, siehe http://www.bgs.ac.uk/research/energy/shaleGas/bowlandShaleGas.html

[184] *Fracking will be allowed under national parks, UK decides*, Damian Carrington, The Guardian, 12. Februar 2015, siehe http://www.theguardian.com/environment/2015/

feb/12/fracking-will-be-allowed-under-national-parks

[185] *Scotland announces moratorium on fracking for shale gas*, Libby Brooks, The Guardian, 28. Januar 2015, siehe http://www.theguardian.com/environment/2015/jan/28/scotland-announces-moratorium-on-fracking-for-shale-gas; *Watch: government has ›no power‹ to ban fracking in Wales yet, says AM, Rachel Flint*, Daily Post 12. März 2015, siehe http://www.dailypost.co.uk/news/north-wales-news/watch-government-no-power-ban-8824332

[186] *Dozens of Sites of Special Scientific Interest in blocks offered for fracking*, Christine Ottery, 18. August 2015, siehe http://energydesk.greenpeace.org/2015/08/18/dozens-of-sites-of-special-scientific-interest-in-blocks-offered-for-fracking/

[187] *Fracking to be banned in protected wildlife areas in latest policy reversal*, Comment, The Telegraph, 4. November 2015, siehe http://www.telegraph.co.uk/news/earth/energy/fracking/

[188] Delfstoffen en Aardwarmte in Nederland Jaarsverslag 2014, siehe http://www.nlog.nl/resources/Jaarverslag2014/Delfstoffen_Aardwarmte_2014_NL_final.pdf

[189] *Als die Gasförderung zum Albtraum wurde, Fracking in den Niederlanden*, n24, 18. Februar 2015, siehe http://www.n24.de/n24/Nachrichten/Wirtschaft/d/6168136/als-die-gasfoerderung-zum-albtraum-wurde.html

[190] Ebd.

[191] *Fracking direkt hinter der Landesgrenze*, WDR, 30. Mai 2014, siehe www1.wdr.de/fernsehen/aks/themen/fracking-niederlande102.html

[192] *Fracking: Total stoppt Schiefergasprojekt in Dänemark*, Euractiv, 18. August 2015, siehe http://www.euractiv.de/sections/energie-und-umwelt/fracking-total-stoppt-schiefergas-projekt-daenemark-316906?utm_source=EurActiv.de+Newsletter&utm_campaign=990a7f042e-newsletter_t%C3%A4gliche_news_aus_europa&utm_medium=email&utm_term=0_d18370266e-990a7f042e-47199573

[193] *Schiefergas – Irrweg oder Zukunftschance?*, R. Bolz, Ru. Christian, Re. Christian, Forum Wissenschaft & Umwelt, Wien, 2013, siehe http://www.weinviertelstattgasviertel.at/resources/Artikel/Studie-Schiefergas_Stand-09-01-2013_AKTUELL.pdf

[194] www.weinviertelstattgasviertel.at/

[195] *Projekt Schiefergas*, OMV, siehe http://www.omv.at/portal/01/at/omv_at/Ueber_OMV/OMV_in_Oesterreich/Exploration_und_Produktion/Projekt_Schiefergas

[196] Siehe Endnote Nr. 141 (EIA 2011 Studie) und Endnote Nr. 143 (EIA 2013 Studie)

[197] *The dash for gas in Ukraine – current trends in the production of unconventional reserves*, O. Miskun, V. Martsynkevych, A. Simon, National Ecological Centre of Ukraine/Kiew, CEE bankwatch network/Tschechische Republik, siehe http://bankwatch.org/sites/default/files/dash-for-gas-UA.pdf

[198] *Fracking – Ukraine und Shell fördern jetzt gemeinsam Schiefergas*, Vitalij Malykin, veröffentlicht in »Politik

und Geschehnisse Ukraine« vom 13. März 2013, siehe http://www.design4u.org/russland-gus/politik-und-geschehnisse-ukraine/fracking-ukraine-und-shell-fordern-jetzt-gemeinsam-schiefergas/

[199] *Shell admits fracking failure in the Ukraine*, John Donovan, 14. November 2014, siehe http://royaldutchshellplc.com/2014/11/28/shell-admits-fracking-failure-inukraine/

[200] *The Real Reason Shell Halted Its Ukrainian Shale Operations*, Igor Alexeev, 25. Juni 2015, siehe http://oilprice.com/Energy/Energy-General/The-Real-Reason-Shell-Halted-Its-Ukrainian-Shale-Operations.html

[201] *Shell abandons two exploration wells in east Ukraine*, Reutersmeldung vom 12. März 2015, siehe http://af.reuters.com/article/energyOilNews/idAFL5N0WE54G20150312

[202] *Fracking in der Ukraine geht weiter! Shell-Konkurrent Chevron plant die Förderung von Schiefergas auf zweitem Gasfeld*, veröffentlicht in »Politik und Geschehnisse Ukraine vom 14. März 2013, siehe http://www.design4u.org/russland-gus/politik-undgeschehnisse-ukraine/fracking-in-der-ukraine-geht-weiter-shell-konkurrent-chevron-plant-die-forderung-von-schiefergas-auf-zweitem-gasfeld/

[203] *Short-term Canadian Natural Gas Deliverability 2015–2017*, An Energy Market Assessment,National Energy Board, Canada, Juni 2015, siehe http://www.neb-one.gc.ca/nrg/sttstc/ntrlgs/rprt/ntrlgsdlvrblty20152017/ntrlgsdlvrblty20152017ppndc-eng.pdf

[204] Ebd.

[205] *2014 Supplement to the Annual Report*, Chevron, 2015, siehe http://www.chevron.com/documents/pdf/chevron2014annualreportsupplement.pdf?

[206] *Vaca Muerta Update*, YPF, 17. März 2014, siehe http://edicion.ypf.com/inversoresaccionistas/Lists/Presentaciones/Presentacion_de_actualizacion_de_informacion.pdf

[207] *First Phase of Global Fracking Expansion: Ensuring Friendly Legislation*, Carey Biron, 1. Dezember 2014, siehe http://www.ipsnews.net/2014/12/first-phase-of-global-fracking-expansion-ensuring-friendly-legislation/

[208] Siehe Endnote Nr. 143 (EIA 2013 Studie)

[209] *Australia divided on Fracking*, Kate Galbraith, International New York Times, 22. Januar 2014, siehe http://www.nytimes.com/2014/01/23/business/energy-environment/australia-divided-on-fracking.html?_r=0

[210] *Queensland's Petroleum and Coal Seam Gas 2013–2014*, Queensland Government, Januar 2015, siehe https://www.dnrm.qld.gov.au/__data/assets/pdf_file/0020/238124/petroleum.pdf

[211] Siehe Endnote Nr. 3 (BP Stat Rev 2015)

[212] *Shale Gas Development in China 1*, Alberta China Office, vermutlich 2013, siehe http://www.albertacanada.com/china/documents/ShaleGasDevelopmentInChina.pdf

[213] *China's Demand for Gas. What will really happen?* P. Ho, China Energy

Fund Committee, Vortrag auf der e-world 2015 in Essen, 11. Februar 2015

[214] *More than 160 bcm of shale gas-reserves newly proved in Sichuan Basin*, CNPC, 1. September 2015, siehe http://www.cnpc.com.cn/en/nr 2015/201509/71392fa045d7406ab3c8c 8f95d12811b.shtml

[215] *China's Demand for Gas. What will really happen?* P. Ho, China Energy Fund Committee, Vortrag auf der e-world 2015 in Essen, 11. Februar 2015

[216] Siehe Endnote Nr. 214

[217] *China cuts 2020 shale gas output target as challenges persist*, Son Yeng Lin, Platts, 18. September 2014, siehe http://www.platts.com/latest-news/natural-gas/singapore/china-cuts-2020-shale-gas-output-target-as-challenges-27641138

[218] *Natural Gas Production Falls Short in China*, Keith Bradsher, 21. August 2014, siehe http://www.nytimes.com/2014/08/22/business/energy-environment/chinas-effort-to-produce-natural-gas-falls-far-short.html?src=busln&_r=1

[219] *Coalbed methane in China: challenges and obstacles*, Sam Dodson, World-Coal, 22. August 2014, siehe http://www.worldcoal.com/cbm/22082014/CBM-in-China-special-report-CBM100/

[220] *2015: The year global coal consumption fell off a cliff*, Zachary D. Boren, Lauri Myllywirta, Energydesk, 9. November 2015, siehe http://energydesk.greenpeace.org/2015/11/09/2015-the-year-global-coal-consumption-fell-off-a-cliff/

[221] *Comment: Why the UK's coal phase-out is a really big deal*, Zachary D. Boren, Damian Kahya, 18. November 2015, siehe http://energydesk.greenpeace.org/2015/11/18/coal-phaseout-is-big-deal/

[222] Alle den Antrim Shale betreffenden Informationen wurden der Referenz entnommen: *Michigan's Antrim Gas Shale Play – a Two Decade Template for Successful Devonian Gas Shale Development*, Wayne R. Goodman, Timothy R. Maness, Search and Discovery Article #10158, 2008, siehe http://www.searchanddiscovery.com/pdfz/documents/2008/08126 goodman/ndx_goodman.pdf.html

[223] *EIA expects near-term decline in natural gas production in major shale regions*, U.S.-EIA: August 26, 2015 http://www.eia.gov/todayinenergy/detail.cfm?id=22672

[224] Louisiana Energy Facts and Figures, Department of Natural Resources, siehe http://dnr.louisiana.gov

[225] *North Dakota Drilling and Production Statistics*, North Dakota State Government Oil and Gas Division, siehe https://www.dmr.nd.gov/oilgas/stats/statisticsvw.asp

[226] Siehe http://www.ndhealth.gov/ehs/spills/

[227] Siehe Endnote Nr. 75

[228] Ebd.

[229] Siehe Endnote Nr. 97

[230] Siehe Endnote Nr. 11 (UB II-Studie)

Über den Autor

Werner Zittel (geb. 1955) studierte Physik an der Ludwig-Maximilians-Universität München mit anschließender Promotion am Max-Planck-Institut für Quantenoptik, Garching, und an der Technischen Hochschule Darmstadt.

Nach mehreren Jahren in der Forschung ging er im Jahr 1989 zur Ludwig-Bölkow-Systemtechnik GmbH (LBST) in Ottobrunn bei München, gegründet vom Flugzeugingenieur Ludwig Bölkow. Schwerpunkte seiner Arbeit dort bildeten zunächst Analysen zu Methanemissionen aus der Energiewirtschaft. Ab Ende der 1990er-Jahre befasste er sich gemeinsam mit Jörg Schindler, dem damaligen Geschäftsführer der LBST, intensiv mit Energieszenarien zur künftigen Verfügbarkeit von Erdöl und Erdgas. In dieser Zeit lernte er auch den Geologen Colin Campbell kennen.

Zittel ist seit Gründung Mitglied der von Campbell initiierten *Association for the Study of Peak Oil and Gas*, Gründungs- und Vorstandsmitglied der deutschen Sektion (ASPO-Deutschland) sowie Mitglied der vom damaligen Bundestagsabgeordneten und maßgeblichen Gestalter des ersten Erneuerbare-Energien-Gesetzes EEG (2000), Hans-Josef Fell, gegründeten *Energy Watch Group*. In deren Auftrag hat er gemeinsam mit Kollegen mehrere Analysen zur künftigen Verfügbarkeit von Erdöl, Erdgas, Kohle und Uran erstellt. Seit 2011 ist er Vorstand der Ludwig-Bölkow-Stiftung.

Als Wissenschaftler und Autor hat er zahlreiche Publikationen verfasst, u. a. *Die künftige Verfügbarkeit von Erdöl und Erdgas* (mit J. Schindler; im Auftrag des Büros für Technikfolgenabschätzung des Dt. Bundestages, 2000), *Ölwechsel* (mit C. Campbell, F. Liesenborghs und J. Schindler, München 2002), *Geht uns das Öl aus?* (mit J. Schindler, Freiburg, 2008) sowie *Fracking – eine Zwischenbilanz* (Ottobrunn, 2015).

Dank

Die Erstellung einer umfassenden Darstellung bedarf immer eines mehrjährigen Vorlaufs. In diesem Sinne sind viele Gesprächs- und Projektpartner der letzten Jahre an der Erstellung beteiligt. In besonderer Weise bedanke ich mich bei Alexandre de Robaulx de Beaurieux, Hans-Joachim Euhus, Andy Gheorghiu, Stefan Hackl, Dr. Georg Meiners, Andreas Rathjens, Jörg Schindler, Jörn Schwarz und Dr. Susanne Peters, die mit Interesse und Geduld viele Fragen diskutierten, einzelne Kapitel Korrektur lasen und mit wertvollen Hinweisen zur Verbesserung des Textes beitrugen. Besonders danke ich aber meiner Frau für ihre Geduld und mentale Unterstützung während vieler Abende und Wochenenden des Schreibens.